Neil deGrasse Tyson

Im Spiegel des Kosmos

Perspektiven auf die Menschheit

Aus dem Amerikanischen übersetzt von Hans-Peter Remmler

Klett-Cotta

MIX
Papier | Fördert gute Waldnutzung
FSC® C083411

Klett-Cotta
www.klett-cotta.de
Die Originalausgabe erschien unter dem Titel »STARRY MESSENGER. Cosmic Perspectives on Civilization« im Verlag Henry Holt and Company, New York.

Cover: Rothfos & Gabler, Hamburg
unter Verwendung des Entwurfs von
Ellie Game © HarperCollins*Publishers* Ltd 2022
Abbildungen: Dima Zel/Shutterstock.com, Dulyanut Swdp/Getty Images
Gesetzt von Dörlemann Satz, Lemförde
Gedruckt und gebunden von CPI – Clausen & Bosse, Leck
Lektorat: Michael Kinzig
ISBN 978-3-608-98680-8
E-Book ISBN 978-3-608-12202-2

Bibliografische Information der Deutschen Nationalbibliothek
Die Deutsche Nationalbibliothek verzeichnet diese Publikation in der Deutschen Nationalbibliografie; detaillierte bibliografische Daten sind im Internet über http://dnb.d-nb.de abrufbar.

Gewidmet dem Gedenken an
Cyril DeGrasse Tyson[1] *und all den anderen, die die*
Welt gerne so sehen wollen, wie sie sein könnte,
nicht so, wie sie ist.

Du entwickelst augenblicklich ein globales Bewusstsein, eine Orientierung auf die Menschen, ein starkes Unbehagen angesichts des Zustands der Welt, und einen Drang, etwas daran zu ändern.

Von dort draußen, vom Mond aus betrachtet wirkt die Weltpolitik so lächerlich kleinlich. Am liebsten möchte man einen Politiker am Schlafittchen packen, ihn eine Viertelmillion Meilen hinaus ins Weltall zerren und zu ihm sagen: »Schau dir das an, du kleiner Mistkerl.«

Edgar D. Mitchell, Astronaut der Apollo 14

Inhalt

Vorwort . . . 11

OUVERTÜRE Wissenschaft & Gesellschaft . . . 15

KAPITEL EINS Wahrheit & Schönheit . . . 23
Ästhetik im Leben und im Kosmos

KAPITEL ZWEI Erforschung & Entdeckung . . . 43
Die Bedeutung von beidem für die Gestaltung der Zivilisation

KAPITEL DREI Erde & Mond . . . 69
Kosmische Perspektiven

KAPITEL VIER Konflikt & Lösung . . . 95
Stammestriebe in uns allen

KAPITEL FÜNF Wagnis & Belohnung . . . 127
Berechnungen, die wir Tag für Tag mit unserem Leben und dem Leben anderer anstellen

KAPITEL SECHS Fleischesser & Vegetarier . . . 161
Wir sind nicht ganz, was wir essen

KAPITEL SIEBEN Geschlecht & Identität . . . 185
Unsere Gemeinsamkeiten sind größer als die Unterschiede

KAPITEL ACHT Hautfarbe & Rasse 199
Unsere Gemeinsamkeiten sind größer als die Unterschiede

KAPITEL NEUN Gesetz & Ordnung 239
Die Grundlage der Zivilisation, ob es uns passt oder nicht

KAPITEL ZEHN Körper & Geist 265
Vielleicht wird die Physiologie des Menschen schlicht überschätzt

CODA Leben & Tod 289

Dank 305

Quellen und Bildnachweise 309

Anmerkungen 311

Vorwort

Im Spiegel des Kosmos ist ein Weckruf an die Zivilisation. Die Leute wissen heute nicht mehr, wem oder worauf sie vertrauen können. Wir säen Hass auf andere, angefacht durch das, was wir für wahr halten, oder von dem wir gerne hätten, dass es wahr ist, ohne Rücksicht darauf, was wirklich wahr ist. Kulturelle und politische Gruppen und Grüppchen streiten um die Seelen anderer Gruppen und ganzer Völker. Den Unterschied zwischen Fakten und Meinungen haben wir dabei gänzlich aus den Augen verloren. Mit Aggressionen sind wir schnell bei der Hand, mit Warmherzigkeit und Güte gehen wir sparsam um.

Als Galileo Galilei seinen *Sidereus Nuncius* im Jahr 1610 veröffentlichte, schenkte er der Erde kosmische Wahrheiten, die seit der Antike darauf gewartet hatten, ins menschliche Denken Einzug halten zu können. Galileos gerade erst perfektioniertes Teleskop offenbarte ein Universum, das ganz anders war als alles, was die Menschen bis dahin als wahr angenommen hatten. Anders als alles, was die Menschen gerne als wahr annehmen wollten. Anders als alles, was die Menschen als wahr auszusprechen gewagt hätten. Im *Sidereus Nuncius* beschrieb Galileo seine Beobachtungen der Sonne, des Mondes und der Sterne, ebenso der Planeten und der Milchstraße. Zwei rasche Lehren aus diesem Buch: (1) Das menschliche Auge reicht nicht aus, um die fundamentalen Wahrheiten über die Abläufe in der Natur zu enthüllen. (2) Die Erde ist nicht der Mittelpunkt aller Bewegung. Sie kreist um die Sonne, als lediglich einer unter mehreren anderen bekannten Planeten.

Sidereus Nuncius ist lateinisch und heißt übersetzt *Sternenbote.*

Diese allerersten kosmischen Perspektiven auf unsere Welt waren ein guter Anlass für die Menschen, sich selbst zu hinterfragen, und verpassten unserer Selbstherrlichkeit einen ordentlichen Dämpfer – Nachrichten von den Sternen, die die Menschen zwangen, ihre Beziehungen untereinander, zur Erde und zum Kosmos ganz neu zu überdenken. Sonst laufen wir Gefahr zu glauben, die Welt würde sich um uns und unsere Ansichten und Überzeugungen drehen. Als Gegenmittel bietet uns mein Buch Wege, unsere emotionalen und intellektuellen Energien so zu nutzen, dass sie mit den biologischen, chemischen und physikalischen Gegebenheiten des bekannten Universums in Einklang stehen. *Im Spiegel des Kosmos* entwirft neue Konzepte zu einigen der meistdiskutierten und umstrittensten Themen unserer Zeit – Krieg, Politik, Religion, Wahrheit, Schönheit, Geschlecht, Rasse, jedes einzelne davon ein künstliches Gefechtsfeld in der Landschaft unseres Lebens. Und es gibt diese in einer Weise an die Leserinnen und Leser zurück, der es vor allem anderen darum geht, Verantwortlichkeit und Weisheit im Dienst der Zivilisation voranzubringen. Zwischendurch gehe ich auch immer wieder einmal der Frage nach, was wohl Außerirdische von uns halten mögen, die gänzlich ohne vorgefasste Vorstellung davon auf der Erde eintreffen, wer oder was wir sind – oder wie wir sein sollten. Sie spielen hier den unparteiischen Beobachter unseres mysteriösen Treibens und legen den Finger in die Wunden von Widersprüchlichkeit, Heuchelei und hier und da schlichter Idiotie in unserer Lebensweise.

Stellen Sie sich mein Buch vor als Fundgrube von Einsichten, informiert durch das Universum und vermittelt mit den Methoden und Werkzeugen der Wissenschaft.

OUVERTÜRE

Wissenschaft & Gesellschaft

Wenn die Leute in unserer komplizierten Welt aus Politik, Religion und Kultur unterschiedlicher Meinung sind, sind die Ursachen dafür einfach, die Lösungen sind es mitnichten. Wir alle tragen unterschiedliche Bestände an Wissen mit uns herum. Wir haben unterschiedliche Werte, unterschiedliche Prioritäten und ein unterschiedliches Verständnis von allem, was sich um uns herum entfaltet. Jeder Einzelne von uns sieht die Welt nur mit seinen Augen, und damit konstruieren wir Stämme oder Sippen auf der Grundlage dessen, wer ähnlich aussieht wie wir, wer die gleichen Götter anbetet und wer dem gleichen Moralkodex folgt wie wir. Angesichts der über lange Zeit gegebenen paläolithischen Isolation innerhalb unserer Spezies darf uns wohl nicht überraschen, was die Evolution da hervorgebracht hat. Dieses Gruppendenken könnte, auch wenn es sich vernünftigem Denken entzieht, unseren Vorfahren Überlebensvorteile gebracht haben.[1]

Gehen wir dagegen auf Abstand zu allem, was uns trennt, finden wir vielleicht eine gemeinsame, einende Sicht auf die

Welt. Wenn dem so ist, passen Sie auf, wo Sie sich hinbegeben. Diese neue Sichtweise liegt nicht nördlich oder südlich, nicht östlich oder westlich von Ihrem eigenen Standpunkt. In Wirklichkeit existiert dieser Ort nirgendwo auf dem Kompass. Sie müssen schon die Erdoberfläche hinter sich lassen, um dorthin zu gelangen – um die Erde und alles, was auf ihr kreucht und fleucht, auf eine Weise zu sehen, die Sie immun macht gegen provinzielle Interpretationen der Welt. Bei dieser Transformation sprechen wir vom »Overview-Effekt«, wie ihn üblicherweise Astronauten erleben, die schon einmal die Erde umkreist haben. Betrachten Sie nun diesen Effekt zusammen mit den Entdeckungen der modernen Astrophysik, der Mathematik, der Naturwissenschaften und der Technologie, die die Erforschung des Weltalls erst hervorbrachten, und ja, die kosmische Perspektive steht im wahrsten Sinne des Wortes über allem anderen.

So ziemlich jeder Gedanke, jede Meinung und jeder Ausblick, die ich zum Weltgeschehen artikuliere, wird beeinflusst – informiert und aufgeklärt – von dem Wissen um unseren Platz auf der Erde und unseren Platz im Universum. Die Methoden, Werkzeuge und Entdeckungen der Wissenschaft sind alles andere als ein kaltes, empfindungsfreies Unterfangen, ja, vielleicht existiert kaum etwas Menschlicheres als diese. Sie formen die moderne Zivilisation. Und was ist denn die Zivilisation, wenn nicht das, was wir Menschen um uns herum aufgebaut haben, als Mittel, um urtümliche Triebe zu überwinden, und als Landschaft, in der wir leben, arbeiten, spielen?

Wie steht es also um unsere kollektive und fortdauernde Uneinigkeit? Ich kann Ihnen nur eines versprechen: Ganz gleich, welchen Ansichten Sie gegenwärtig anhängen, ein

Schuss Wissenschaft und rationales Denken kann diesen Ansichten zumindest eine tiefere und solidere Grundlage geben. Dieser Weg vermag auch unbegründete Sichtweisen oder unangebrachte Gefühle bloßzulegen, die Sie vielleicht mit sich herumschleppen.

Man sollte realistischerweise nicht erwarten, dass die Leute in der gleichen Weise streiten, wie das Wissenschaftler untereinander tun. Das liegt daran, dass Wissenschaftler nicht hinter der Meinung ihrer Kolleginnen und Kollegen her sind. Wir interessieren uns bloß für die Daten der jeweils anderen. Selbst im Meinungsstreit werden Sie vielleicht überrascht sein, wie schlagkräftig eine rationale Perspektive sein kann. Wenn Sie diese Erleuchtung erfahren haben, werden Sie rasch erkennen, dass die Erde nicht viele Volksstämme beheimatet, sondern nur einen einzigen – die Gesamtheit der Menschen. Das ist der Punkt, an dem sich viele Unstimmigkeiten abmildern, während sich andere einfach in Wohlgefallen auflösen, und es bleibt auf einmal gar nichts mehr übrig, worüber man geteilter Meinung sein müsste.

Die Wissenschaft unterscheidet sich von allen anderen menschlichen Unterfangen durch ihr Potenzial, das Verhalten der Natur auf einer Ebene zu erkunden und zu verstehen, auf der wir die Auswirkungen von Vorgängen in der Natur präzise vorhersagen, wenn nicht sogar steuern können. Wissenschaftliche Erkenntnisse vermögen oft die Sicht auf alle möglichen Dinge zu erweitern und zu vertiefen. Insbesondere trägt die Wissenschaft zu unserer Gesundheit, unserem Wohlstand und unserer Sicherheit bei – unter allen drei Aspekten geht es den Menschen auf der Erde heute besser als zu jedem anderen Zeitpunkt in der Geschichte.

Die wissenschaftliche Methode, die diese Errungenschaften untermauert, wird oftmals in formellen Begriffen vermittelt, die auf Induktion, Deduktion, Hypothese und Experiment verweisen. Doch sie lässt sich auch in einem einzigen Satz zusammenfassen, in dem es ausschließlich um Objektivität geht:

> *Vermeide unter allen Umständen, dir selbst vorzumachen, etwas sei wahr, obwohl es falsch ist, oder etwas sei falsch, obwohl es wahr ist.*

Diese Herangehensweise an das Wissen hat ihre Wurzeln im 11. Jahrhundert, in Worte gefasst vom arabischen Gelehrten Ibn al-Haytham (965–1040), auch bekannt unter dem Namen Alhazen. Insbesondere warnte er die Wissenschaftler vor der Gefahr der Voreingenommenheit: »Er sollte auch sich selbst stets hinterfragen, wenn er seine kritischen Untersuchungen anstellt, um nicht dem Vorurteil oder der Nachlässigkeit zu verfallen.«[2] Jahrhunderte später, zur Zeit der Renaissance in Europa, war Leonardo da Vinci ganz dieser Meinung: »Die größte Täuschung, die Menschen erleiden, ist ihre eigene Meinung.«[3] Im 17. Jahrhundert, kurz nach den beinahe gleichzeitigen Erfindungen des Mikroskops und des Teleskops, stand die wissenschaftliche Methode in voller Blüte, vorangetrieben durch die Arbeiten des Astronomen Galileo und des Philosophen Sir Francis Bacon. Kurz gesagt heißt das: Überprüfe deine Hypothese durch Experimente, und nimm die Stichhaltigkeit deines Beweises als Maßstab für dein Vertrauen in die Richtigkeit deiner Ergebnisse.

Seitdem lernten wir, eine neu entdeckte Wahrheit erst

dann anzuerkennen, wenn die Mehrzahl der Wissenschaftler zu übereinstimmenden Ergebnissen kommt. Dieser Verhaltenskodex zeitigt beachtliche Folgen. Es gibt kein Gesetz gegen das Veröffentlichen falscher oder voreingenommener Ergebnisse. Wenn du es aber tust, zahlst du einen hohen Preis. Wenn Kollegen deine Forschungen überprüfen und niemand dabei deine Resultate reproduzieren kann, wird die Integrität deiner zukünftigen Forschung immer unter einem Verdachtsvorbehalt stehen. Wenn du ganz offen betrügst – also wissentlich Daten fälschst – und spätere Forscher auf dem Fachgebiet diesen Betrug aufdecken, bedeutet die Enthüllung das Ende deiner Karriere.

Dieses selbstregulierende System innerhalb der wissenschaftlichen Gemeinde ist vielleicht einzigartig unter allen Berufszweigen, und damit es funktioniert, braucht es keine Öffentlichkeit, keine Presse und keine Politiker. Dennoch kann es faszinierend sein, dieser Maschinerie bei der Arbeit zuzuschauen. Man beobachte einfach den Fluss der Forschungsarbeiten, die die Seiten der fachkundig geprüften wissenschaftlichen Journale (»Peer-Reviews«) zieren. Diese Brutstätte der Entdeckung ist auch, zumindest gelegentlich, ein Schlachtfeld der wissenschaftlichen Kontroverse. Betreibt man dagegen zur Verfolgung kultureller, ökonomischer, religiöser oder politischer Ziele Rosinenpickerei in Forschungsergebnissen, über die noch kein allgemeiner wissenschaftlicher Konsens besteht, untergräbt dies das Fundament einer informierten Demokratie.

Und nicht nur das: Einmütigkeit ist in der Wissenschaft geradezu ein Fluch für den Fortschritt. Die ständigen Vorwürfe, wir würden es uns in unserer Einhelligkeit gemütlich machen, stammen von Leuten, die noch nie eine wissenschaftliche Konferenz von innen gesehen haben. Stellen Sie sich solche Versammlungen am besten als eine Art Tag der offenen Tür vor, bei dem alle Teilnehmenden ihre Ideen vorbringen dürfen, unabhängig von ihrem Status oder Renommee. Das tut unserer Branche nur gut. Die guten Ideen halten jeder Überprüfung stand, die schlechten gehen über Bord. Auch Wissenschaftler, die in ihrer Karriere vorwärtskommen wollen, haben für Einmütigkeit nur ein müdes Lächeln übrig. Die beste Möglichkeit, zu Lebzeiten berühmt zu werden, besteht darin, eine Idee zu verfechten, die konträr zur überwiegenden Ansicht in der Wissenschaft steht und die sich eine andauernde Bestätigung durch Beobachtung und Experiment erarbeitet. Ein gesunder Dissens ist geradezu der natürliche Zustand an der Schwelle zur Entdeckung.

* * *

Im Jahr 1660, ganze achtzehn Jahre nach Galileos Tod, wurde die Royal Society of London gegründet, und sie ist als älteste unabhängige wissenschaftliche Akademie der Welt bis heute aktiv. Seit jeher werden dort neue und fortschrittliche wissenschaftliche Ideen diskutiert, inspiriert durch das wunderbar unverblümte Motto der Akademie, »Nullius in verba« (etwa: Glaube niemandem aufs Wort). 1743 gründete Benjamin Franklin die American Philosophical Society zur Förderung »nützlichen Wissens«. Sie wirkt bis heute zu genau diesem Zweck, mit Mitgliedern, die alle Gebiete akademischen Strebens in den Natur- und den Geisteswissenschaften abdecken. Und im Jahr 1863, als er mit Sicherheit dringlichere Angelegenheiten zu erledigen hatte, unterzeichnete Abraham Lincoln – der erste republikanische Präsident der USA – die Gründungsurkunde der National Academy of Sciences (NAS) auf der Grundlage eines vom Kongress verabschiedeten Gesetzes. Dieses ehrwürdige Gremium sollte der Nation, deren Gründung noch keine hundert Jahre zurücklag, bei allen Fragen von Wissenschaft und Technologie mit unabhängigem Rat zur Seite stehen.

Bis ins 20. Jahrhundert hinein verfolgt eine Vielzahl von Institutionen mit wissenschaftlichem Auftrag einen ganz ähnlichen Zweck. In den USA wären hier zu nennen: die National Academy of Engineering (NAE); die National Academy of Medicine (NAM); die National Science Foundation (NSF) und die National Institutes of Health (NIH). Nicht zu vergessen die National Aeronautics and Space Administration (NASA), die sich um die Erforschung von Weltraum und Luftfahrt kümmert; das National Institute of Standards and Technology (NIST), bei dem es um die Grundlagen für wissenschaftliche Maßangaben geht, auf denen alle anderen Messungen und Maßangaben beruhen; das Department of Energy (DOE), welches Energie in allen ihren nutzbaren und nützlichen Formen untersucht, und die National Oceanic and Atmospheric Administration (NOAA), die Wetter und Klima auf der Erde erforscht und den möglichen Einfluss dieser Faktoren auf Wirtschaft und Handel analysiert.

Diese Zentren der Forschung können ebenso wie weitere angesehene Quellen veröffentlichter Wissenschaft Politiker auf eine Weise befähigen, die am Ende zu Regierungsentscheidungen auf der Grundlage von Aufklärung und zuverlässigen Informationen führt. Das wird allerdings erst dann geschehen, wenn das Wahlvolk und die von ihm Gewählten verstehen lernen, wie Wissenschaft funktioniert und warum. Wissenschaftliche Errungenschaften der Forschungseinrichtungen einer Nation bilden den Nährboden für die Zukunft dieser Nation. Und gespeist wird dieser durch die Breite und Tiefe der Unterstützung, die staatliche Stellen und Behörden den ihnen unterstehenden Institutionen zukommen lassen.

Sobald man sich einmal eingehend mit der Frage beschäftigt hat, wie ein Wissenschaftler die Welt sieht, wie die Erde vom Weltall aus betrachtet aussieht und welche Größe dem kosmischen Zeitalter und dem unendlichen Weltraum innewohnt, verändert sich jedes irdische Denken. Das Gehirn ordnet die Prioritäten des Lebens neu ein und bewertet auch das Handeln neu, das man als Reaktion darauf in Angriff nimmt. Keine Anschauung über Kultur, Gesellschaft oder Zivilisation bleibt davon unberührt. Mit dieser Geisteshaltung sieht die Welt einfach ganz anders aus. Der Standpunkt des Betrachters wird ein anderer.

Man nimmt das Leben gewissermaßen durch die Brille einer kosmischen Perspektive wahr.

KAPITEL EINS

Wahrheit & Schönheit

Ästhetik im Leben und im Kosmos

Seit dem Altertum treiben die Fragen von Wahrheit und Schönheit unsere größten Denker um – vor allem Philosophen und Theologen, aber hier und da auch Dichter wie John Keats, dessen Werk »Ode auf eine griechische Urne« aus dem Jahr 1819 mit den fast schon lakonischen Zeilen endet:[1]

Schönheit ist Wahrheit, Wahrheit schön, mehr weißt Du nicht
– Und mehr musst du nicht wissen.

Wie würden diese Themen und Begriffe wohl auf außerirdische Gäste wirken, die quer durch die Galaxie gereist sind, um uns einen Besuch abzustatten? Sie werden frei von unseren diversen Voreingenommenheiten sein, frei von unseren Vorlieben und unseren vorgefassten Meinungen. Sie würden einen frischen und unverstellten Blick auf das werfen, was uns Menschen besonders am Herzen liegt. Sie würden vielleicht sogar bemerken, dass der Begriff der

Wahrheit auf Erden mit widerstreitenden Ideologien belastet ist, die dringend einer Einordnung auf der Basis wissenschaftlicher Objektivität bedürfen.

Ausgestattet mit den über die Jahrhunderte immer weiter verfeinerten Methoden und Werkzeugen der Forschung sind Wissenschaftler vielleicht die letztlich einzig denkbaren Entdecker dessen, was im Universum objektiv wahr ist. Objektive Wahrheiten besitzen für alle Menschen, Orte und Dinge gleichermaßen Gültigkeit, ebenso für sämtliche Tiere, Pflanzen und Mineralien. Einige dieser Wahrheiten gelten sogar quer durch allen Raum und alle Zeiten. Sie sind wahr – auch dann, wenn Sie nicht daran glauben.

Objektive Wahrheiten stammen nicht von irgendeiner vorgegebenen Autorität und auch nicht aus einer einzelnen Forschungsarbeit. Vielleicht führt die Presse im Bestreben, Schlagzeilen zu produzieren, die Wahrnehmung von der Öffentlichkeit darüber, wie Wissenschaft funktioniert, in die Irre, indem sie eine frisch erschienene wissenschaftliche Abhandlung als Wahrheit präsentiert und dem Ganzen noch mit den akademischen Lorbeeren der Autoren Nachdruck verleiht. Wenn Erkenntnisse von den aktuellen Grenzbereichen des Denkens stammen, kann man noch nicht von einer gefestigten Wahrheit sprechen. Die Forschung kann umherschweifen, bis Experimente in die eine oder andere Richtung tendieren – oder auch in gar keine Richtung, was eine Warnung sein könnte, dass vielleicht gar kein spezifisches Phänomen vorliegt. Diese entscheidende gegenseitige Kontrolle dauert in der Regel Jahre, und dann hat sich die Sache mit den Schlagzeilen vermutlich längst erledigt.

Objektive Wahrheiten, etabliert durch wiederholte Experimente, die einheitliche Resultate liefern, stellen sich nicht hinterher als falsch heraus. Es bedarf keiner weiteren Prüfung, ob die Erde wirklich rund ist; oder ob die Sonne heiß ist; oder ob die DNA von Menschen und Schimpansen zu über 98 Prozent identisch ist; oder ob die Luft, die wir atmen, zu 78 Prozent aus Stickstoff besteht. Das Zeitalter der »modernen Physik«, eingeläutet durch die revolutionäre Quantentheorie des frühen 20. Jahrhunderts und die Relativitätstheorie etwa um die gleiche Zeit, warf nicht etwa Newtons Gesetze über Bewegung und Schwerkraft über Bord. Vielmehr beschrieb sie tiefer verborgene Realitäten der Natur, sichtbar gemacht durch immer großartigere Methoden und Werkzeuge der Forschung. Ähnlich wie eine Matrioschka-Puppe umschloss die moderne Physik die klassische Physik mit diesen noch umfassenderen Wahrheiten. Die Wissenschaft kann nur dann keine objektiven Wahrheiten gewährleisten, wenn an der vordersten Front der Forschung noch kein Konsens besteht. Die einzige Epoche, in der die Wissenschaft keine objektiven Wahrheiten liefern konnte, lag vor dem 17. Jahrhundert, als unsere Sinneswahrnehmung – unzulänglich und voreingenommen, wie sie nun einmal ist – das einzige Werkzeug war, mit dem wir uns Informationen über die natürliche Welt beschaffen konnten. Objektive Wahrheiten existieren unabhängig von dieser auf fünf Sinnen beruhenden Wahrnehmung der Wirklichkeit. Mit den richtigen Werkzeugen kann sie jeder Mensch überprüfen, zu jeder Zeit und an jedem Ort.

Objektive wissenschaftliche Wahrheiten fußen nicht auf Glaubenssystemen. Sie werden nicht kraft der Autorität von Führungspersönlichkeiten oder der Macht der Überzeugung etabliert. Und sie werden auch nicht durch Wiederholung erlernt oder aus magischem Denken gewonnen.

Objektive Wahrheiten zu leugnen ist kein Zeichen ideologischer Prinzipienfestigkeit, sondern ein Zeichen schlichter wissenschaftlicher Unkenntnis.

Nach alledem sollte man annehmen, es dürfe in unserer Welt nur eine Definition von Wahrheit geben, aber weit gefehlt. Es herrschen noch mindestens zwei weitere Arten vor, die einige der schönsten und der gewalttätigsten Ausdrucksformen menschlichen Verhaltens befeuern. Persönliche Wahrheiten besitzen die Kraft, unseren Geist, unseren Körper, unsere Seele zu beherrschen, aber evidenzbasiert sind sie nicht. Persönliche Wahrheiten sind das, was wir mit absoluter Sicherheit für wahr halten, selbst wenn wir es nicht beweisen können – beziehungsweise: erst recht dann. Einige dieser Vorstellungen leiten sich aus dem ab, was wir gerne für wahr halten wollen. Andere nehmen Gestalt an durch die Einflüsse charismatischer Führer oder heiliger Doktrinen, seien sie althergebracht oder aktuell. Für manche, vor allem in der Tradition des Monotheismus, sind Gott und Wahrheit Synonyme. In der christlichen Bibel klingt das so:[2]

> *Jesus spricht zu ihm: Ich bin der Weg und die Wahrheit und das Leben; niemand kommt zum Vater denn durch mich.*

Persönliche Wahrheiten sind die, die uns vielleicht sehr am Herzen liegen, von denen wir aber andere, die anderer Ansicht sind, nicht wirklich zu überzeugen vermögen, es sei denn in einer hitzigen Auseinandersetzung, durch Zwang oder Gewalt. Auf diesen persönlichen Wahrheiten gründen die Ansichten der meisten Leute, und in der Regel, also wenn man sie für sich behält oder bei einem Bier darüber debattiert, sind sie ganz harmlos. Ist Jesus unser Erlöser? Wirkte Mohammed als Gottes letzter Prophet auf Erden? Sollte die Regierung armen Menschen helfen? Sind die gegenwärtigen Einwanderungsgesetze zu streng oder zu lax? Ist Beyoncé deine Königin? Welcher Captain wären Sie im Universum von *Raumschiff Enterprise*? Kirk oder Picard – oder Janeway?

Unterschiedliche Meinungen bereichern die Vielfalt einer Nation, und sie verdienen in jeder freien Gesellschaft Wertschätzung und Respekt, vorausgesetzt, alle behalten die Freiheit, unterschiedlicher Meinung zu sein und, vor allem, alle bleiben offen für rationale Argumente, die bei jeder und jedem einen Sinneswandel bewirken könnten. Leider hat sich das Verhalten vieler in den sozialen Medien genau in die entgegengesetzte Richtung entwickelt. Ihr Rezept lautet: Finde eine Meinung, mit der andere nicht einverstanden sind, und entfessle sodann Wellen von Wut und Entrüstung, weil deine Ansichten nicht mit denjenigen der anderen in Einklang stehen. Gesellschaftliche, politische oder legislative Versuche, von allen anderen zu verlangen, sich den eigenen persönlichen Wahrheiten anzuschließen, sind letztendlich gleichbedeutend mit Diktatur.

Unter Weinliebhabern gibt es diese lateinische Weisheit »In vino veritas«, zu Deutsch: »Im Wein liegt Wahrheit«. Eine kühne Aussage über ein Getränk, das 12 bis 14 Prozent Ethanol enthält, ein Molekül, das die Hirnfunktion beeinträchtigt und (was allerdings irrelevant ist) zufällig recht häufig im interstellaren Raum vorkommt. Der Sinnspruch impliziert dennoch, dass eine Gruppe von Menschen, die Wein trinkt, sich unaufgefordert in einer Situation wiederfindet, in der man ganz gelassen wahrheitsgetreu miteinander umgeht. Vielleicht geschieht dies auf irgendeiner Ebene auch bei anderen alkoholischen Getränken. Dennoch wird kaum einmal jemand Zeuge einer Kneipenschlägerei zwischen zwei Weintrinkern geworden sein. Bei Gin vielleicht schon. Bei Whisky definitiv. Bei Chardonnay? Nie im Leben. Stellen Sie sich die Absurdität eines Filmdrehbuchs vor, in dem ein Satz vorkommt wie: »Ich trete dir gleich in den Hintern, aber lass mich zuerst noch mein Gläschen Merlot genießen!« Dasselbe lässt sich wohl auch über Marihuana sagen. Kifferhöhlen sind tendenziell kein Ort, an dem die Fäuste fliegen – ein Beleg dafür, wenn auch eher filmisch-anekdotischer Natur, dass aufrichtige Wahrheit Verständnis und Versöhnung hervorbringen kann. Vielleicht liegt es einfach daran, dass Ehrlichkeit besser ist als Unehrlichkeit, und dass Wahrheiten schöner sind als Lügen.

Weit jenseits der im Wein liegenden Wahrheiten, aber nahe verwandt mit den persönlichen Wahrheiten sind politische Wahrheiten. Diese Gedanken und Ideen sprechen bereits unsere Gefühle an, werden jedoch zu unumstößlichen Wahrheiten aufgrund der unablässigen Wiederholung in den Medien, die irgendwann dafür sorgt, dass wir daran glauben – ein fundamentales Wesensmerkmal der Propaganda. Solche Glaubenssysteme arbeiten fast immer in der Weise, dass sie insinuieren oder sogar rundheraus deklamieren, wer wir sind oder was wir tun oder wie wir es tun sei dem Sein und Tun derjenigen, welche wir zu unterjochen oder zu erobern gedenken, grundsätzlich überlegen. Es ist kein Geheimnis, dass Menschen bereit sind, für ihren Glauben das eigene Leben zu geben – oder anderen das Leben zu nehmen. Je weniger tatsächliche Beweise existieren, die eine Ideologie stützen könnten, desto wahrscheinlicher ist es oftmals, dass ein Mensch bereit und willens ist, für »die Sache« zu sterben. »Arische« Deutsche in den 1930er-Jahren wurden nicht mit der Überzeugung geboren, sie wären als Herrenrasse allen anderen Völkern der Welt überlegen. Dafür brauchte es Indoktrination, und die gab es: Dafür sorgte eine effiziente, gut geölte politische Maschinerie. Bis 1939 und damit dem Beginn des Zweiten Weltkriegs waren Millionen bereit, für diese Überzeugung zu sterben – und taten es dann auch.

* * *

Die Ästhetik dessen, was kulturell als schön und wünschenswert gilt, verändert sich üblicherweise von Saison zu Saison, von Jahr zu Jahr und von Generation zu Generation, vor allem wenn es um Mode, Kunst, Architektur und den menschlichen Körper geht. Angesichts der Größe der Kosmetikbranche und des umfassenderen Komplexes der Schönheitsindustrie würden auf Erdbesuch weilende Außerirdische zweifellos denken, wir würden uns selbst für irreparabel hässlich halten und wären von einem unaufhörlichen Bedarf an »Verbesserungen« getrieben. Wir haben Geräte entworfen, um lockiges Haar glatt und glattes Haar lockig zu machen. Wir haben Methoden erfunden, um fehlendes Haar zu ersetzen und unerwünschtes Haar zu entfernen. Wir nutzen chemische Färbemittel, um helles Haar dunkler und dunkles Haar heller zu machen. Wir tolerieren keinerlei Akne oder andere Hautunreinheiten. Wir tragen Schuhe, die uns größer wirken lassen, und benutzen Parfum, damit wir besser riechen. Wir tragen Make-up auf, um die Vorzüge unseres äußeren Erscheinungsbilds hervorzuheben und die Nachteile zu verdecken. Am Ende bleibt von unserer Erscheinung nicht viel übrig, was wirklich echt ist. Die Schönheit, die wir geschaffen haben, ist pure Fassade. Einmal duschen, und alles ist wieder weg.

Das objektiv Wahre und ehrlich Authentische – vor allem auf der Erde und im Himmel – besitzt tendenziell eine innere Schönheit, die von Zeit, Ort und Kultur abgekoppelt ist. Sonnenuntergänge bleiben faszinierend, obwohl wir jeden Tag einen davon geliefert bekommen. So schön sie auch sind, wissen wir zugleich alles über die thermonuklearen Energiequellen im Inneren der Sonne. Wir wissen Bescheid über den gewundenen Pfad ihrer Photonen, den sie zurücklegen müssen, wenn sie aus der Sonne emporsteigen. Wir wissen von ihrer zügigen Reise durchs All, bis sie durch die Erdatmosphäre abgelenkt und gebrochen werden, auf dem Weg zur Netzhaut unseres Auges. Dann verarbeitet das Gehirn die Information und »sieht« das Abbild eines Sonnenuntergangs. Diese zusätzlichen Fakten – diese wissenschaftlichen Wahrheiten – besitzen die Kraft, jede Bedeutung zu vertiefen, die wir der Schönheit der Natur ohnehin zuschreiben.

Kaum jemand von uns wird sich jemals an Wasserfällen sattsehen können, oder am Anblick des Vollmonds, wie er über den Bergen am Horizont oder der Skyline einer Großstadt aufgeht. Immer wieder verschlägt es uns die Sprache angesichts des Spektakels einer totalen Sonnenfinsternis. Wer könnte den Blick abwenden, wenn die Mondsichel gemeinsam mit der Venus am Himmel steht, gleichsam verankert am Abendhimmel? Der Islam konnte es gewiss nicht. Dieses Nebeneinander eines »Sterns« mit der Mondsichel ist und bleibt ein heiliges Symbol des Glaubens. Auch Vincent van Gogh konnte es nicht. Am 21. Juni 1889[3] hielt er den Anblick in der Morgendämmerung im französischen Saint-Rémy fest und schuf dabei eines seiner bekanntesten Gemälde, *Sternennacht*. Und wir können anscheinend gar nicht genug kriegen von den Landschaftspanoramen, die uns Rover von anderen Planeten schicken, oder von kosmischem Bildmaterial, das wir dem Hubble-Weltraumteleskop und anderen Fenstern in den Kosmos verdanken. Die Wahrheiten der Natur quellen schier über von Schönheit und Wundern, und das bis weit hinaus über Raum und Zeit.

Es überrascht daher nicht, dass der Gott oder die Götter, die wir anbeten, üblicherweise an höhergelegenen Orten residieren, wenn nicht gleich im Himmel selbst. Oder die höhergelegenen Orte sind in unserer Wahrnehmung Gott näher – von Berggipfeln über Schäfchenwolken bis hin zum Himmelreich. Noahs Arche erreichte auf dem Berg Ararat ihr Ziel, nicht etwa am Ufer eines Sees oder Flusses. Moses erhielt die Tafeln mit den Zehn Geboten nicht in einem Tal oder der Ebene. Sie kamen zu ihm auf dem Berg Sinai. Der Berg Zion und der Ölberg sind heilige Orte im Nahen Osten, ebenso wie der Berg der Seligpreisungen, auf dem Jesus vermutlich seine Bergpredigt hielt.[4] Der Olymp ist ein Ort hoch über den Wolken, an dem es von griechischen Göttern nur so wimmelt. Und damit nicht genug: Altäre stehen meist an erhöhten Stellen, nicht ebenerdig; die Azteken brachten ihre Menschenopfer beispielsweise in der Regel am höchsten Punkt der mittelamerikanischen Pyramiden dar.[5]

Wie oft haben wir Poster und sogar Kunstwerke gesehen, die Cherubim, Engel, Heilige oder den rauschebärtigen Herrgott höchstselbst abbilden, wie sie auf einer bilderbuchmäßigen Kumuluswolke dahinschweben – die großartigste aller Wolken. Die Taxonomie der Wolken faszinierte den schottischen Meteorologen Ralph Abercromby, und im Jahr 1896 dokumentierte er weltweit so viele davon, wie er konnte, und er stellte auch eine numerische Hierarchie der Wolken auf. Sie haben's erraten. Die Kumuluswolke landete auf Nummer 9, und damit war – im englischen Sprachraum – unbeabsichtigt der ewige Begriff des Schwebens auf »Wolke neun« geboren, als Beschreibung eines perfekten Hochgefühls.[6] Verbinden Sie nun Wolke neun mit Sonnenstrahlen, die jeden Winkel eines Bilds ausleuchten, und der Gedanke an göttliche Schönheit drängt sich einfach auf.

Animistische Religionen, verbreitet bei indigenen Völkern in aller Welt, von Alaska bis Australien, bekräftigen hingegen zumeist, dass die Natur selbst – der Bach, die Bäume, der Wind, der Regen und die Berge – eine Art spiritueller Energie in sich trägt. Hätten die Völker der Antike Zugang zu unseren heutigen Bildern des Kosmos gehabt, dann hätten ihre Gottheiten vielleicht noch mehr Orte vollendeter Schönheit zur Verfügung gehabt, an denen sie sich tummeln und den Blick über die Erde schweifen lassen konnten. Ein Nebel (PSR B1509–58), abgebildet vom im Orbit kreisenden Nuclear Spectroscopic Telescope Array (NuSTAR) der NASA in Form von Röntgenlicht, ähnelt einer riesigen, leuchtenden Hand im Weltall – Handwurzel, Handfläche, der ausgestreckte Daumen und die anderen Finger sind klar zu erkennen. Der Nebel ist zwar lediglich das Leuchten, das von einem toten, explodierten Stern zurückgeblieben ist, aber das hinderte die Menschen nicht daran, diese Himmelserscheinung als »Hand Gottes« zu titulieren.

Neben den Kennungen im Katalog der Himmelserscheinungen[7] benennen wir astrophysikalische Nebel üblicherweise nach ihrem Erscheinungsbild und lassen uns dabei allerlei unterhaltsame irdische Bezüge einfallen, etwa der Katzenaugennebel (NGC 6543), der Krebsnebel (NGC 1952), der Hantelnebel (NGC 6853), der Adlernebel (NGC 6611), der Helixnebel (NGC 7293), der Pferdekopfnebel (IC 434), der Lagunennebel (NGC 6523), der Zitronenscheibennebel – Lemon Slice Nebula – (IC 3568), der Nordamerikanebel (NGC 7000), der Eulennebel (NGC 3587), der Ringnebel (NGC 6720) und der Tarantelnebel (NGC 2070). Tatsächlich passen alle diese Bezeichnungen sehr gut zum Erscheinungsbild dieser Nebel, beziehungsweise zu den Assoziationen, die sie beim Betrachter auslösen. Einen hätte ich noch: den Pacman-Nebel (NGC 281), der seinen Namen der gefräßigen Figur aus dem bekannten Videospiel der 1980er-Jahre verdankt.

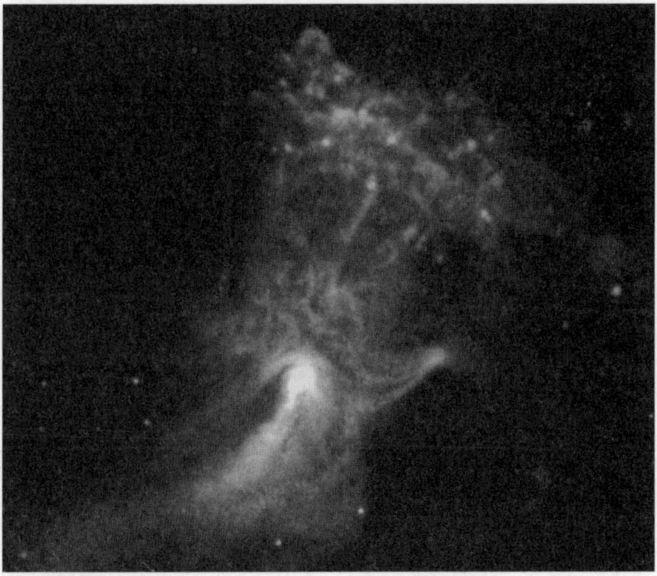

Und die Pracht nimmt kein Ende. In unserem Sonnensystem haben wir Kometen und Planeten und Asteroiden und Monde, und sie alle präsentieren sich dem Auge in umwerfend einzigartiger Form und Gestalt. Zu vielen dieser Objekte haben wir detaillierte und objektiv wahre Kenntnisse angesammelt, woraus sie bestehen, wo sie herkommen und wohin sie unterwegs sind. Derweil drehen und bewegen sie sich auf ihren zugewiesenen Pfaden durch das Vakuum des Weltalls, wie Pirouetten drehende Tänzer in einem kosmischen Ballett, mit den Gravitationskräften als Choreograph.

Im Weißen Haus der 1990er-Jahre hatte Bill Clinton auf seinem Kaffeetisch im Oval Office, zwischen den beiden Sofas, ein Stück Mondgestein liegen, das Apollo-Astronauten von ihrer knapp 400 000 Kilometer weiten Reise als Souvenir mit zurück zur Erde gebracht hatten. Mir erzählte er, immer wenn mit Gegenspielern der Weltpolitik oder mit allzu störrischen Kongressmitgliedern ein Streit zu entstehen drohte, würde er auf dieses Stück Stein zeigen und die Leute daran erinnern, dass es vom Mond stammt.[8] Mit dieser Geste gelang es ihm oft, das Gespräch in andere Bahnen zu lenken; der Stein diente als Erinnerung daran, dass die kosmischen Perspektiven uns zwingen können, einmal innezuhalten und über den Sinn des Lebens nachzudenken, und über den Wert des Friedens, der dieses Leben aufrechterhält.

Schon für sich genommen so etwas wie Schönheit.

Aber die Natur beschränkt Schönheit nicht auf Dinge. Objektiv wahre Ideen können ihre ganz eigene Schönheit besitzen. Ich möchte Ihnen ein paar meiner Lieblingsbeispiele präsentieren:

Eine der simpelsten Gleichungen der gesamten Welt der

Wissenschaft ist zugleich eine der tiefgründigsten: die von Einstein postulierte Äquivalenz von Energie (*E*) und Masse (*m*): $E = mc^2$. Das kleine, unscheinbare »*c*« steht für die Lichtgeschwindigkeit – eine Konstante, die an zahllosen Stellen vorkommt, wenn wir die kosmischen Codes entschlüsseln, die das Universum regieren. Neben unzähligen weiteren Stellen, an denen diese Konstante auftaucht, beschreibt diese einfache Gleichung, wie alle Sterne im Universum seit Anbeginn der Zeit Energie erzeugt haben und bis heute erzeugen.

Ähnlich einfach und nicht weniger tiefgründig ist Isaac Newtons zweites Bewegungsgesetz, welches exakt beschreibt, wie stark ein Objekt beschleunigt wird (*a*), wenn eine bestimmte Kraft (*F*) auf das Objekt einwirkt: $F = ma$. Das *m* steht für die Masse des bewegten Objekts. Diese kleine Gleichung und Einsteins spätere Erweiterung derselben, die er in seiner allgemeinen Relativitätstheorie aufstellte, genügen zur Beschreibung jeder Bewegung, die es bei allen Objekten im Universum jemals gab oder jemals geben wird.

Physik kann einfach schön sein.

Sicher haben Sie schon von »Pi« gehört – eine Zahl zwischen 3 und 4, die unendlich viele Dezimalstellen hinter dem Komma hat und meist zu 3,14 abgekürzt wird. Hier sehen Sie Pi mit genug Dezimalstellen, damit alle zehn Ziffern von 0 bis 9 darin vorkommen:

3,14159265358979323846264338327950...

Auf den Wert von Pi kommen wir, indem wir einfach den Umfang eines Kreises durch seinen Durchmesser dividieren. Dieses Verhältnis bleibt immer gleich, unabhängig von der Größe des Kreises. Schon die bloße Existenz von Pi ist eine tiefe Wahrheit der Euklidischen Geometrie, die alle eingefleischten Mathe-Geeks der Welt Jahr für Jahr am 14. März (»3.14«) feierlich begehen.

Mathematik kann einfach schön sein.

Sauerstoff fördert die Verbrennung. Wasserstoff ist ein explosives Gas. Bringen Sie die zwei zusammen, und Sie bekommen Wasser (H_2O), eine Flüssigkeit, die Brände löscht. Chlor ist ein giftiges, ätzendes Gas. Natrium ist ein Metall, weich genug, um es mit einem Buttermesser durchzuschneiden, und so leicht, dass es auf Wasser schwimmt. Probieren Sie das bitte nicht zu Hause aus, denn Natrium reagiert explosiv mit Wasser. Aber verbinden Sie die beiden chemischen Elemente miteinander, bekommen Sie Natriumchlorid (NaCl), besser bekannt als Tafelsalz.

Chemie kann einfach schön sein.

Die Erde beheimatet mindestens 8,7 Millionen Arten[9] lebender Organismen, die meisten davon sind Insekten. Diese atemberaubende Diversität des Lebens hat als Ursprung einzellige Organismen aus der Zeit vor vier Milliarden Jahren. Genau in diesem Moment bietet ein harmonischer Querschnitt von Land, Wasser und Luft auf der Erde jeder einzelnen von ihnen Raum zum Leben. Wir sind alle ein Teil davon. Eine einzige genetische Familie auf dem Raumschiff Erde.

Biologie kann einfach schön sein.

Aber wie steht es nun mit all den Dingen in der Welt, die zwar ebenfalls wahr sind, aber hässlich? Die Erde gilt im Allgemeinen als Refugium des Lebens – genährt durch die mütterlichen Instinkte von Mutter Natur. Das trifft bis zu einem gewissen Grad durchaus zu. Die Erde brummt nur so vor Leben, seit sie in der Lage ist, Lebewesen zu beheimaten. Doch die Erde ist auch eine gigantische Killermaschine. Über 99 Prozent aller Arten, die jemals lebten, sind heute ausgestorben.[10] Ursache dafür sind Kräfte wie regionale und globale Klimaveränderungen, aber auch katastrophale Naturereignisse wie Vulkanausbrüche, Wirbelstürme, Tornados, Erdbeben, Tsunamis, Seuchen und Krankheiten. Auch das Universum ist eine gigantische Killermaschine, die verantwortlich ist für Asteroiden- und Kometeneinschläge, deren bekanntester die Erde vor 66 Millionen Jahren traf und all den berühmten, übergroßen Dinosauriern den Garaus machte, dazu noch weiteren 70 Prozent aller Land- und Wasserlebewesen auf der Erde. Kein Landtier, das größer war als ein Seesack, hat dieses Ereignis überlebt.

Ebenfalls wahr, wenngleich schwer einzugestehen, ist die morbide Faszination, die gewaltige geologische Katastrophen und zerstörerische Wettersysteme auf uns ausüben. Das alles sind Dinge voller Schönheit – vielleicht ist es sogar eine ganz eigene Kategorie von Schönheit: etwas, das wir betrachten und bewundern wollen, wenn auch nur aus sicherer Entfernung. Es gibt allerdings immer ein paar Leute, die sich nicht an die Regel mit der sicheren Entfernung halten. Wie sonst könnte es »Sturmjäger« und todesmutige Meteorologen geben, die uns Live-Reportagen von den Docks liefern, während katastrophale Sturmfluten die Küste heimsuchen. Die Berichterstatter werden dabei selbst ebenso bis auf die Haut durchnässt wie alle, die an dem Tag mehr oder weniger freiwillig die Videokamera gehalten haben.

Ein Vulkan ist aus jedem Blickwinkel ein atemberaubendes Schauspiel. Die rotglühende Flüssigkeit, die aus seiner

Caldera trieft und über Rinnsale und breite Ströme seine Hänge hinabfließt, besteht aus verflüssigtem Gestein. Bei Zimmertemperatur sind das Materialien, auf denen wir sitzen, auf denen wir Häuser errichten und die wir als Metapher für alles Stabile und Unverrückbare in der Welt verwenden. Der Vulkan selbst hat sich aus verflüssigtem Gestein gebildet, genau an dieser Stelle, nach seinem eigenen Zeitplan, und dient uns nun gleichsam als Tor zur Unterwelt.

Und gibt es etwas Schöneres als einen Hurrikan mit einem Durchmesser von 500 Kilometern, wenn man ihn aus großer Höhe oder aus dem All betrachtet, wie er sich langsam dreht, wie ein gasförmiges Windrad aus Sturmwolken, das er ja auch ist? Wie steht es mit einem heftigen Gewitter, mit seinen häufigen, krachenden und furchteinflößenden Blitzschlägen, die mal von Wolke zu Wolke, mal vom Erdboden zur Wolke verlaufen?[11]

Und obwohl es ein Asteroid war, der unseren urigen Dinosauriern mit ihren überdimensionalen Zähnen den Garaus machte, öffnete gerade ihr Verschwinden eine ökologische Nische, die es unseren winzigen Säugetiervorfahren ermöglichte, sich zu etwas Ambitionierterem zu entwickeln als bloß zu einer leckeren Vorspeise für Gevatter T. Rex. Das ist ohne Zweifel etwas Schönes – jedenfalls für den Zweig des Lebensbaums, der sich zu Primaten entwickelte, zu denen auch wir gehören.

* * *

Kosmische Einschläge können zerstörerisch und tödlich sein, ganz gleich, wo sie sich ereignen. Als die Himmelsbeobachter Caroline und Eugene Shoemaker gemeinsam mit David Levy den Kometen Shoemaker-Levy 9 entdeckten (einer der zahlreichen Kometen, die ihre Namen tragen), beeilten sich Sternengucker überall, ihre Teleskope scharf zu stellen. Warum? Nach der Entdeckung stellte man schon bald fest, dass der Orbit des Kometen auf Kollisionskurs mit dem Planeten Jupiter war. Wir, die Astrophysiker in aller Welt, brachten unverzüglich unsere größten und leistungsstärksten Teleskope in Stellung, Hubble eingeschlossen. Zuvor geplante Beobachtungs-Slots ließ man bereitwillig verstreichen. Wir spannten sogar *Galileo*, eine Raumsonde, die zum Jupiter unterwegs, aber noch nicht dort angekommen war, in die Beobachtungsmission ein. Bei einem früheren Vorbeiflug hatten die starken Gezeitenkräfte des Jupiters den Kometen in Stücke gerissen und dabei eine ganze Parade kleinerer Brocken entstehen lassen, die nun auf dem gleichen Orbit ihre Bahn zogen. Am 16. Juli 1994 wurden wir Zeugen des ersten von knapp zwei Dutzend Einschlägen – Fragmente A bis W – auf dem Jupiter. Der größte dieser Brocken, Fragment G, kollidierte mit der Energie von sechs Teratonnen (sechs Millionen Megatonnen) TNT mit dem Planeten. Das entspricht dem 600-fachen des gesamten weltweiten Arsenals an Atomwaffen. Diese Einschläge hinterließen sichtbare Narben in der Jupiteratmosphäre – allein diese Narben sind größer als die Erde selbst.

Und es war wunderschön.

Eine kosmische Perspektive verhüllt den ansonsten augenfälligen Schaden und das Chaos, das solche Katastrophen anrichten. Ihre Schönheit überstrahlt alles Zerstörerische. Alles Tödliche. An jenem Tag auf dem Jupiter kam niemand zu Tode. Wären diese Kometentrümmer mit der

Erde kollidiert, es wäre ein Ereignis gewesen, das alles Leben vernichtet hätte.

Vielleicht richtet sich die Trennlinie, die wir zwischen schön und hässlich ziehen, einfach danach, ob die Sache uns schaden kann oder nicht. Zu einigen der objektiv hässlichen Dinge in der Natur könnte man vielleicht eine Nahaufnahme des Unterbauchs einer Tarantel zählen – da müsste man schon Arachnologe sein, um den Anblick liebenswert zu finden. Eine Tarantel kann uns mit ihrem Biss verletzen, und vielleicht wissen wir das ja intuitiv. Wie ist es mit einem Komodowaran, der sich an Sie heranschleicht? Oder mit einem Schwarm blutdürstiger Mücken, oder mit Blutegeln? Was ist mit Malaria? Oder mit dem Bakterium der Beulenpest? Oder mit dem Virus, das die Pocken auslöst, oder AIDS? Was ist mit all den spontanen Zellmutationen, die angeborene Fehlbildungen oder Krebs und andere Krankheiten zur Folge haben, die im genetischen Lotteriespiel unser Leben verkürzen? Sie alle sind Teil derselben Natur, zu der doch auch zahllose Objekte und Szenerien zählen, die wir bewundern. Diese Parasiten oder Krankheiten oder gruseligen Geschöpfe tauchen allerdings nie auf Plakaten mit Bibelzitaten auf. Pocken, Malaria und Beulenpest zusammen haben im Lauf der Geschichte weltweit mehr als 1,5 Milliarden Menschen das Leben gekostet. Das sind deutlich mehr Tote, als sämtliche bewaffneten Konflikte in der Geschichte unserer Spezies zusammengenommen auf dem Gewissen haben. Die Natur hat mehr von uns umgebracht, als wir selbst es fertiggebracht haben. Solche Gedanken kommen einem wohl kaum (wahrscheinlich nie) in den Sinn, wenn wir die Schönheit der Natur proklamieren.

Aber vielleicht sollten sie das tun. Wenn sie es täten, wären wir ehrlicher mit uns selbst, was unseren Platz im Universum angeht. Es gibt wahrlich genug Beweise, die belegen, dass sich die Natur für unsere Gesundheit oder unsere Hoffnung auf ein langes Leben herzlich wenig interessiert. Wir sind mit natürlichen Instinkten ausgestattet, die herausfiltern, was uns eventuell schaden und was uns Annehmlichkeit bringen könnte. Es gibt aber keinerlei Hinweis aus dem Weltraum, der uns verraten würde, dass irgendwer oder irgendwas im Universum unterwegs wäre, um uns vor der Erde zu retten – oder vor uns selbst.

Wir selbst sind die einzigen, die sich um uns sorgen.

Die medizinische Forschung entwickelt Vakzine, um uns vor tödlichen Viren zu schützen, und Medikamente, um Bakterien und Parasiten abzuwehren. Architekten und Baumeister schaffen Häuser und Schutzräume, die uns vor Wetterkatastrophen schützen. In der Zukunft werden Experten für Astrodynamik Systeme entwickeln, die tödliche Asteroiden, die auf dem Weg zur Erde sind, aus ihrer Flugbahn ablenken können. Auch wenn es den impliziten Glaubenssätzen der Umweltbewegung widerspricht: Nicht alles Natürliche ist schön, und nicht alles Schöne ist natürlich.

Vielleicht ist das der Grund, warum die Welt Poeten braucht. Nicht um das Eindeutige und Offenkundige zu interpretieren, sondern um uns eine Atempause zu verschaffen, in der wir über die Schönheit von Menschen, Orten und Ideen sinnieren können – von Dingen, die uns ansonsten als selbstverständlich erscheinen würden. Schlichte Schönheit, die aus schlichten Wahrheiten hervorgeht. Wenn Sie Joyce Kilmers berühmtestes Gedicht[12] gelesen haben, werden Sie jemals wieder an einem Baum vorübergehen können, ohne über dessen majestätische Stille nachzudenken?

I think that I shall never see
A poem lovely as a tree.

A tree whose hungry mouth is prest
Against the earth's sweet flowing breast;

A tree that looks at God all day,
And lifts her leafy arms to pray;

A tree that may in Summer wear
A nest of robins in her hair;

Upon whose bosom snow has lain;
Who intimately lives with rain.

Poems are made by fools like me,
But only God can make a tree.

Kilmer, geboren in New Jersey, kämpfte im Ersten Weltkrieg 1918 an der Westfront, als ihn die Kugel eines Scharfschützen traf. Einer derjenigen, die Opfer der Tat eines anderen Menschen wurden, nicht Opfer von Mutter Natur.

Was sagt uns das? Vielleicht gar nichts. Vielleicht alles. Für mich persönlich als Mensch, als Wissenschaftler und als Erdenbewohner ist vielleicht das Schönste am Universum, dass wir überhaupt etwas darüber wissen können. Keine auf Tafeln des Himmels niedergeschriebene Botschaft hat je besagt, dass dem so sein sollte. Es ist einfach so. Für mich ist wegen dieses Gipfels der objektiven Wahrheit das Universum selbst das schönste Ding im Universum.

KAPITEL ZWEI

Erforschung & Entdeckung

Die Bedeutung von beidem für die Gestaltung der Zivilisation

Skeptiker sehen in der Weltraumforschung oft bloß einen teuren Luxus – es wäre doch viel besser, erst einmal die Probleme auf unserer Erde zu lösen. Die Liste gesamtgesellschaftlicher Herausforderungen hat sich über die Jahrzehnte nicht sehr verändert; dazu zählen ambitionierte Ziele wie die Beseitigung von Hunger und Armut, das Fördern der allgemeinen Bildung, das Befrieden gesellschaftlicher und politischer Konflikte und das Beenden von Kriegen. Das alleine gibt schon fette Schlagzeilen für jeden Nachrichtenzyklus her, aber erst recht dann, wenn man dem die zig Milliarden Dollar gegenüberstellt, die die US-Regierung Jahr für Jahr in den Weltraum investiert. Das Thema wird in Indien heftig debattiert,[1] einem Land, das erst kürzlich seine Anstrengungen auf dem Gebiet der Weltraumforschung verdoppelt hat, während dort zugleich 800 Millionen Menschen in Armut leben. Die Hälfte dieser Armen in Indien – mehr als die Gesamtbevölkerungszahl der USA – lebt in tiefstem Elend.[2] Ist es nicht merkwürdig, dass dieselben Skeptiker sich kaum jemals fragen, ob wir nicht beides tun sollten: den Weltraum erforschen *und* die Probleme der Gesellschaft angehen. Die Liste der Probleme in der Welt, die einer Lösung bedürfen, gab es schon lange, bevor auch nur ein Cent für die Erkundung des Weltraums ausgegeben wurde.

Drehen wir, um etwas klarer zu sehen, die Zeit um 30 000 Jahre zurück und belauschen unsere höhlenbewohnenden Vorfahren. Diejenigen unserer Urahnen mit Forscherdrang beschlossen, die Älteren zu konsultieren, und sagten: »Wir wollen wissen, wie es vor dem Eingang der Höhle aussieht«. Die Älteren sind weise. Sie beraten sich untereinander, wägen die möglichen Risiken und Chancen ab, und antworten: »Nein. Wir müssen erst einmal die Probleme in der Höhle lösen, bevor sich irgendjemand nach draußen wagen kann.«

Zugegeben, ein ziemlich absurder Dialog, aber für einen Weltraumforscher hören sich die Leute exakt so an, wenn sie fordern, wir müssten erst einmal die Probleme auf der Erde in den Griff bekommen, bevor irgendjemand einen Schritt nach anderswo im Universum unternimmt. Und noch eine Anmerkung zu unseren Höhlenbewohnern: Sie atmeten frische Luft. Sie tranken sauberes Wasser. Sie ernährten sich von rein organischen Pflanzen und wildlebenden Tieren – und doch kamen sie angesichts ihrer atemberaubend hohen Kindersterblichkeit gerade einmal auf eine durchschnittliche Lebenserwartung von knapp 30 Jahren. Die moderne Wissenschaft macht halt doch einen Unterschied.

Die kosmische Perspektive macht uns bewusst, dass die Erde kaum mehr ist als ein Staubkorn, isoliert in einem riesigen, unerschöpflichen Universum. Gibt es irgendeinen Unterschied zwischen der Höhle und unserer Erde? Und doch wussten wir mehr über den Mond, bevor wir ihn das erste Mal besuchten, als jeder Entdecker des 15. oder 16. Jahrhunderts über seine Ziele wusste. Wir wussten mehr über die Oberfläche des Planeten Mars und wo wir dort am besten unsere Rover landen mussten, als die polynesischen Pioniere im 12. und 13. Jahrhundert über die Inseln im Pazifik wussten, die sie weit jenseits ihres ozeanischen Horizonts erwarteten. Wir haben Jahrhunderte gebraucht, um die Oberfläche der Erde zu erkunden und zu kartieren, kulminierend in der Entdeckung der Antarktis im Jahr 1820. Und doch erforschen wir den Weltraum erst seit ein paar Jahrzehnten.

Wenn wir den Blick nach jenseits des Höhleneingangs richten, könnten wir doch auch Dinge entdecken, die dazu beitragen, unsere Probleme in der Höhle selbst in den Griff zu bekommen. Darin auch nur eine entfernte Chance zu sehen verlangt einen aufgeklärten Blick nach vorn. Man könnte »da draußen« eine Vielfalt von Pflanzen finden, die Heilkraft besitzen. Man könnte allerlei Materialien vorfinden – Holz, Steine, Knochen –, aus denen sich nützliche Werkzeuge fertigen lassen. Man könnte neue Quellen von Wasser, Nahrung und Unterschlupf erschließen. Aber noch wichtiger: Jenseits des Höhleneingangs liegen Perspektiven. Diese Orte sind nicht bloß Ziele, sie stehen für eine ganz neue Sicht der Dinge. Für diese Erkenntnis braucht es noch nicht einmal einen Wissenschaftler. Der berühmte Schriftsteller T. S. Eliot sinnierte einst:[3]

… werden wir nicht nachlassen in unserem Forschen
Und am Ende aller Forschungsreisen
Werden wir an unseren Ausgangspunkt gelangen
Und zum ersten Mal den Ort wahrhaft erkennen.

Viel näher ist ein Dichter der kosmischen Perspektive vielleicht nie gekommen.

Ein Teil des Problems liegt darin, dass unser Denken gewissermaßen linear verdrahtet und damit anfällig dafür ist, nur in begrenzten Dimensionen stattzufinden. Dafür können wir nichts. Wir denken in Addition und Multiplikation, einen Evolutionsdruck, exponentiell zu denken, hat es nie gegeben. Ein Exponent ist eine Zahl, die zur Potenz einer anderen Zahl erhoben wird. Bei diesem Rechenvorgang wachsen (oder schrumpfen) die beschriebenen Größen oder Verhältnisse schneller, als es für unseren normalen Verstand erfassbar ist. Nehmen Sie einmal dieses einfache Beispiel: Sie haben die Wahl zwischen 5 Millionen Euro sofort auf die Hand oder einem Cent pro Tag, der sich einen Monat lang jeden Tag verdoppelt. Die meisten Leute würden die 5 Millionen schnappen und sich eiligst davonmachen, von den Cents wollten sie nichts wissen. Aber überlegen wir einmal kurz. Das ist also ein Cent heute. Dann zwei Cent morgen. Vier Cent übermorgen. Acht Cent am nächsten Tag, und immer so weiter. Wie viel Geld haben Sie am Ende des Monats? Wenn Sie ein bisschen rechnen können (und der Monat 31 Tage hat), bekommen Sie am letzten Tag 10 737 418 Euro und 24 Cent. Zusammen mit den Cents der ersten 30 Tage kommen sie insgesamt auf stolze 21 474 836,47 Euro. Das ist die Kraft, die in der Exponentialrechnung steckt.

Ein weiteres Beispiel: Sie erfahren, dass sich auf dem See, an dem Sie gerne Ihre Freizeit verbringen, eine schädliche Alge ausbreitet. Sie wächst kontinuierlich, die befallene Fläche verdoppelt sich jeden Tag. Nach einem Monat ist der See zur Hälfte mit Algen bedeckt. Wie lange dauert es bei dieser Ausbereitungsgeschwindigkeit, bis der See komplett zugewachsen ist? »Einen Monat«, will uns unser primitives, lineares Gehirn weismachen. Die richtige Antwort aber lautet: »einen Tag«. Es kommt noch nicht einmal darauf an, wie viele Tage es bis zur halben Abdeckung gedauert hat. Wenn sich die befallene Fläche jeden Tag verdoppelt, ist vollkommen klar, dass es bei halber Abdeckung des Sees nur noch einen Tag dauert, bis alles überwuchert ist.

Der verheerende Kollaps unseres Wirtschaftssystems im Jahr 2008 wurde beschleunigt durch flexible Niedrigzinsen raffgieriger Kreditgeber, die Leuten Hypothekendarlehen gewährten, die dafür eigentlich nicht infrage kamen. Wer weiß, vielleicht wäre diese ökonomische Episode weniger schlimm ausgefallen oder gänzlich ausgeblieben, wenn die Leute, denen die Kredite bewilligt wurden, etwas von Exponentialrechnung verstanden hätten. Sie hätten augenblicklich erkannt, dass sie bei jeder Zunahme in den Zinseszinsraten pleitegehen würden, und so hätten sie von vornherein gewusst, dass sie von dem Kredit besser die Finger lassen sollten.

Überlegen Sie einmal, wie oft wir einfache lineare Berechnungen im Kopf anstellen: Wir sind seit einer Stunde unterwegs und haben die halbe Strecke hinter uns, also dauert es eine weitere Stunde, bis wir unser Ziel erreichen. Das ist unkompliziertes lineares Denken. Aber ganz im Geist von »Sind wir schon da?« hätte ich hier einen Satz, der in der Geschichte der Fortbewegung garantiert noch nie gefallen ist:

Wir sind seit einer tausendstel Sekunde unterwegs und haben ein Dreimillionstel unseres Weges geschafft, wir brauchen also bloß noch 2 999 999 Sekunden, dann sind wir am Ziel.

Dabei sind mathematische Faktoren wie Millionen und Milliarden und Billionen im kosmischen Kontext das Normalste von der Welt. Die Erdkugel, die so riesig ist, dass manche Leute (noch immer) glauben, sie wäre gar keine Kugel, sondern eine Scheibe, ist winzig im Vergleich zur Sonne. Wäre die Sonne hohl, könnte man eine Million Erden darin unterbringen, und es wäre immer noch Platz übrig. Aber das ist erst der Anfang. In fünf Milliarden Jahren, wenn die Sonne stirbt, wird sie zunächst zum »Roten Riesen« werden. In dieser Phase ihres Sternendaseins schwillt die Sonne enorm an und verschluckt dabei die Orbits des Merkur, der Venus und vermutlich auch der Erde. Dann hat sich die Sonne auf das Zehnmillionenfache ihrer gegenwärtigen Größe aufgebläht. Das Sonnensystem, bis hinaus zum Kuiper-Kometengürtel jenseits des Neptuns, ist nochmal eine Million Mal größer. Die Seele der kosmischen Perspektive – ihre spirituelle Energie – leitet sich daraus ab, dass wir diese astronomischen Größenverhältnisse verinnerlichen. Sind wir dazu nicht in der Lage, ist jeder Versuch, die Tiefen der Zeit zu erfassen, in der wir leben, oder des Raumes, in dem wir uns bewegen, zum Scheitern verurteilt.

* * *

Es braucht auch kühnes maßstäbliches Denken, um die moderne Biologie und Geologie zu durchdringen. Wir stellen uns Darwins Evolution als unfassbar langsamen Prozess vor. Das liegt aber nur daran, dass wir, wenn es hoch kommt, 100 Jahre lang leben, und unser Gehirn sperrt sich gegen die Tatsache, dass die Artenbildung Tausende oder sogar Millionen Mal länger dauern kann. Genau dadurch legen wir den Weg von jenen Nagern, die unsere frühen Säugetiervorfahren waren und im Unterholz zu Füßen von T. Rex herumwuselten, bis zum Homo sapiens in 66 Millionen Jahren zurück – und diese Zeitspanne macht gerade einmal 1,5 Prozent der 3,8 Milliarden Jahre aus, seit es Leben auf der Erde gibt. Kommt Ihnen das immer noch vor wie »verdammt lang her«? Wissen Sie, was ebenfalls verdammt lange braucht? Die geologische Ausformung von Landschaften wie dem Grand Canyon in Arizona, und die Kontinentalverschiebung, bei der sich die größten Landmassen über die Erdoberfläche bewegen – ungefähr so schnell, wie Ihre Fingernägel wachsen. Oder hier mein Lieblingsvergleich: Wenn wir uns einen Fußballplatz als Zeitachse des Universums vorstellen, mit dem Big Bang und dem jetzigen Augenblick als die beiden Torlinien, dann würde die gesamte Menschheitsgeschichte gerade einmal einem Grashalm entsprechen, unmittelbar vor der zweiten Torlinie, logischerweise.

Die Erkundung und Entdeckung der Erde sind seit jeher mit dem Landraub durch militärische oder koloniale Mächte verbunden, klassisch versinnbildlicht in Julius Caesars berüchtigtem Spruch von anno 47 vor unserer Zeitrechnung:

Veni, vidi, vici (Ich kam, ich sah, ich siegte).

Zu den einschlägigen Aktivitäten zählte dabei auch das Aufpflanzen von Flaggen in unerforschten, noch nie zuvor betretenen Regionen, wie etwa am Südpol oder auf dem Gipfel des Mount Everest. Flaggen wurden auch dort aufgestellt, wo es bereits örtliche Einheimische gab, die die Neuankömmlinge begrüßten, was uns einen Brief in Erinnerung ruft, den Christoph Columbus 1493 an König Ferdinand und Königin Isabella von Spanien schrieb, nach seiner ersten Reise in die Karibik:[4]

... dass ich dort zahlreiche Inseln, die reich besiedelt sind, entdeckt habe, von denen ich im Namen Ihrer Hoheiten in aller Form Besitz ergriffen habe, ...

Sogar die erste Mondmission von *Apollo 11* pflanzte auf dem Erdtrabanten eine Flagge – die Flagge der USA. Allerdings steht auf der dazugehörigen Plakette etwas, das sich von allen anderen Eroberungen in der Geschichte der Hegemonie unterscheidet:

Hier setzten Menschen vom Planeten Erde
erstmals den Fuß auf den Mond.
Juli 1969 A. D.
Wir kamen in Frieden und im Namen der gesamten Menschheit.

Nun, da die Erde kartiert ist und der Mond immerhin besucht wurde, sollte unser kollektives Konzept der Erkundung und Entdeckung den nächsten Schritt tun, in unser Sonnensystem und darüber hinaus. Teil der Übung ist auch das Entdecken neuer Ideen und Erfindungen, und neuer Wege, wie man Dinge schaffen kann.[5] Mit vorhandenen Systemen zur Verbreitung von Denken, etwa wissenschaftlichen Konferenzen, fachkundig geprüften, seriösen Fachzeitschriften und Patentanmeldungen kann jede Folgegeneration die Erkenntnisse ihrer Vorgängergeneration als neuen Ausgangspunkt nutzen. Das Rad muss nicht jedes Mal neu erfunden werden. Das spart Zeit, Geld und Aufwand. Diese schlichte und offenkundige Tatsache zeitigt bedeutende Folgen. Wissen wächst nicht linear, sondern exponentiell, deshalb ist jeder Versuch unseres Gehirns hoffnungslos, die Zukunft allein auf der Grundlage der Vergangenheit vorherzusagen. Sie führt auch dazu, dass wir glauben, wir würden angesichts all der fantastischen Entdeckungen und Erfindungen – allein derjenigen, die sich zu unseren Lebzeiten ereignen – in ganz besonderen Zeiten leben. Aber das ist ein grundlegendes Merkmal exponentiellen Wachstums: Wir alle glauben, wir würden in ganz besonderen Zeiten leben, ganz gleich, wo wir uns auf der Entwicklungskurve gerade befinden. Wie oft haben wir schon von den »Wundern der modernen Medizin« reden gehört? Schauen wir nur 50 Jahre zurück und werfen einen Blick in die Tasche des Arztes damals, mit ihren furchterregenden Instrumenten und fragwürdigen Medikamenten, und wir werden selbstzufrieden und heilfroh sein, heute zu leben und nicht zu anderen, früheren Zeiten. Auch damals priesen die Menschen ihren eigenen Fortschrittsstand gegenüber der Zeit fünf Jahrzehnte davor. Zu keinem Zeitpunkt auf der exponentiellen Wachstumskurve hat jemand gemeint, »Oh Mann, wir leben echt in rückständigen Zeiten«, ganz gleich, wie rückständig das Ganze aus der Sicht nachfolgender Generationen wirken mag.

Greifen wir noch einmal auf unsere Rechenübung mit den Cents und den Algen zurück und fragen uns: Wie lange ist die »Verdopplungszeit« von Forschung und Entdeckung? 1995 beschloss ich als Postdoktorand an der Princeton University, es wäre doch interessant, eine Regalwand mit wissenschaftlichen Zeitschriften in der Bibliothek für Astrophysik in der Peyton Hall zu vermessen. Das *Astrophysical*

Journal ist eine führende Zeitschrift auf meinem Fachgebiet und nahm den größten Teil der Regale ein. Ein perfekter Ausgangspunkt für mein Verdopplungsexperiment. Die erste Ausgabe des Journals erschien 1895. Nun suchte ich einfach mit dem Maßband in der Hand nach der Mitte des Regals, zwischen der ersten und der aktuellen Ausgabe. Ich fand sie im Jahr 1980. Anders ausgedrückt: Auf dem Gebiet der Astrophysik wurden in den 15 Jahren von 1980 bis 1995 genauso viel Forschungsergebnisse veröffentlicht wie in den Jahren von 1895 bis 1980. Damit kämen wir auf eine Verdopplungszeit von 15 Jahren, aber trifft dieser Wert auch zu, wenn wir in der Zeit weiter zurückgehen? Ich suchte nach der Mitte zwischen 1895 und 1980. Ich fand sie bei 1965. Der nächste mittlere Punkt lag im Jahr 1950, davor 1935, und davor 1920. Möglicherweise ist meine Messung nicht immer aufs Jahr genau, weil die Seitenzahl der Zeitschrift im Lauf der Jahre zunahm. Ich hatte Meter im Regal gemessen, aber eigentlich hätte ich die Summen der Druckseiten als Maßstab nehmen müssen. Dennoch dürfte die Lehre aus dieser Übung klar auf der Hand liegen.

Sie werden vielleicht denken, die akademische Kultur des Veröffentlichens auf Teufel komm raus (»publish or perish«) in neuerer Zeit hätte den Druck erhöht, auch fragwürdige Arbeiten herauszubringen und damit die Produktivität der Forschung künstlich aufzublähen. Stimmt nicht. Es liegt schlicht an der wachsenden Zahl der Wissenschaftler und der Produktivität, die sich großen kooperativen Unternehmungen verdankt.[6] Ich sollte schon bald herausfinden, dass eine Verdopplungszeit von 15 Jahren absolut in Einklang mit anderen aktiven Feldern der wissenschaftlichen Forschung steht.

Wie sieht es bei den Erfindungen aus? Die amerikanische Patentbehörde registrierte 3,5 Millionen Patente von 2010 bis 2020, mehr als in den fast 40 Jahren von 1963 bis 2000.[7] Auch auf diesem Gebiet haben wir also einen Lauf.

Bei alledem kamen mir zwei Fragen in den Sinn: Was ist wohl die Verdopplungsrate der modernen Gesellschaft? Und wie soll man diese messen? Antwort 1: Ich weiß es nicht. Antwort 2: Ich weiß es nicht – aber ich will es gerne versuchen. Sehen wir uns Zeitabschnitte von 30 Jahren in der industrialisierten Welt seit 1870 an, mit Schwerpunkt auf den USA, und vergleichen das Leben am Anfang mit dem Leben am Ende des jeweiligen Intervalls. Wie haben Forschung und Entdeckung, die Triebkräfte der Wissenschaft, unser Leben geformt und verändert?

Von 1870 bis 1900 verzeichnen wir enorme Fortschritte im Bereich von Transport und Verkehr. Dampfschiffe überqueren Ozeane in Rekordzeit. 1869 wurde der letzte, der »goldene Nagel« eingeschlagen, der die Fertigstellung der 3200 Kilometer langen transkontinentalen Eisenbahnverbindung quer durch die USA symbolisiert. Das war der Startschuss für Jahrzehnte der Mobilität und Expansion für die Bevölkerung des Landes. Erstmals begibt sich 1883 der legendäre Orient Express, eine von vielen Bahnverbindungen des Alten Kontinents, auf seine 2200 Kilometer lange Strecke zwischen Paris und Istanbul. Durch die Eisenbahn wurde auf vielen Strecken der Transport per Postkutsche überflüssig. Außerdem gelingen in den 1880er-Jahren einem deutschen Ingenieur namens Karl Benz entscheidende Verbesserungen des Verbrennungsmotors, damit wird er zum Wegbereiter des ersten praxistauglichen Automobils. Der englische Erfinder John Kemp Starley perfektioniert das Veloziped[8] –

ihm verdanken wir das heute gängige »Sicherheitsniederrad« mit zwei Rädern gleicher Größe und einer Kette, die die Pedale mit dem Hinterrad verbindet. Und in der ganzen Zeit sind mit Antrieb ausgestattete Ballons, die sogar einen Transport durch die Lüfte möglich machen, groß in Mode.

Das Alltagsleben des Jahres 1900 wäre für einen Besucher aus dem Jahr 1870 nicht wiederzuerkennen.

Höchste Zeit, veröffentlichte Vorhersagen aus dem Jahr 1900 für das Jahr 2000 unter die Lupe zu nehmen. So machen wir Menschen das nun einmal, wenn ein neues Jahrhundert anbricht. Mit dem cleveren Untertitel »Die Geschichte der Zukunft« spezialisiert sich die Website paleofuture.com genau darauf. Ganz hoch im Kurs unter den Vorhersagen, etwa in Zeitschriften wie *Punch*, *Atlantic Monthly* und *Collier's*, stehen schlichte lineare Extrapolationen dessen, was sich im Jahr 1900 abspielte. Sie erkennen die Aussicht auf elektrisches Licht, stellen sich dieses allerdings nur für besondere Gelegenheiten vor. Sie lieben die Fahrt im Luftschiff und stellen sich vor, dass in der Zukunft alle Leute mit dem eigenen Privatballon durch die Lüfte schweben – der Nikolaus inklusive, denn wer braucht schon magische Rentiere, wenn er ein Luftschiff in der Garage hat. Und wieder sehen wir: Die Menschen denken linear, man kann also niemandem diese wunderlichen Vorstellungen von der eigenen Zukunft verübeln.

Die letzte Sonntagsausgabe des *Brooklyn Daily Eagle* im ausgehenden 19. Jahrhundert enthielt auch eine 16-seitige Beilage mit Artikeln und Illustrationen unter dem Titel »In hundert Jahren wird alles ganz anders sein«. Die Autoren – Unternehmer und Offiziere, Pastoren, Politiker und andere Fachleute auf ihrem jeweiligen Gebiet – äußerten sich dazu, wie es um die Arbeit im Haushalt, aber auch um Armut, Religion, Hygiene und Krieg im Jahr 2000 wohl bestellt sein würde. Sie begeisterten sich am Potenzial der Elektrizität und des Automobils. Es gibt sogar eine Karte der Welt der Zukunft: Sie zeigt eine »Amerikanische Föderation«, die den größten Teil der westlichen Hemisphäre umfasst, von den Gebieten jenseits des nördlichen Polarkreises bis hinab zum Archipel von Feuerland, dazu auch das Afrika südlich der Sahara, die südliche Hälfte Australiens sowie Neuseeland.

Die meisten Autoren zeichnen ein Bild der Zukunft mit fantasievollen Erweiterungen der Technologien jener Zeit, allerdings vermochte einer der Futuristen überhaupt keine Zukunft zu erkennen. George H. Daniels, der für die New York Central and Hudson River Railroad arbeitete, sah in seine eigene Kristallkugel und prophezeite:

> *Es ist kaum vorstellbar, dass das 20. Jahrhundert Verbesserungen im Bereich Transport und Verkehr erleben wird, die sich mit denjenigen des 19. Jahrhunderts messen können.*

Das schrieb er ganze drei Jahre vor der Erfindung des Fliegens – ein Kandidat für die hirnloseste Prophezeiung aller Zeiten. Mr. Daniels unterschätzt nicht bloß das Potenzial der Zukunft, so wie alle anderen auch, er leugnet aktiv eine von Innovationen geprägte Zukunft – und das auf seinem ureigenen Fachgebiet. An anderer Stelle in seinem Artikel sieht er einen für alle Menschen erschwinglichen weltweiten Tourismus und die Verbreitung des Weißbrots bis nach China und Japan. Aber er kann sich einfach nicht vorstellen, was die Dampfkraft als Energiequelle für den Transport über Land ersetzen könnte, geschweige denn, dass ein Gefährt, das schwerer ist als Luft, in dieselbe aufsteigen könnte. Der gute Mann, immerhin in verantwortlicher Position beim damals größten Schienenverkehrsunternehmen der Welt, stand an der Schwelle zum 20. Jahrhundert und war nicht in der Lage, über den engen Horizont von Automobil, Lokomotive und Dampfschiff hinauszublicken. Eines von vielen Opfern linearen Denkens, unwissentlich eingebettet in Zeiten exponentiellen Wachstums.

Zwischen 1900 und 1930 wird die Existenz von Atomen nachgewiesen. Motorgetriebene »Flugzeuge« werden erfunden, und die Strecken, die sie zurücklegen können, wachsen vom 36 Meter weiten Hüpfer, den die Gebrüder Wright 1903 in ihrem Original Wright Flyer bewerkstelligten, auf die 5218 Meilen (knapp 8400 Kilometer), die zwei italienischen Flugpioniere, Major Umberto Maddalena und Leutnant Fausto Cecconi, im Jahr 1930[9] in ihr Bordbuch eintrugen. Zurück auf dem Boden lernen wir, Radiowellen als fundamentale Quelle für Information und Unterhaltung zu nutzen. Der Verkehr in der Stadt stellt sich fast vollständig von der Pferdekutsche, dem seit Jahrtausenden bewährten Rückgrat der Zivilisation, auf eine Automobilwirtschaft um – vom Pferd als Verkehrsmittel bleibt außer dem Begriff der Pferdestärke nicht viel übrig. In diese Zeit fällt auch ein Weltkrieg, in dem erstmals Flugzeuge im Kampf eingesetzt werden. Orville Wright beklagt in Dayton (Ohio) diese Tatsache in einem Brief vom 19. Dezember 1918 an Alan R. Hawley, den Vorsitzenden des Aero Club of America in New York City:[10]

Vielen Dank für Ihr Telegramm anlässlich des 15. Jahrestags unseres Erstflugs bei Kitty Hawk. Auch wenn Wilbur genau wie ich es lieber gesehen hätte, wenn sich das Flugzeug mehr im Sinne des Friedens entwickelt hätte, glaube ich doch, dass sein Einsatz in diesem großen Krieg uns einen Anreiz geben kann, es auch auf andere Arten zu nutzen.

Derweil wird die Stadt elektrifiziert. Wer des Nachts lesen will, braucht dazu keine Flamme mehr, die aus Wachs, Waltran oder einem anderen brennbaren Material gespeist wird. Und in dieser Zeit wird auch das Kino, zunächst noch stumm und in Schwarzweiß, zu einer bedeutenden Quelle von Information und Unterhaltung. Das Alltagsleben des Jahres 1930 wäre für einen Besucher aus dem Jahr 1900 nicht wiederzuerkennen.

Von 1930 bis 1960 entwickeln wir das Flugzeug weiter von einer Reisegeschwindigkeit von wenigen hundert Meilen pro Stunde bis zum Durchbrechen der Schallmauer im Jahr 1947, dann beginnt das Zeitalter der Weltraumfahrt, teilweise inspiriert durch ballistische Raketen, die als Kriegswaffen entwickelt worden waren. 1957 startet die Sowjetunion den Sputnik, den ersten künstlichen Erdsatelliten, der mit einer Geschwindigkeit von 28 000 km/h auf einer niedrigen Erdumlaufbahn dahinrast. 1958 ist das Jahr des ersten kommerziellen Düsenflugzeugs – die Boeing 707, in Diensten der Pan American Airways. Ihre Flügelspannweite ist größer als die Strecke, die die Gebrüder Wright einst bei ihrem Erstflug im Jahr 1903 zurücklegten. Diese Periode erlebt einen weiteren Weltkrieg und die Erfindung des Laserstrahls. Die Zerstörungskraft von Nuklearwaffen wächst von der Zeit ihrer Erfindung 1945 bis ins Jahr 1960 (also in gerade einmal 15 Jahren), um den Faktor 4000 – begleitet von erdnaher und suborbitaler Raketentechnologie, die diese Zerstörungskraft an jedem beliebigen Punkt auf der Erdoberfläche innerhalb von 45 Minuten entfesseln könnte. Wir erleben den Aufstieg des Fernsehens als bedeutende Quelle für verzögerungsfreie Information und Unterhaltung, dazu das weitere Aufblühen des Kinos, inzwischen längst mit Ton und in Farbe. Das Alltagsleben des Jahres 1960 wäre für einen Besucher aus dem Jahr 1930 nicht wiederzuerkennen.

Von 1960 bis 1990 bedroht der Rüstungswettlauf des Kalten Krieges zwischen den Vereinigten Staaten und der Sowjetunion das Überleben der Menschheit. Der Aufbau des amerikanischen Atomwaffenarsenals begann schon in den 1950er-Jahren, erreichte aber in den 1960ern seinen Höhepunkt – die Sowjets erreichten ihr maximales Arsenal in den 1980ern.[11] Die Berliner Mauer, errichtet im Jahr 1961, wird zum herausragenden Symbol des von Winston Churchill so getauften »Eisernen Vorhangs«, der Osteuropa von Westeuropa trennte. 1989 fällt die Mauer, und in Europa herrscht Frieden. Die Kommerzialisierung des Transistors ermöglicht eine Miniaturisierung der Unterhaltungselektronik – audiovisuelle Geräte schrumpfen von gewichtigen Standgeräten, so groß wie klobiges Wohnzimmermobiliar, auf etwas, das Sie bequem in die Tasche stecken können. Der Laser, zu Beginn ein hochspezialisiertes Stück Labortechnik und mehrere 10 000 Dollar teuer, liegt inzwischen in Form des Laserpointers für 5,99 Dollar als Spontankauf im Kassenbereich jedes Supermarkts für die Kunden bereit. Frauen drängen in großer Zahl auf den Arbeitsmarkt, vor allem in Berufsfeldern, die bisher traditionell männliche Domänen waren. Die Rubrik in der Sonntagsbeilage heißt nicht mehr »Für die Hausfrau«, sondern vielleicht »Haus und Garten«. Die moderne Schwulenbewegung erlangt schlagartig die Aufmerksamkeit auch der Mainstream-Medien durch die AIDS-Epidemie, die den ganzen Globus erfasst. Es dauert bis 1987, bis Homosexualität endgültig aus der von der American Psychiatric Association zusammengestellten offiziellen Liste psychischer »Erkrankungen« verschwindet.[12] Computer, einst unerschwinglich, groß wie ein Wohnzimmer und ausschließlich für ganz bestimmte Zwecke von Militär und Wissenschaft genutzt, werden zur Selbstverständlichkeit auf jedem Schreibtisch. Der Personal Computer, eingeführt in den 1980ern von IBM und Apple, verändert dauerhaft den Alltag der Menschen bei der Arbeit, aber auch beim Spielen. In den Krankenhäusern findet ab den 1980ern die Kernspintomografie immer weitere Verbreitung, ein machtvolles Hilfsmittel im Instrumentenkasten der Medizin, das Diagnosen des menschlichen Körpers ermöglicht, ohne dafür das Messer ansetzen zu müssen.

In *Back to the Future Teil II* (1989) malen sich die Macher des Films aus, wie das Leben in der fernen Zukunft des Jahres 2015 aussehen könnte. Da gibt es fliegende Autos. Jeder will in der Zukunft ein fliegendes Auto haben. Aber in einer Szene verärgert Marty McFly, die Hauptfigur des Films, seinen Chef während eines Videotelefonats von zu Hause und wird gefeuert. Diese schlechte Nachricht wird ihm im gleichen Moment zugestellt – und zwar per Fax. Und das nicht etwa über nur ein Telefaxgerät. In seiner futuristisch eingerichteten Wohnung gibt es gleich drei davon, weil 1989 jeder sein eigenes Faxgerät haben will, und dann wollen die Leute in ferner Zukunft, 26 Jahre später, doch sicherlich unbedingt gleich drei davon haben. Aber um fair zu bleiben gegenüber Hollywood: Es waren nicht bloß die Filme. 1993 startete AT&T eine Werbekampagne, in der es um die Zukunft ging, der Slogan lautete schlicht: »You Will«. Das meiste darin ist ganz gut getroffen, da gibt es aber auch eine Szene mit einem Menschen, der im Liegestuhl am Strand sitzt, etwas auf ein Tablet kritzelt und gerade dabei ist, etwas zu tun, das ich noch nie tun wollte, noch nie tun musste, noch nie getan habe und auch niemals tun werde. Der Sprecher verkündet stolz: »Haben Sie jemals ein Fax verschickt ... vom Strand aus? Das werden Sie. Und die Firma, die das möglich macht, ist AT&T.«

Ach ja, noch eine Sache. Zwischen 1960 und 1990 bauen wir die leistungsstärkste Rakete, die je von einer Startrampe abhob, und sie bringt uns neun Mal zum Mond. Dort oben umkreisen wir den Mond, wir landen darauf, machen Mondspaziergänge, spielen Golf und fahren auch mit drei Elektrogefährten über das unwirtliche, staubige Terrain. Wir entwickeln zudem ein wiederverwendbares Space Shuttle und finanzieren den Bau einer internationalen Raumstation im Orbit, die so groß ist wie ein Fußballplatz. Sorry, das waren jetzt schon drei Sachen. Das Alltagsleben des Jahres 1990 wäre für einen Besucher aus dem Jahr 1960 nicht wiederzuerkennen.

In der Zeit von 1990 bis 2020 entschlüsseln wir das menschliche Genom. Computer werden tragbar und mobil – so klein, dass sie in jeden Rucksack passen. Das World Wide Web, erfunden anno 1989 vom britischen Computerwissenschaftler Tim Berners-Lee am Schweizerischen CERN, der Europäischen Organisation für Kernforschung, wird in den

1990ern allgegenwärtig. Bis 2000 sind durchsuchbare Webseiten und E-Commerce gang und gäbe, und jeder Mensch mit einem Computer und Zugang zum Internet bekommt eine E-Mail-Adresse. Schon früh in diesem Zeitabschnitt waren Mobiltelefone zum Standard geworden, damit wir auch unterwegs erreichbar waren, aber ab 2007 werden sie zügig ersetzt durch das in jede Hosentasche passende Smartphone, das für einen uneingeschränkten Zugriff auf Musik, Medien und Internet sorgt. Smartphones stellen überdies zahllose nützliche Dinge bereit, die den Alltag einfacher und bequemer machen, etwa eine Kamera, mit der Sie Fotos und Videos in höchster Qualität aufnehmen können. Ach ja, und telefonieren kann man mit dem Ding auch oder immer noch. Wenn es in der Geschichte der Erfindungen die eine absolut großartigste Erfindung gibt: Vielleicht ist es das Smartphone. Im Jahr 2020 gibt es drei Milliarden davon, bei einer Weltbevölkerung von acht Milliarden Menschen. Vor 2007 gab es genau null. Wenn Sie jemandem im Jahr 1990 ein Smartphone zeigen würden, würde er Sie wahrscheinlich der Hexerei beschuldigen und für die Wiedereinführung des Scheiterhaufens plädieren.

1996 wird das Global Position System (GPS), ein Navigationswerkzeug, das ursprünglich vom US-Militär exklusiv für die Zwecke der nationalen Sicherheit entwickelt wurde, offiziell für kommerzielle Interessen freigegeben. Zu jener Zeit erlässt Präsident Bill Clinton eine Richtlinie, die das GPS zu einem System mit doppeltem Verwendungszweck erklärt. Navigationshilfen werden rasch kommerzialisiert und dienen den verschiedensten Zwecken – von der Sendungsverfolgung beim Paketlieferanten über das Bestellen eines Mietwagens oder Taxis- bis hin zur Auswahl eines Sexpartners mit den passenden Interessen, der in ihrer Nachbarschaft wohnt. In den Nullerjahren verändern die Social-Media-Plattformen die Kommunikationslandschaft unter Freunden, Verwandten und besonders in der Politik. Sie können jetzt in einem Elektroauto quer durch die USA fahren, unterwegs stehen Ihnen dabei 40 000 Ladestationen zur Verfügung, und derweil erspähen wir am Horizont das Aufkommen des ebenfalls elektrischen, selbstfahrenden Automobils. Und noch ein paar Dinge. Die einst allgegenwärtige Videothek ist aus den Einkaufszentren verschwunden. CDs und DVDs kommen und gehen. Computer sind inzwischen beim Schach, beim Go und selbst beim TV-Quiz *Jeopardy!* und eigentlich bei fast allem, was Hirnschmalz verlangt, dermaßen stark geworden, dass der Mensch keine Chance mehr hat. Und der folgende Satz, den im Jahr 2020 jeder Mensch mühelos versteht:

Du kannst ja mal googeln, vielleicht findest du ein Selfie-Handyvideo auf YouTube in 4K, das viral gegangen ist.

... wäre für einen Menschen aus dem Jahr 1990 ein Buch mit (mindestens) sieben Siegeln gewesen.

Sie wissen, dass Sie in der Zukunft leben, wenn Sie in eine hundert Tonnen schwere, unter Druck stehende Aluminiumröhre mit Flügeln steigen und darin ganz sanft in einem gepolsterten Sitz mit 800 Stundenkilometern 10 000 Meter über der Erdoberfläche dahinschweben und quer über den Kontinent fliegen können und dabei Pasta und einen Drink serviert bekommen von jemandem, dessen oder deren Job es ist, Ihnen die Reise so annehmlich wie möglich zu machen. Und während der Reise surfen Sie die meiste Zeit im

Internet, sehen sich etwas aus einer Auswahl von mehreren Hundert Filmen an, landen ein paar Stunden später weich und sicher – und beschweren sich, dass die Pasta-Sauce nicht ganz nach Ihrem Geschmack war.

Angesichts dieser Fülle an gesellschaftlichen Fortschritten ist es kein Wunder, dass in Ländern wie den USA die Weisheit des Alters nicht mehr so richtig zieht, was wiederum bei Familienfeiern, bei denen mehrere Generationen zusammenkommen, durchaus zum Stressfaktor werden kann. Der Ratschlag der Alten bezüglich der Wahl Ihres Studienfachs, Ihres Berufsziels, des Autos, das Sie sich zulegen sollten, welche Medikamente Sie nehmen sollten, welche Witze Sie erzählen sollten (und welche besser nicht) und wie Sie sich ernähren sollten, bewegt sich tendenziell irgendwo zwischen veraltet und weltfremd. Es sei denn, Sie leben zufällig in einer der begehrten »Blauen Zonen« der Welt, wo die Leute regelmäßig hundert und mehr Jahre alt werden. Wenn dem so ist, tun Sie einfach alles, was Ihnen die Alten sagen, zumal diese ja (vermutlich) auch keine Höhlenbewohner sind. In jedem Fall wird Ihre ältere Verwandtschaft über mehr Weisheit als Sie verfügen, wenn es um den Umgang mit menschlichen Gefühlen wie Liebe, Freundlichkeit, Ehrlichkeit und Ehre geht, und die zählen auch weiterhin zu den wenigen echten Konstanten in der Welt.

Heute wimmelt es nur so von den wildesten Prophezeiungen, was wir in der Mitte des Jahrhunderts, also um das Jahr 2050, zu gewärtigen haben werden. Wenn die Dinge so laufen wie in den zurückliegenden 150 Jahren, können Sie sicher sein, dass jede einzelne dieser Vorhersagen danebenliegen wird. Und das ist vielleicht auch gut so, denn die Prophezeiungen der jüngeren Zeit sind eher düsterer

Natur. Viele sagen uns eine Apokalypse durch den Klimawandel voraus. Manche befürchten eine Katastrophe durch ein tödliches Virus, die die Covid-19-Pandemie von 2020 mit ihren sechs Millionen Toten weit in den Schatten stellt. Andere treibt die Angst um, die künstliche Intelligenz könnte sich gewissermaßen selbstständig machen und am Ende uns alle unterjochen. Im Fernsehen und im Kino fühlt sich die Zombie-Apokalypse ziemlich real an. Ein Fan fragte einmal Ray Bradbury, einen großen Science-Fiction-Autor des 20. Jahrhunderts, warum er immer so düstere Zukunftsszenarien entwerfen würde. Ist die Zivilisation dem Untergang geweiht? »Nein«, antwortete er, »ich beschreibe die Zukunft so, damit die Leute erkennen, wie sie sie vermeiden können.«[13]

Wenn also jemand meint oder lauthals proklamiert, er oder sie könne genau sagen, wie die Welt im Jahr 2050 – also in knapp 30 Jahren – aussehen wird, dann muss ich an unsere gerade beschriebenen früheren 30-Jahre-Spannen der gesellschaftlichen Entwicklung denken. Darin ist absolut nichts Lineares zu erkennen. Der Strom der Entdeckungen in der natürlichen Welt wächst exponentiell, gespeist durch immer neu aufkommende Zuflüsse von Einsicht und Wissen, und schon das garantiert, dass jeder Futurist ins Schwimmen geraten wird. Das hindert mich natürlich nicht daran, es trotzdem zu probieren – ich weise aber für alle Fälle schon einmal darauf hin, dass ich damals in den 1960ern, als ich das erste Mal *Raumschiff Enterprise* im Fernsehen sah, sicher war, uns stünde eine Zukunft mit Warp-Antrieb, Photonentorpedo, Phaser, Transporter per Beamen und Aliens bevor, aber ich erinnere mich auch an den Gedanken, »Nein, eine Tür kann nicht wissen, dass sie einfach aufgehen soll, wenn man sich ihr nähert«. Alsdann, höchste Zeit, mich selbst zum Gespött zu machen und in meine persönliche Glaskugel des Jahres 2050 zu blicken:

- Die Neurowissenschaften und unser Wissen über den menschlichen Verstand werden so weit entwickelt sein, dass psychische Erkrankungen heilbar sind und Psychologen und Psychiater sich neue Jobs suchen müssen.
- In einem Wandel, der eine Art Echo auf die rasche Umstellung vom Pferd aufs Automobil zu Beginn des 20. Jahrhunderts darstellt, werden selbstfahrende Elektroautos sämtliche PKWs und LKWs auf unseren Straßen ersetzen. Wenn Sie aus Nostalgiegründen mit ihrem schicken Verbrenner-Sportwagen herumkurven wollen, können Sie dies auf speziell dafür entworfenen Strecken tun – vergleichbar dem, was Gestüte oder Rennställe heute für Pferdefans anbieten.
- Die bemannte Raumfahrt wird vollständig in eine Weltraumindustrie übergehen, gestützt nicht auf Steuergelder, sondern auf Tourismus und auf alles, was die Menschen sonst noch im All gerne einmal tun würden.
- Wir entwickeln ein perfektes antivirales Serum und können Krebs heilen.
- Medikamente werden individuell auf ihre DNA zugeschnitten, schädliche Nebenwirkungen haben sich damit erledigt.
- Wir werden dem Drang widerstehen, die Schaltkreise unserer Computer mit den »Schaltkreisen« (Nervenbahnen) unserer Gehirne zu kombinieren.
- Wir lernen, verlorene Gliedmaßen und schadhafte innere Organe nachwachsen zu lassen und erreichen damit

das Niveau anderer zur Regeneration fähiger Lebewesen auf unserer Erde – wie etwa Salamander, Seesterne oder Hummer.

- Die künstliche Intelligenz wird nicht etwa zur alles beherrschenden Instanz, die uns zu Sklaven macht, sondern wird einfach ein weiteres nützliches Werkzeug innerhalb der technischen Infrastruktur, die uns das Leben erleichtert.

Was treibt nun all das an? Wenn wir an die Zivilisation denken, fällt uns dazu meist ein, wie die Technik unser Leben geformt und verändert hat. Wenn wir etwas tiefer bohren, stoßen wir auf permanent hinzukommende wissenschaftliche Entdeckungen, die diesen Prozess erst möglich machen und weiter voranbringen. Die Entwicklungen auf dem Gebiet der Thermodynamik im 19. Jahrhundert verhalfen den Fachleuten zum notwendigen Verständnis von Energie und Wärme, sodass sie ihre Motoren und Maschinen entwerfen und verfeinern konnten. Etwa zur gleichen Zeit begründeten Entdeckungen im Bereich des Elektromagnetismus ein ganz neues Denken über die Erzeugung und Verbreitung von elektrischem Strom. Einsteins Relativitätstheorie aus den Jahren 1905 und 1916 lieferte letztlich die Grundlage für die Bereitstellung der Präzision, die das Timing eines GPS-Satelliten benötigt, neben zahllosen weiteren außergewöhnlichen Erkenntnissen über unser Universum, etwa über die Art und Weise, wie die Sonne ihre Energie produziert, bis hin zum Urknall selbst. Die Quantenphysik der 1920er-Jahre wurde zu der Landschaft, auf der die ganze moderne Elektronik basiert, vor allem was die Erstellung, Speicherung und Abrufbarkeit digitaler Informationen angeht. Die

Materialwissenschaften, ein kontinuierliches Unterfangen, das neue Legierungen, Verbundmaterialien, Texturen und Oberflächen erforscht, hat alles, was wir in unserer industrialisierten Welt sehen, berühren, tragen oder benutzen, von Grund auf verändert. Jedes dieser Gebiete steht für ganze Zweige der Naturwissenschaften, über die Wissenschaftler in Forschungsarbeiten Bericht erstatten, die einst in Journalen erschienen sind und in Bücherregalen gelagert wurden – heute finden wir sie im Internet, das es 1990 noch gar nicht gab.

Ja, wir leben in besonderen Zeiten, schon allein deshalb, weil alles irgendwie besonders ist, was mir diesen oft zitierten, allerdings sehr kurzsichtigen Satz aus dem Buch Kohelet in der Bibel (Der Prediger Salomo) in Erinnerung ruft, niedergeschrieben vor Tausenden von Jahren:[14]

> *Was geschehen ist, eben das wird hernach sein. Was man getan hat, eben das tut man hernach wieder, und es geschieht nichts Neues unter der Sonne.*

Ein solcher Satz lässt sich nur in einer Zeit vor der Epoche der Wissenschaften denken – bevor die Potenzrechnung auch nur vorstellbar war, und bevor irgendjemand aus dem Dunkel seiner Höhle hervorkam, um sich an die Erforschung seiner Umgebung zu machen. Heute ist alles neu unter der Sonne – und unter dem Mond und den Sternen. Das Einzige, was sich nicht ändert, ist die exponentielle Zunahme der Veränderung selbst.

KAPITEL DREI

Erde & Mond

Kosmische Perspektiven

Bisher haben sich 27 Astronauten, im Rahmen des Apollo-Programms und angetrieben von mächtigen *Saturn-V*-Raketen, von der Erde in Richtung Mond aufgemacht – knapp 400 000 Kilometer, einfache Strecke. Mit Ausnahme der Astronauten, die mit der Wartung des Hubble-Weltraumteleskops betraut waren und ein paar SpaceX-Touristen sind die übrigen 500 Astronauten, die die Erde auf einer Umlaufbahn umrundet haben, nicht viel höher als 400 Kilometer über Meeresniveau geflogen. Das ist ein bisschen weiter als von Paris nach London. Oder von Islamabad nach Kabul. Oder von Kyoto nach Tokio. Oder von Kairo nach Jerusalem. Oder von Seoul nach Pjöngjang. Für Amerikaner, die es mitunter mit der Geografie nicht so haben: Es ist ein bisschen weiter als von New York City nach Washington, DC. Wenn Sie das nächste Mal einen Schulglobus vor sich haben, schauen Sie sich die Entfernungen zwischen den genannten Städtepaaren an. Sie liegen auf dem Globus vielleicht einen Zentimeter auseinander. Was wir also all die Jahre als »Weltraumfahrt« bezeichnet haben, waren Reisen von Astronauten, die sie gerade einmal einen Zentimeter über unseren Schulglobus geführt haben; sie sind an einen Ort geflogen, an dem immerhin schon Hunderte vor ihnen waren, in einer Entfernung von uns, die Sie in weniger als vier Stunden mit dem Auto schaffen, wenn Sie keine Umwege fahren und sich an die irdischen Geschwindigkeitsbeschränkungen halten.

Trotz meines Seitenhiebs auf den kläglich niedrigen Orbit, in dem sich unsere Astronauten üblicherweise tummeln, kann ein Aufstieg selbst in diese bescheidenen Höhen Perspektiven der Erleuchtung und Aufklärung bieten. Wenn man sich nicht gerade eines Fernglases oder einer hochauflösenden Kamera bedient, ist aus dem Orbit kaum etwas von der menschlichen Zivilisation auszumachen. Ja, die nächtlichen Lichter von Großstädten wirken von dort oben durchaus eindrucksvoll, allerdings auch nicht viel eindrucksvoller als aus dem Flugzeug betrachtet. Nein, die Chinesische Mauer sehen sie nicht, Autobahnnetze auch nicht, die übrigens breiter sind als die Chinesische Mauer, und den Hoover-Staudamm oder die Cheops-Pyramide in Ägypten werden Sie vielleicht gerade so erkennen können. Die Auflösung unserer Kombination aus Auge und Gehirn beträgt ungefähr eine Bogenminute. Das vielgepriesene Apple-»Retina«-Display war der erfolgreiche Versuch dieses Herstellers, Pixel zu erzeugen, die kleiner sind als das, was das menschliche Auge noch auflösen kann – also kleiner als eine Bogenminute in Ihrem Blickfeld im üblichen Abstand, mit dem Sie auf das Display schauen. Bei dieser Auflösung sieht das Auge-Gehirn-System keine Pixel mehr und erzeugt damit eine beispiellose Klarheit und Schärfe des Bilds. Bei einem Menschen mit hundertprozentiger Sehkraft entspricht das dem Erkennen eines Objekts von der Größe einer Walnuss über eine Entfernung von der Länge eines Fußballfelds (also ungefähr 100 Meter). Das Hubble-Teleskop, das deutlich mehr als 100 Prozent Sehkraft besitzt und von dem es auch militärische Versionen gibt, die nicht in den Himmel blicken, sondern nach unten auf die Erde, erkennt eine Walnuss noch aus einer Entfernung von 160 Kilometern.

Wenn also gerade einmal zwei von Menschen gebaute Strukturen vom Erdorbit aus zu erkennen sind, bleibt alles andere, das uns trennt – Ländergrenzen, Politik, Sprachen, Hautfarben, Religionen – für uns unsichtbar. Die farbliche Kennzeichnung der Länder, wie sie auf unseren Karten und Globen üblich ist, erinnern uns stark daran, wer nicht zu uns gehört, und trägt dazu bei, Freund und Feind schnell und einfach zu erkennen. Der Astronaut Mike Massimino, ein Techniker, dessen Missionen mit dem Spaceshuttle auch Wartungsarbeiten am Hubble-Weltraumteleskop umfassten, beschreibt pointiert seine Erinnerungen an den Blick auf die Erde vom Weltraum aus.[1]

> *Als ich bei meinem Weltraumspaziergang auf die Erde hinunterblickte, ging mir zuerst der Gedanke durch den Kopf, das müsse wohl der Blick vom Himmel aus sein. Aber dann kam mir ein ganz anderer Gedanke: »Nein, so muss wohl der Himmel aussehen.«*

Mike bekommt immer wieder feuchte Augen, wenn er von diesem Erlebnis erzählt. Er flog ein wenig höher hinaus als die ISS (International Space Station). Das Hubble-Teleskop umkreist die Erde in einer Höhe von rund 550 Kilometern, damit sind wir bei 1,3 Zentimetern Abstand auf unserem Schulglobus. Mike war trotzdem weit genug von der Erde entfernt, um diese aus dem Blickwinkel des Universums und nicht durch die Brille der Geopolitik betrachten zu können – genau so funktioniert der Overview-Effekt. Wie viele Menschen auf der Erde, unter den Unterdrückten oder den vom Krieg mit ihren Nachbarn Gebeutelten oder den Hungernden, kämen wohl auf die Idee, sich die Erde selbst als Himmel (auf Erden) vorzustellen? Das Erlangen einer solchen orbitalen Perspektive und die anschließende Rückkehr auf die Erde verändern dein Verhältnis zu unserem Planeten, und auch das Verhältnis zu deinen Mitmenschen.

Wie sich herausstellt, gibt es tatsächlich zwei Regionen auf der Welt, in denen eine nationale Grenze vom Weltraum aus sichtbar ist, als hätten sie die Kartographen eigenhändig gezogen. Auf einer Seite grüne Felder, gegenüber davon, jenseits einer scharfen Trennlinie, braune Wüste. In einer anderen Region sehen wir die nächtliche Landschaft voller Lichter von Großstädten, hinter einer abrupten Grenzlinie dagegen ist alles stockdunkel. Das kann ganz natürliche Ursachen haben, einen Bergrücken etwa oder eine andere ausgedehnte natürliche Barriere. Aber nicht hier. Diese Grenzen sind sehr scharf und ganz schmal. Sie lassen ungleich verteilte Ressourcen diesseits und jenseits der Grenzen erkennen: Auf der einen Seite beherrschen die Menschen die sie umgebende Landschaft, auf der anderen Seite eben nicht.

Womit haben wir es hier zu tun?

Die Grenze zwischen bewässertem Ackerland und Wüste verläuft im Nahen Osten, zwischen Israel und dem Gasastreifen, ebenso zwischen Israel und großen Teilen der West Bank – Regionen, in denen die politischen Spannungen kein Ende nehmen. Das Pro-Kopf-BIP Israels ist zwölf Mal höher als dasjenige von Palästina.[2]

Die Grenze mit der scharfen Trennlinie zwischen hell und dunkel liegt in Ostasien, zwischen Südkorea und Nordkorea. Das Pro-Kopf-BIP Südkoreas beträgt das 25-fache dessen von Nordkorea. Noch eine weitere Region andauernder politischer Spannungen.

Solche auch aus großer Höhe mühelos erkennbaren Unterschiede müssen nicht zwangsläufig Ländergrenzen zwischen gegensätzlichen geopolitischen Systemen sein. Sie können auch Bereiche abgrenzen, in denen Unterdrückung herrscht. 1992 war meine erste von mehreren Reisen nach Südafrika – zwei Jahre vor Nelson Mandelas Wahl zum Präsidenten des Landes. Ich befand mich nachts im Landeanflug auf Johannesburg und bemerkte beim langgezogenen Anflug über die Stadt eine größere, deutlich abgegrenzte Fläche am Erdboden, in der kein einziges Licht zu erkennen war. Das ist wohl ein See, dachte ich mir. So sehen Seen bei Nacht aus dem Flugzeug nun einmal aus. Beim Rückflug eine Woche später überflog ich die gleiche Region bei Tag, alles war taghell und am Boden klar und deutlich auszumachen: Was ich gesehen hatte, war überhaupt kein See. Es war ein großer Teil von Soweto, einem nur von Schwarzen bewohnten Elendsviertel Johannesburgs, in dem es keinen Strom gab. Keine Lichter, weder bei Nacht noch zu anderen Tageszeiten. Keine Haushaltsgeräte. Keine Kühlschränke. Natürlich kann ich mir das alles anlesen, deshalb wusste ich auch von diesen Verhältnissen dort, aber wenn ich von oben damit konfrontiert bin, von wo die Details nicht zu erkennen sind, sehe ich keine Politik, keine Geschichte, keine Hautfarbe, keine Sprachen, nichts von der Bigotterie, dem Rassismus, den Protesten. Mich treibt dann ein ganz anderer Gedanke um: Vielleicht fehlt uns als Spezies die Reife oder die Weisheit, die es für ein Überleben der Zivilisation in der Zukunft braucht.

* * *

Heben wir noch ein wenig weiter ab, genauer: Machen wir uns auf bis zum Mond. Unter Weltraumfans kursiert gelegentlich der folgende witzige Spruch:

> *Wenn Gott gewollt hätte, dass wir ein Weltraumprogramm betreiben, hätte er der Erde einen Mond gegeben.*

Ein gescheiter Gedanke, der die Logik dessen, was die Weltraumforschung vorantreibt, gewissermaßen auf den Kopf stellt. Man beachte, dass die Venus, unser nächster planetarer Nachbar, überhaupt keinen Mond hat. Der Mars, unser zweitnächster Nachbar, hat Phobos und Deimos, aber das sind allenfalls klägliche Karikaturen von Monden. Beide sind etwas kartoffelig-unförmig und so klein, dass man sie mühelos innerhalb der Grenzen der meisten Großstädte unterbringen könnte. Unser Mond ist immerhin um 50 Prozent größer als Pluto und insgesamt der fünftgrößte Mond in unserem Sonnensystem. Bei der Lotterie, in der die Monde verteilt wurden, hat die Erde also ein gutes Los gezogen – und zugleich ein Traumziel für furchtlose Forscher abbekommen.

Wenn wir bei unserem Beispiel mit dem Schulglobus bleiben und den Orbits von Spaceshuttle und ISS, die gerade einmal 1 beziehungsweise 1,3 cm über dem Globus verlaufen, dann müssten wir uns für den Mond schon ins Klassenzimmer nebenan begeben – er wäre zehn Meter vom Erdglobus entfernt. Deshalb braucht eine Rakete von der Erde bis in den Orbit nur ganze acht Minuten, die Apollo-Missionen benötigten aber volle drei Tage bis zum Mond.

Das berühmte Foto von der Erde, wie sie über dem Horizont der Mondlandschaft aufgeht – Sie kennen es sicherlich – kam im Dezember 1968 von der *Apollo 8*, der ersten Mission, die jemals die Erdumlaufbahn verlassen und sich zu einem ganz neuen Ziel aufgemacht hat. Aus den Tiefen des Weltraums betrachtet liegt die Erde ganz offen vor uns – so, wie der Kosmos möchte, dass wir sie sehen: ein fragiles Nebeneinander von Landmasse, Ozeanen und Wolken; isoliert und treibend in der Leere des Weltalls, ohne den leisesten Hinweis auf irgendjemanden oder irgendetwas, das uns vor uns selbst retten könnte. Dieser Ausblick geht noch um ein paar Etagen über den Overview-Effekt hinaus und steht für den eigentlichen Ausgangspunkt einer kosmischen Perspektive.

Die Erde am Mondhimmel ist ungefähr 14 Mal größer als der Mond am Erdhimmel. Die Erde reflektiert auch ca. 2,5 Mal stärker als der Mond, allerdings variiert der genaue Wert je nach Wolkenbedeckung. Damit ist die »Vollerde« vom Mond aus gesehen etwa 35 Mal heller als der Vollmond von der Erde aus gesehen. Das NASA-Foto, aufgenommen aus der Kommandokapsel der *Apollo 8*, heißt »Earthrise« – Erdaufgang – und vermittelt damit einen falschen Eindruck, denn die Erde geht am Mondhimmel weder auf noch unter. Von der der Erde zugewandten Seite des Mondes aus betrachtet steht die Erde immer am Himmel. Ein Betrachter auf der erdabgewandten Seite (die übrigens – sorry, Pink

Floyd – keineswegs eine »dunkle« Seite ist) wüsste wohl gar nicht, dass es die Erde überhaupt gibt.

Die *Apollo 8* landete nicht auf dem Mond, deshalb steht die Mission im Schatten der *Apollo 11*, die Neil Armstrong, Buzz Aldrin und Michael Collins weltberühmt machte. *Apollo 8* durfte den Mond lediglich zehn Mal umkreisen und machte sich anschließend wieder auf den Heimweg. Aber bis dahin hatte noch nie jemand die Erde aus dieser Entfernung gesehen. Der Flug dauerte von der Startrampe bis zur Landung im Ozean vom 21. Dezember bis zum 27. Dezember und bildete für die USA den Abschluss des blutigsten Jahres der turbulentesten Dekade ihrer Geschichte seit dem Bürgerkrieg ein Jahrhundert zuvor. Während des Vietnamkriegs starben 1968 mehr Amerikaner und Vietnamesen als in jedem anderen Jahr. Das Jahr erlebte die Tet-Offensive im Februar und das berüchtigte Massaker von Mỹ Lai im März. Daheim in Amerika geschahen die Morde an Martin Luther King jr. im April und an Bobby Kennedy im Juni, gefolgt von anhaltenden und gewalttätigen Protesten in Großstärten und an Universitäten.

Manche meinen, die *Apollo 8* habe das Jahr 1968 gerettet.[3] Sagen wir so: *Apollo 8* war das Licht am Ende des Tunnels.

Bedenken Sie, dass die Reise der *Apollo 8* genau in der Weihnachtswoche stattfand. Am Heiligabend, als die drei Astronauten – Bill Anders, James Lovell und Frank Borman – gerade im Mondorbit ihre Bahn zogen, lasen sie abwechselnd aus der Bibel, die ersten zehn Verse des ersten Buchs Mose.

Wahrscheinlich kommt Ihnen der Text zumindest teilweise bekannt vor.

Anders begann …

Wir nähern uns gerade dem Sonnenaufgang, vom Mond aus gesehen, und für euch alle da unten auf der Erde hat die Crew der Apollo 8 eine Botschaft, die wir euch gerne schicken würden.

Am Anfang schuf Gott Himmel und Erde.
Und die Erde war wüst und leer, und
Es war finster auf der Tiefe; und der
Geist Gottes schwebte auf dem Wasser.
Und Gott sprach: Es werde Licht! Und es ward Licht.
Und Gott sah, dass das Licht gut war.
Da schied Gott das Licht von der Finsternis ...

Lovell fuhr fort ...

... und nannte das Licht Tag. Und die Finsternis Nacht.
Da ward aus Abend und Morgen der erste Tag.
Und Gott sprach: Es werde eine Feste zwischen den Wassern
Die da scheide zwischen den Wassern.
Da machte Gott die Feste und schied das Wasser unter der Feste
Von dem Wasser über der Feste. Und es geschah so.
Und Gott nannte die Feste Himmel.
Da ward aus Abend und Morgen der zweite Tag.

Borman beendete das Bibelzitat ...

Und Gott sprach: Es sammle sich das Wasser unter dem Himmel
An besondere Orte, dass man das Trockene sehe.

Und es geschah so.
Und Gott nannte das Trockene Erde, und die Sammlung der Wasser nannte er Meer.
Und Gott sah, dass es gut war.

Und damit kommen wir, die Crew der Apollo 8, zum Schluss und wünschen euch eine gute Nacht, alles Gute und frohe Weihnachten – Gott segne euch alle, euch alle da unten auf der guten alten Erde.

Die kosmische Perspektive vermag so einiges mit einem Menschen anzustellen, vor allem mit einem religiösen Menschen. Daheim auf der Erde trat als Antwort auf diese Bibellesung vom Mond die prominente Atheistin Madalyn Murray O'Hair, die Gründerin einer leidenschaftlichen Organisation namens »American Atheists«, in Aktion: Sie verklagte die Bundesregierung und beschuldigte sie eines Verstoßes gegen den Ersten Verfassungszusatz – darin heißt es: »Der Kongress soll kein Gesetz erlassen, das eine Einrichtung einer Religion zum Gegenstand hat«. Die Klage wurde in allen juristischen Instanzen abgewiesen. Als juristischer Laie kann ich über die Legitimität dieser Klage nicht viel sagen, aber ich mache mir meine Gedanken darüber, dass es diese Klage überhaupt gab. Ich war damals erst zehn Jahre alt, aber wenn der Neil von heute der Madalyn von damals begegnen würde, könnte es ungefähr zum folgenden Dialog kommen:

Neil: Waren Sie jemals in einer *Saturn-V*-Rakete festgeschnallt, mit rund 34000 kN Schubkraft unterm Hintern, und wurden damit 400000 Kilometer weit in den Weltraum hinausgeschossen, von wo aus Sie aus der Mondumlaufbahn am Heiligabend die Erde aufgehen sehen konnten?

Madalyn: Nein.

Neil: Dann halten Sie doch einfach die Klappe.

Bei dieser ersten von neun derartigen Missionen war es unser Ziel, den Mond zu erkunden, aber dabei blickten wir über die Schulter zurück und entdeckten das erste Mal die Erde. Nachdem das Bild vom Erdaufgang die Runde gemacht hatte, veränderten sich die Menschen. Die Erde, der Planet Erde, war uns so wichtig wie niemals zuvor. Wenn in Ihrer Gegend ein Fluss oder ein See von Industrieabwässern verseucht wurde, wurden Sie wütend und versuchten, etwas dagegen zu unternehmen. Allerdings war die Vorstellung von der Erde als holistisches Ökosystem, und nicht bloß der kleine Abschnitt, in dem man selbst lebte, noch längst nicht zur Priorität gereift, es gab den Gedanken eigentlich noch gar nicht.

In den USA war diesbezüglich schon 1872 ein wichtiges Zeichen gesetzt worden: Der Kongress wies mit dem Yellowstone in Wyoming den ersten Nationalpark aus. Darauf folgten 1906 der Antiquities Act von Präsident Teddy Roosevelt zur Bewahrung natürlicher und anderer historischer Monumente, und 1916 die Einführung des National Park Service durch Präsident Woodrow Wilson. Nun springen wir ins Jahr 1962, das Jahr der Veröffentlichung des Bestsellers *Silent Spring* (dt. *Der stumme Frühling*) der Meeresbiologin Rachel Carson. Das Buch selbst ist ein Weckruf, der auf die Folgen des hemmungslosen Einsatzes von Pestiziden in der Landwirtschaft hinweist, hier vor allem der schädliche Umwelteinfluss von DDT (Dichlordiphenyltrichlorethan, $C_{14}H_9Cl_5$). Der Inhalt und der Erfolg des Buchs veranlassten Präsident John F. Kennedy, sein wissenschaftliches Beratergremium auf das Problem anzusetzen. Und Anfang 1969 erlebten die USA eine schlimme Ölpest, bei der bis zu 16 Millionen Liter Schweröl die Gewässer und Strände des wohlhabenden Santa Barbara County[4] in Kalifornien verseuchten.

Um das Jahr 1970 waren wir bereit und entschlossen, den Planeten zu retten.

Die Epoche der neun Apollo-Mondmissionen zog sich vom Dezember 1968 bis Dezember 1972 hin. In all der Zeit fochten wir noch immer den Kalten Krieg mit der Sowjetunion aus, und dazu einen heißen Krieg in Vietnam. Die Studentenunruhen setzten sich fort und fanden ihren traurigen Höhepunkt im Kent-State-Massaker vom 4. Mai 1970. Dort eröffnete die Nationalgarde von Ohio das Feuer auf eine friedliche Antikriegsdemonstration: Vier unbewaffnete junge Menschen (zwei Studentinnen, zwei Studenten) wurden getötet, neun teilweise schwer verletzt.[5] Die Vereinigten Staaten hatten eindeutig Probleme, die dringend einer Lösung bedurften. Aber wir hielten erst einmal inne und sinnierten über unser Verhältnis zur Erde.

Das Folgende ist eine Liste von Maßnahmen und Ereignissen aus der Zeit von 1968 bis 1973, beispiellos in ihrer schnellen Abfolge, ihrem Umfang und ihrer Mission, lange bevor in anderen Industrienationen der Welt vergleichbare Gesetze auf den Weg gebracht wurden.

Apollo 11 (Erster Mondspaziergang)	1969
Comprehensive Clean Air Act	1970 (frühere Versionen 1963, 1967)
Erster »National Earth Day«	1970
Gründung der National Oceanic and Atmospheric Administration (NOAA)	1970
Veröffentlichung des *Whole Earth Catalog*	1968–1972 (und sporadisch auch danach)
Einrichtung der US-Umweltschutzbehörde (Environmental Protection Agency – EPA)	1970
TV-Werbespot »Crying Indian«	1971
Gründung von »Ärzte ohne Grenzen« in Paris	1971
Verbot von DDT	1972
Clean Water Act	1972
Apollo 17 (letzte Mondmission)	1972
Endangered Species Act	1973 (frühere Versionen 1966, 1969)
Erster Katalysator in der Automobilindustrie	1973
Erste Emissionsstandards für bleifreies Benzin	1973

Ein paar erläuternde Hinweise: Der Werbespot »Crying Indian« war ein emotionaler Appell an die Menschen, keinen Müll aus dem Autofenster zu werfen, und wurde zu einem der meistverbreiteten öffentlichen Werbespots jener Zeit, wenngleich der Schauspieler, der da verkleidet als amerikanischer Ureinwohner auftrat und eine Träne vergoss, in Wirklichkeit italienischer Abstammung war. Ich erwähne die Gründung der humanitären Organisation »Ärzte ohne Grenzen« in der Annahme, dass ohne die Sicht auf die Erde aus dem Weltraum schon das bloße Konzept des »ohne Grenzen« vielleicht gar nicht aufgekommen wäre. Dann hätte man vielleicht einfach von den »internationalen Ärzten« gesprochen, oder von »Ärzte überwinden Grenzen«. Aber das ist nur so ein Gedanke von mir. Auch findet sich auf der offiziellen History-Seite des Earth Day[6] keine Erwähnung der Apollo und auch keine Bilder der Erde vom All aus. Dort wird einfach konstatiert, Rachel Carsons Buch von 1962 hätte die Grundlage für die Feiern zum ersten Tag der Erde im Jahr 1970 geschaffen. Derweil wurden Fotos der Erde aus dem All zum verlockenden und dauerhaften Symbol des *Whole Earth Catalog* und auch zu einer inoffiziellen Flagge des Earth Day,[7] mit dem von der *Apollo 17* bei ihrer Rückkehr vom Mond im Dezember 1972 aufgenommenen Bild der »Vollerde«.

Bei den subtilen oder nicht so subtilen Ursachen und Wirkungen menschlichen Handelns kann man sich nie ganz sicher sein. In meinen – verständlicherweise – befangenen Augen hätte die Umweltbewegung im Prinzip eigentlich auch 1950 oder 1960 aufkommen können. Die Umwelt war schon damals ein nicht geringeres Problem. Die Luftverschmutzung im Los-Angeles-Becken etwa, entstanden durch die Zunahme des Individualverkehrs in Verbindung mit ungünstigen thermischen Inversionen aufgrund der geografischen Lage, machte L.A. in den 1940er- und 1950er-Jahren zu einer der schmutzigsten Städte der Welt.[8] Die Umweltbewegung hätte auch an den Start gehen können, als Rachel Carsons Buch noch auf der Bestsellerliste der *New York Times* stand, wo es sich 1962/63 immerhin 31 Wochen lang hielt. Das wäre ideal gewesen, aber dann wurde 1963 Kennedy ermordet, und 1964 starb Carson leider an Krebs. Zwischen 1963 und 1969 sollten insgesamt vier Regierungsberichte, verteilt auf drei Präsidenten, vorgelegt werden, und in jedem davon wird die Auswirkung von Pestiziden auf Kulturpflanzen und die menschliche Gesundheit untersucht, und jeder einzelne davon fordert den Ausstieg aus dem Einsatz von DDT.[9] Trotzdem gab es in der ganzen Zeit keine entsprechenden gesetzlichen Vorgaben. Schon vor der Ölpest von Santa Barbara 1969 gab es zwei andere, zwischen Dezember 1962 und Januar 1963, die die Flussufer von Mississippi und Minnesota verseuchten.[10] Aber wir waren offenbar mit anderen Dingen beschäftigt. Das Umweltbewusstsein als Massenphänomen hätte bis 1975 warten können, bis nach dem Ende des Vietnamkriegs. Oder bis 1990, nach dem Fall der Berliner Mauer. Aber nein. Das alles vollzog sich mittendrin während unserer Apollo-Mondmissionen – während eine Sternenbotschaft sanft aus dem All zu uns herabschwebte und uns alle mit einem regelrechten Firmware-Upgrade ausstattete, was unsere kollektive Fähigkeit angeht, sorgsam mit der Umwelt umzugehen.

* * *

Der Mond diente uns nicht nur als erstes Ziel im Weltraum, er erfreut sich auch in allen Kulturen der Menschheit eines außerordentlich hohen Stellenwerts. Der Zyklus der Mondphasen bildet die Grundlage für den chinesischen, den islamischen und den jüdischen Kalender. Der Vollmond geht stets ungefähr bei Sonnenuntergang auf und bei Sonnenaufgang unter, und die physikalischen Gegebenheiten der Reflektivität sorgen dafür, dass er sechs Mal (!) heller ist als der Halbmond, sein Licht verschafft uns also eine große Orientierungshilfe in der Nacht. Auch unser Aberglaube lebt in nicht geringem Maße vom Mond – manche Leute glauben, seine mysteriösen Kräfte würden das menschliche Verhalten beeinflussen, vor allem bei Vollmond.

Die Kunst des Fragenstellens macht eine wichtige Dimension naturwissenschaftlicher Kompetenz aus. Unser Denken über die Natur und das Hinterfragen der Natur haben mehr Gewicht als das Wissen über die Natur. Oft werden die Antworten einfach dadurch offenbar, dass man die richtigen Fragen in der richtigen Reihenfolge stellt.

Wie jeder weiß, verwandelt der Vollmond manche von uns Menschen in Werwölfe. Komischerweise passiert das jedoch nicht, wenn wir gerade im Keller sind oder wenn der Himmel völlig bedeckt ist. Nun ja. Auch wenn man den Vollmond durch die Wolken nicht sehen kann, ist er doch immer noch da. Es muss also das Licht selbst sein, das unser genetisches Profil vorübergehend in dasjenige eines wilden Tieres aus der Familie der Hunde (Canidae) verwandelt. Einmal abgesehen von der geringen biologischen und physiologischen Plausibilität dieses Vorgangs: Wussten Sie, dass das Mondlicht einfach reflektiertes Sonnenlicht ist? Wenn Sie sich ein beliebiges Spektrum des Mondlichts ansehen, werden Sie feststellen, dass es mit demjenigen der Sonne identisch ist. (Diese Tatsache konnte ich einst als Achtklässler bei einem Schulwettbewerb mithilfe eines selbstgebastelten Spektroskops demonstrieren. Ich habe es immerhin auf den zweiten Platz geschafft.) Wenn der Mond es fertigbringt,

Sie des Nachts in einen Werwolf zu verwandeln, müsste die Sonne das bei Tag allemal auch schaffen.

Manche Leute glauben, bei Vollmond würden mehr Kinder geboren als bei jeder anderen Mondphase. Allerdings existieren dazu lediglich anekdotische Angaben – statistische Daten, die diese Behauptung untermauern würden: Fehlanzeige. Und der Vollmond übt auch relativ zu den anderen Mondphasen keine zusätzliche Schwerkraft auf die Erde (oder auf uns) aus. Aber nehmen wir einfach an, wir wüssten nichts von diesen einschlägigen Fakten. Vorerst stellen wir einfach bloß Fragen.

War das Entbindungsbett bei der Geburt des Babys zum am Himmel stehenden Vollmond hin ausgerichtet? Falls ja, hat der Mond vielleicht dabei geholfen, das Kind aus dem Mutterleib herauszuziehen. Ich vermute einmal, die Ausrichtung von Entbindungsbetten verteilt sich in den Kreißsälen dieser Welt einigermaßen zufällig und gleichmäßig. Dann könnten wir davon ausgehen, dass zumindest einige Entbindungsbetten bei der Geburt genau in die falsche Richtung zeigen. In diesen Fällen würde eine zusätzliche Gravitation des Mondes in die falsche Richtung ziehen, das Verlassen des Mutterleibs also sogar erschweren bzw. verlangsamen und nicht etwa beschleunigen.

Wenn es nicht die Schwerkraft ist, sind vielleicht andere mysteriöse Kräfte am Werk. Es könnte doch etwas sein, das wir mit den Methoden und Werkzeugen der Wissenschaft noch gar nicht herausgefunden haben. Neue wissenschaftliche Erkenntnisse sind immer interessant und führen meist allenthalben zum Nobelpreis, aber wir wollen der Sache nicht vorgreifen. Wir stellen nach wie vor bloß Fragen. Wie lange dauert üblicherweise die Schwangerschaft beim

Menschen? Die Ärzte werden Ihnen etwas von 280 Tagen (40 Wochen) erzählen, aber das stimmt nicht so ganz. Das beschreibt nämlich nur die Anzahl der Tage seit dem letzten Menstruationszyklus. In dem Moment wird aber kaum jemand schwanger. Schwanger wird eine Person normalerweise um den Zeitpunkt des Eisprungs, also etwa zwei Wochen später. Damit kommen wir auf eine Schwangerschaftsdauer von 280 Tagen – 14 Tage = 266 Tage. Jetzt brauchen wir die Zeit, die der Mond für einen kompletten Phasenzyklus benötigt – von Vollmond bis Vollmond. Das kann man nachschlagen: Es sind im Schnitt 29,53 Tage. Mit neun dieser Zyklen kommen wir ziemlich genau auf 266 Tage. Sehr interessant. Ein voll ausgetragenes Baby braucht also ungefähr neun Mondzyklen, um sich im Mutterleib zu entwickeln. Das bedeutet, dass ein Kind, das unter dem Vollmond geboren wird, romantisch wie es ist, mit einer gewissen Wahrscheinlichkeit auch unter dem Vollmond gezeugt wurde, romantisch wie es war. Auf neue physikalische Erkenntnisse oder mysteriöse Kräfte oder übernatürliche Ereignisse müssen wir zur Erklärung dieses Nicht-Resultats wohl nicht zurückgreifen. Darauf kamen wir durch rationales Nachforschen.

Der Mond beeinflusst die Gewässer auf der Erde, bei Vollmond sind die Gezeiten der Ozeane besonders stark. Die Biologen sagen uns, dass wir größtenteils aus Wasser bestehen, was natürlich erst recht auf die Ozeane zutrifft. Also werden doch bestimmt die Gezeitenkräfte des Mondes irgendwie auf uns wirken, sofern sie uns nicht gleich mondsüchtig werden lassen oder gar in den Wahnsinn treiben. In dem aus Erde und Mond bestehenden System ist die dem Mond zugewandte Seite der Erde logischerweise dem

Mond näher, deshalb erfährt sie eine geringfügig größere gravitative Anziehung als die dem Mond abgewandte Seite. So entsteht eine Dehnungskraft über den Erddurchmesser, die sich vor allem an unseren Gezeiten zeigt, aber auch der Erdboden verspürt diese Kraft. Bitte beachten Sie, dass in dieser Beschreibung der vom Mond bewirkten Gezeiten nicht von Mondphasen die Rede ist. Das liegt schlicht daran, dass die Stärke der Mondgezeiten mit der jeweiligen Mondphase überhaupt nichts zu tun hat! Der Vollmond hat die höchsten Gezeiten nicht wegen des Mondes, sondern wegen der Sonne. Die sonnenbedingten Gezeiten auf der Erde machen etwa ein Drittel der Stärke der Mondgezeiten aus, aber über diese Gezeitenkräfte spricht kaum jemand. Während des Vollmonds kommen hohe Sonnengezeiten noch auf die Mondgezeiten obendrauf, und dadurch entsteht der falsche Eindruck, der Vollmond würde zusätzliche Gravitationskräfte ausüben. Und überdies: Welche unzutreffenden Einflüsse der Gravitation auch immer Sie dem Mond zuschreiben, Sie müssten sie auch dem Neumond zuschreiben, denn auch bei Neumond sind diese Kräfte exakt mit den Sonnengezeiten ausgerichtet.

Wir können es uns auch anders zurechtlegen: Wie wirkt die Gezeitenkraft des Mondes über den Durchmesser Ihres Kopfes, verglichen mit der Wirkung der Gezeitenkraft des Mondes über den Durchmesser der Erde? Genau wie bei der Erde ist auch eine Seite Ihres Kopfes in jedem Moment dem Mond näher als die gegenüberliegende Seite und damit einer stärkeren Schwerkraft ausgesetzt als die andere Seite. Stellen Sie sich nun bitte vor, Ihre Birne wäre einfach nur eine Kugel aus Meerwasser mit knapp 20 Zentimetern Durchmesser. Welches Ausmaß an Dehnung oder Verzerrung durch die Gezeitenkräfte des Mondes können wir hier erwarten? Wenn wir das mathematisch ordentlich auf die Reihe kriegen, geht es um ungefähr 1/10 000 Millimeter. Das ist deutlich weniger als die Verzerrung, die Ihr Schädel schon durch das Gewicht Ihres immerhin knapp fünf Kilo schweren Kopfes selbst erfährt, während Sie im Schlaf das Haupt aufs Kopfkissen betten. Aber kein Mensch schreibt Werwolf-Storys, in denen es um Ihr bevorzugtes Kopfkissen geht, oder um die exakte Breite Ihres Schädels. Wenn Ihnen dieses Beispiel aus dem Schlafzimmer zu abstrakt ist, stellen Sie sich einfach vor, Sie würden Ihr Haupt in einen Schraubstock stecken, und Ihr Freund oder Ihre Freundin würde diesen mit einer Kraft von knapp fünf Kilopond anziehen – Nacht für Nacht.

* * *

Einer der Vorteile unseres Glücksloses, das wir bei der Mondlotterie gezogen haben, besteht darin, dass die Sonne einen 400 Mal größeren Durchmesser hat als der Mond, und zufällig ist sie auch 400 Mal weiter von uns entfernt als der Mond. Dieser pure Zufall sorgt dafür, dass Sonne und Mond am Himmel ungefähr gleich groß sind, und nur dadurch entstehen unsere spektakulären Sonnenfinsternisse. Das war nicht immer so, und in sehr ferner Zukunft wird es auch nicht mehr so sein. Der Mond bewegt sich in einer leichten Spiralbewegung von der Erde weg – jedes Jahr entfernt er sich um knapp vier Zentimeter von uns. Wir sollten also diese himmlische Übereinstimmung genießen, solange wir können. Alle paar Jahre passiert uns der Mond exakt zwischen Erde und Sonne und verdeckt dabei die Sonne vollkommen, der Himmel verdunkelt sich, und für kurze Zeit wird die atemberaubende äußere Atmosphäre der Sonne sichtbar, die sogenannte Corona. So etwas hat keine andere Planet-Mond-Kombination in unserem Sonnensystem zu bieten.

Sonnenfinsternisse stehen an der Spitze einer langen Liste von Himmelsphänomenen, die uns unwiderstehlich anziehen und faszinieren. Die Vorstellung, dass Sonne, Mond, Planeten und Sterne sich ganz persönlich auf uns auswirken, nennt sich Astrologie und hat eine uralte Geschichte. Manche bezeichnen sie als das zweitälteste Gewerbe. Wie könnte man auch etwas anderes denken, wenn man sieht, wie sich der Himmel Tag für Tag um uns dreht. Bestimmte Konstellationen gehen beispielsweise in jedem Herbst vor der Morgendämmerung auf, genau dann, wenn es an der Zeit ist, die reife Ernte einzufahren. Ein eindeutiger Beweis, dass das gesamte Himmelszelt bei Tag und bei Nacht liebevoll auf uns herabblickt und sich darum kümmert, was wir wünschen und brauchen.

Wenn wir so denken, liegt es nahe, dass der Himmel auch Ereignisse ankündigt, die wir selbst, unsere Kultur oder unsere Religion entweder herbeisehnen oder fürchten. Vor ein paar Jahren rief eine Frau bei mir im Büro des Hayden Planetarium an. Sie stöberte gerade in den persönlichen Sachen ihres verstorbenen Vaters herum und war darin auf das Tagebuch eines ihrer fernen Vorfahren gestoßen – ein Siedler in New England, der beschrieb, wie er mit seiner Familie im Planwagen in Richtung der neuen Heimat unterwegs war. In dem Tagebuch ist auch von einer furchterregenden, raschen Verdunklung des Himmels mitten am Tag die Rede. Das Familienoberhaupt war zutiefst besorgt, in dem Moment könnte ohne Vorwarnung das sechste Siegel geöffnet worden sein, und damit wäre nun die Zeit einer biblischen Prophezeiung aus der Offenbarung des Johannes gekommen:[11]

> *Und ich sah: als es das sechste Siegel auftat, ... und die Sonne ward finster wie ein schwarzer Sack, und der Mond ward wie Blut.*

Er hielt den Wagen an und forderte seine gesamte Familie auf niederzuknien, zu beten, ihre Sünden zu bereuen und sich bereit zu machen, vor den Schöpfer zu treten. Die Anruferin fragte sich, ob ihr Vorfahre vielleicht unwissentlich eine totale Sonnenfinsternis beschrieben hatte. Ich fragte sie nach dem Datum des Tagebucheintrags. Sie war sich nicht sicher, wusste allerdings, dass der Treck Anfang des 19. Jahrhunderts stattgefunden haben musste. Mithilfe einer speziellen Software, die ich für solche Notfälle bereithalte, konnte ich das Ereignis auf die Mittagszeit des 16. Juni 1806 datieren und zugleich bestätigen, dass die Familie in Massachusetts unterwegs war. Anfang des 19. Jahrhunderts wusste jeder einigermaßen gebildete Mensch recht genau, was bei einer totalen Sonnenfinsternis vor sich geht. Für diese Fehldeutung des Ereignisses konnte es mithin nur eine Erklärung geben: Der Himmel über der Region, in der der Planwagen sich befand, musste zum Zeitpunkt des Himmelsereignisses vollkommen von Wolken bedeckt gewesen sein. Bringen Sie nun einen auf unerklärliche Weise verdunkelten Himmel und einen tief religiösen, bibelfesten Christen zusammen – kein Wunder, dass man da um Gottes Gnade fleht. Wenn keine Wolken stören, wird die Sonnenfinsternis dagegen zu einem lehrreichen Spektakel für die ganze Familie.

27 Jahre später, im Morgengrauen des 13. November 1833, bot der alljährliche Meteoritenschauer der Leoniden ein besonders denkwürdiges Schauspiel. Er war über ganz Nordamerika sichtbar und brachte mehr als 100 000 »fallende Sterne« in der Stunde hervor. Das sind etwa 30 in der Sekunde. Zum Vergleich: Ein ordentlicher Meteoritenschauer kommt für gewöhnlich auf ungefähr einen Meteoriten pro Minute. Das muss also ein schockierender Anblick gewesen sein. Wir bezeichnen Meteoritenschauer dieser Intensität als »Meteorsturm«; sie entstehen dadurch, dass die Erde auf ihrer Bahn um die Sonne eine ungewöhnlich dichte Anhäufung von Kometentrümmern kreuzt. Die Bruchstücke des Kometen 55P/Tempel-Tuttle, aus denen die Leoniden bestehen, sind nicht größer als Erbsen. Prallt jedoch eines dieser Stücke mit einer Geschwindigkeit von rund 260 000 km/h auf die Erdatmosphäre, verbrennt es und wird dabei am Nachthimmel als Lichtstreifen sichtbar. Zu der Zeit lebte der zukünftige Präsident Abraham Lincoln, damals 24 Jahre alt, in Illinois als Untermieter beim Diakon der örtlichen presbyterianischen Kirche. Als der Diakon dieses unvergessliche kosmische Schauspiel gewahrte, weckte er rasch Lincoln aus dem Schlaf und erklärte: »Steht auf, Abraham, der Jüngste Tag ist gekommen!« Diese Schlussfolgerung ergibt sich aus einem weiteren – dem unmittelbar folgenden – apokalyptischen Vers in der Offenbarung des Johannes:[12]

> *… und die Sterne des Himmels fielen auf die Erde, gleich wie ein Feigenbaum seine Feigen abwirft, wenn er von großem Wind bewegt wird.*

Der »Ehrliche Abe«, ein Autodidakt, der unermüdlich und lebenslang dazulernte, trat ins Freie wie geheißen und blickte zum Nachthimmel auf. Er griff auf seine astronomischen Kenntnisse zurück und erkannte, dass die großen Sternbilder alle noch da und intakt waren – der Große Wagen, Löwe, Stier, Orion. Was immer da herniedergefallen kam, es waren nicht die Sterne, also kam er ganz rational zu dem Schluss, dass hier keine Erfüllung einer biblischen Prophezeiung der Apokalypse unterwegs war[13] und legte sich alsbald wieder ins Bett.

Kenntnisse über das Universum im Allgemeinen – und kosmische Perspektiven im Besonderen – helfen uns, zugleich unser Ego von allem zu lösen, was am Himmel passiert, und dabei selbst die Verantwortung für unser eigenes Tun zu übernehmen. So vermeiden wir es, den Himmel für unsere irdischen Angelegenheiten in Verantwortung zu nehmen, sei es nun im positiven wie im negativen Sinne. Oder in den Worten von Shakespeares *Julius Caesar* (1509):

Nicht durch die Schuld der Sterne, lieber Brutus,
Durch eigne Schuld nur sind wir Schwächlinge.

1994 erschien Carl Sagans Buch *Pale Blue Dot: A Vision of the Human Future in Space*[14] (dt. *Blauer Punkt im All. Unsere Zukunft im Kosmos*), inspiriert durch ein Foto der Erde aus dem Jahr 1990, aufgenommen von der Raumsonde *Voyager 1,* nachdem diese den Orbit des Planeten Neptun passiert hatte. Dieser Moment wurde als erster Moment auserkoren, in dem ein Besucher aus fremden Welten, aus der entgegengesetzten Richtung kommend, erstmals den Planeten unseres Sonnensystems begegnet. Die Erde nimmt kaum ein Pixel in diesem Bild ein, was uns sehr nachdrücklich daran erinnert, wie klein wir in den Dimensionen des Universums in Wirklichkeit sind. In seinem Buch beschreibt Carl in lyrischen Worten, wie zerbrechlich und kostbar die Erde erscheint, wenn man sie bloß als kleinen blauen Punkt wahrnimmt. Dieses Bild kommt einer Neujustierung der nächsten Generation auf unsere Vorgaben zu einer gesellschaftlichen Mission so nahe wie nur irgendetwas, auch wenn es nicht ganz die Wirkmacht erzielt, die jenes Bild vom Erdaufgang über dem Mond erreicht hat. Wie auch immer: Wenn man so will, ist es das erste Selfie von der Erde.

Eine andere kosmische Offenbarung, die dem Erdaufgang wohl das Wasser reichen könnte, wäre vielleicht die Entdeckung, dass wir nicht alleine im Universum sind. Dies könnte einen Wandel in der Haltung des Menschen signalisieren, den wir weder vorhersagen noch uns überhaupt vorstellen können. Es könnte uns zu der ebenso verlockenden wie beängstigenden Grenzerfahrung führen, dass wir vielleicht nur in einer Computersimulation existieren, programmiert von intelligenten jugendlichen Aliens, die noch bei den Eltern wohnen. Oder vielleicht entdecken wir, dass der Planet Erde eine Art Zoo ist – ein *Terrarium/Aquarium* im wortwörtlichen Sinn –, errichtet zur Belustigung außerirdischer Anthropologen. Wir könnten das Spielchen noch weitertreiben: Vielleicht ist unser Kosmos mit seinen hundert Milliarden Sternen pro Galaxie und hundert Milliarden Galaxien im beobachtbaren Universum nichts weiter als eine Schneekugel auf dem Kaminsims einer außerirdischen Kreatur.

In allen diesen Szenarien hat sich die kosmische Perspektive von einem Universum, das uns mahnt, besser auf unser eigenes Schicksal zu achten, zu einem Universum gewandelt, das uns suggeriert, wir wären bloß Spielzeug für Lebensformen auf einer höheren Entwicklungsstufe. Eine schockierende Aussicht, vielleicht. Aber wir sorgen besser für unsere Katzen und Hunde als für die obdachlosen Menschen in unseren Straßen. Wenn wir für die Aliens nichts weiter sind als Spielzeug oder Haustiere, vielleicht sorgen sie ja besser für uns, als wir es selbst jemals getan haben?

KAPITEL VIER

Konflikt & Lösung

Stammestriebe in uns allen

Eine der großartigen Eigenschaften einer funktionierenden Demokratie liegt darin, dass wir unterschiedlicher Ansicht sein können, ohne uns deshalb gleich gegenseitig umzubringen. Was geschieht, wenn eine Demokratie scheitert? Was geschieht, wenn wir keine Toleranz gegenüber Ansichten üben, die von unseren eigenen Ansichten abweichen?[1] Wünschen wir uns stattdessen eine Diktatur, in der alle Ansichten im Land mit denjenigen des Diktators übereinstimmen? Sehnen wir uns nach einem System, in dem abweichende Meinungen unterdrückt, begraben, verbrannt werden? Verlangt es uns nach einer Welt, in der unser Moralkodex, unsere Werte und unsere Urteile – alles, was wir für richtig und was wir für falsch halten – in jedem Fall als korrekt und unangreifbar zu gelten haben?

Vorhang auf für den ungehemmten Konflikt, und für die Strippenzieher von Politik und Religion. Zwei Themen, die wir, so warnt man uns, in entspannter Runde am besten niemals ansprechen. Zwei Themen, die vieles gemeinsam haben insofern, als sie beide zutiefst persönlich sein können.

Zwei Themen, die, wenn die Meinungsverschiedenheiten groß sind, sogar Blutvergießen und ausgewachsene Kriege auslösen können.

Wenn wir alle Todesfälle in allen kriegführenden Nationen über die gesamten sechs Jahre des Zweiten Weltkriegs (1939 bis 1945) zusammenzählen, kommen wir auf mehr als tausend getötete Menschen – pro Stunde. Eine morbide und unvermeidliche Konsequenz davon, in einer grundlegend pluralistischen Welt seine jeweiligen persönlichen Wahrheiten anderen aufzwingen zu wollen. Die ganze Mission im Leben eines Wissenschaftlers besteht darin, die wahren Merkmale und Eigenschaften der Natur herauszufinden, selbst wenn sie im Widerspruch zu den eigenen philosophischen Überzeugungen stehen. Genau deshalb werden Sie niemals Bataillone von Astrophysikern bei der Erstürmung eines Hügels beobachten können. Zweifellos waren und sind Wissenschaftler mit ihren militärischen Handlangerdiensten seit Anbeginn der Zeit auch bloß Bauern auf dem Schachbrett der Militärideologen.[2] Die meisten Wissenschaftler haben allerdings weder ein Motiv noch das Bestreben, dies gänzlich aus freien Stücken zu tun – als Ausdruck des eigenen Willens. Selbst Wernher von Braun, der Architekt der Apollo-Mondraketen, gab zum Erfolg der ballistischen V2-Rakete,[3] die er als Pionier für Nazideutschland entwickelte und vor allem gegen London und Antwerpen einsetzte, einmal den folgenden berühmten Kommentar ab:[4]

Die Rakete funktionierte perfekt, nur landete sie auf dem falschen Planeten.

Das Eigengruppe/Fremdgruppe-Verhalten des Menschen in allen Zivilisationen ist besonders verstörend, wenn auch evolutionär nachvollziehbar.[5] Auch wenn wir unsere DNA nicht vollständig ausblenden können, schafft es ja vielleicht eine gesunde Dosis evidenzbasierten Denkens, dieses evidenzferne Gehabe zu durchdringen. Überlegen Sie einfach einmal, was geschieht, wenn Wissenschaftler unterschiedlicher Meinung sind. Wir suchen nach einem von drei möglichen Resultaten: Entweder ich habe recht und du hast unrecht, oder du hast recht und ich habe unrecht, oder wir liegen beide falsch. Das ist ein ungeschriebenes Gesetz, an das wir uns bei allen Streitigkeiten in unseren wissenschaftlichen Diskursen halten. Wer entscheidet über das Ergebnis? Niemand. Wenn wir unsere Sichtweise lauter oder leidenschaftlicher oder eloquenter vertreten als unser Gegenüber, verrät das einfach nur, wie nervig und starrsinnig wir sind. Die Lösung stellt sich fast immer dann ein, wenn mehr oder bessere Daten vorliegen.

In seltenen Fällen können bei einer solchen Auseinandersetzung auch beide Seiten recht haben, allerdings nur dann, wenn sie unwissentlich grundverschiedene Eigenschaften ein und desselben Gegenstands oder Phänomens beschreiben – wie im Gleichnis mit den blinden Männern und dem Elefanten, von denen jeder ein anderes Körperteil des Tiers untersucht – den Stoßzahn, den Schwanz, die Ohren, die Beine, den Rüssel. Sie könnten den ganzen Tag darüber streiten, wer Recht hat und wer unrecht. Oder sie erkunden einfach immer weiter und stellen irgendwann fest, dass es sich um völlig unterschiedliche Körperteile ein und desselben Tieres handelt. Auch dafür bedarf es weiterer Experimente und Beobachtungen – also mehr

Daten –, um zu bestimmen, was objektiv der Wahrheit entspricht.

Abgesehen von Konflikten über Politik oder über den Gott oder die Götter, den oder die sie anbeten, führen die Menschen unablässig Kriege über den Zugang zu begrenzten Ressourcen wie Energie (Öl und Gas), sauberes Wasser, Bodenschätze und Edelmetalle. In unserem kosmischen Hinterhof ist die Sonnenenergie allgegenwärtig, Wasser in Kometen ebenso. Auch metallische Asteroiden haben wir, sie umkreisen die Sonne in unüberschaubar großer Zahl. Von den größeren enthält jeder einzelne mehr Gold und seltene Erden, als in der gesamten Weltgeschichte jemals geschürft oder gefördert wurden. Wir sind noch nicht so weit, aber stellen Sie sich vor, irgendwann würde der Tag kommen, an dem die gesamte Zivilisation zu Raumfahrern wird. Der routinemäßige Zugang zum Weltraum machte dann das Sonnensystem zum Hinterhof der Erde. Verbunden mit einem solchen Zugang wären unendliche, aus dem Weltall stammende Ressourcen, was schon einmal eine ganze Menge Konfliktursachen aus der Welt schaffte. Der Zugang zum Weltraum ist möglicherweise mehr als nur die nächste Grenze, die es zu erkunden gilt; vielleicht ist er die beste Hoffnung auf Überleben, die der Zivilisation bleibt.

Wissenschaftler sind – vielleicht einzig unter allen Berufszweigen – dazu in der Lage, Frieden unter den Nationen zu schaffen und zu wahren. Wir sprechen grundsätzlich alle die gleiche Sprache. Der mathematische Wert der Zahl Pi verändert sich beispielsweise nicht, wenn Sie an einer Landesgrenze die Passkontrolle durchqueren. Auch die Gesetze der Biologie, der Chemie und der Physik bleiben die gleichen. Und wir teilen eine gemeinsame Mission – das

Erkunden der natürlichen Welt und das Entschlüsseln der Vorgänge, die sich in der Natur abspielen. Das könnte wie folgt aussehen: Stellen Sie sich vor, Sie sind auf einer Weltraummission und befinden sich auf einem Außenposten der Menschheit auf dem Mond. Dort arbeiten Sie gemeinsam mit einem Astronautenkollegen aus einem anderen Land. Unten auf der Erde eskalieren aus welchen Gründen auch immer die geopolitischen Spannungen zwischen Ihren beiden Ländern. Die Beziehungen werden so vergiftet, dass beide Regierungen ihre Botschafter aus dem jeweils anderen Land abziehen. Es kommt zu einem bewaffneten Konflikt, zahllose Tote unter Soldaten und der Zivilbevölkerung sind zu beklagen. Sie befinden sich im Weltraum – auf dem Mond –, also was tun Sie? Lassen Sie sich von den Emotionen, Wutausbrüchen und Handlungen der Politiker auf der Erde, in knapp 400 000 Kilometern Entfernung, dazu hinreißen, Ihren Kollegen aus dem inzwischen verfeindeten Land zu Boden zu ringen? Vielleicht haben Ihnen beiden auch Ihre jeweiligen Staatsoberhäupter per Funk Instruktionen zukommen lassen, jeden Kontakt mit der anderen Seite zu beenden. Würden Sie das tun? Sollten Sie das tun? Oder gehen Sie weiterhin friedlich ihren mond-täglichen Geschäften nach und führen Experimente durch, wenngleich beschämt und bestürzt darüber, dass Sie beide einer Spezies angehören, die seit Jahrtausenden eine Kunst und eine Wissenschaft daraus macht, sich auf Erden gegenseitig umzubringen.

* * *

Nicht alle Länder betreiben solche Forschung. Diejenigen, die es tun, verbindet eine Gemeinsamkeit, die über allem steht, was uns trennt oder trennen könnte. Anlässlich eines Regierungsauftrags, im Rahmen dessen ich in der ersten meiner bisher zwei Kommissionen für das Weiße Haus tätig war – in diesem Fall ging es um die »Zukunft der US-Luft- und Raumfahrtindustrie«[6] –, hatte ich Gelegenheit, Kolleginnen und Kollegen in vielen Ländern kennenzulernen, als wir das weltweite Feld der Raumfahrt in unserer Funktion als Anbieter von Transport, Handel und Sicherheit bearbeiteten. Quer durch Europa, Russland und Ostasien bewerteten wir die Herausforderungen und Chancen, die uns in der Zukunft auf diesem Gebiet erwarteten. Überall erfreute ich mich eines exzellenten Entgegenkommens und der Zusammenarbeit mit anderen Fachleuten im Bereich Wissenschaft und Technik. Auch die Politiker und Geschäftsleute, die dieser Kommission angehörten, wurden sehr herzlich aufgenommen. Allerdings war die Atmosphäre im Umgang mit den Vertretern Russlands merkwürdig aufgeladen. In der Sternenstadt, dem Trainingszentrum der Kosmonauten vor den Toren Moskaus, war die Anspannung mit Händen zu greifen. Ich spreche kein Russisch. Ich kann nicht einmal russische Wörter aussprechen, weil ich das kyrillische Alphabet nicht lesen kann. Und ich mag keinen Wodka, der uns bereits kurz nach der Ankunft – um zehn Uhr morgens – vom Leiter der Einrichtung kredenzt wurde. Er hatte ihn aus einem Geheimfach hinter seinem Schreibtisch hervorgezaubert. Nachdem die Gastgeber Buzz Aldrin, den zweiten Mann auf dem Mond und Mitglied sowohl der Besatzung von *Apollo 11* als auch unserer Kommission, gebeten hatten, sich in ihr großes Raumfahrerbuch einzutragen, begannen wir, uns über den Wettlauf ins Weltall der 1960er- und 70er-Jahre und über die Zukunft der Weltraumforschung zu unterhalten. An diesem Punkt lösten sich alle Barrieren in Wohlgefallen auf, und mir war, als würde ich jeden meiner russischen Gesprächspartner im Raum schon ewig lange kennen – als hätten wir schon in Kindertagen mit den gleichen Spielsachen im gleichen Sandkasten gespielt.

42 Jahre lang waren die USA und Russland (beziehungsweise die UdSSR) die einzigen Länder, die die Fähigkeit besaßen, einen Menschen in den Orbit zu bringen. Im Jahr 2003 kam dann China zu dem erlauchten Club hinzu und schickte seinen ersten Taikonauten ins All. Es entwickelte sich unter allen Beteiligten eine tiefe emotionale Bindung, und diese Freundschaft erhob sich weit über den irdisch-politischen Alltag – eine Bindung, geschmiedet im Weltall.

Da ich in der Zeit des Kalten Krieges aufgewachsen bin, waren die Russen für mich, wie für viele andere echte Amerikaner auch, das sprichwörtliche Böse, gottlose Kommunisten eben. Haben wir uns nicht ... gehasst? Waren wir etwa keine ... Todfeinde? Nein, eigentlich nicht. Das galt vielleicht für die Politiker. Wir als Forscher dagegen hatten die ganze Zeit immer nur die Sterne im Blick, und das befähigte uns zu einer Weltsicht, die nationale Konflikte jedes Mal weit hinter – oder unter – sich lässt.

Die zwei kostspieligsten Demonstrationen internationaler Zusammenarbeit sind, in dieser Reihenfolge, die Kriegführung und der Bau und Betrieb der Internationalen Raumstation (ISS). Weit abgeschlagen folgen auf Platz drei und vier die Olympischen Spiele und die Fußballweltmeisterschaft. Bei drei dieser vier Ereignisse geht es um

Wettstreit, einer davon kostet sogar Menschenleben. Was die Raumstation betrifft, ist die Liste der Länder, die Astronauten dorthin geschickt haben, lang und eindrucksvoll: Belgien, Brasilien, Dänemark, Großbritannien, Kasachstan, Malaysia, die Niederlande, Südafrika, Südkorea, Schweden, Spanien und die Vereinigten Arabischen Emirate, gar nicht zu reden von den USA, Russland, Japan, Kanada, Italien, Frankreich und Deutschland. Das sind nicht ganz so viele Flaggen, wie über der Fußball-WM oder Olympia wehen, aber ein kurzer Überblick über die Weltpolitik des 20. Jahrhunderts, der bis heute ins Gedächtnis der Menschen eingebrannt ist, erinnert uns daran, wie viele genau dieser Länder einander in gnadenlosen Kriegen bekämpft haben, mit Millionen von Toten unter Soldaten und unter der Zivilbevölkerung.

In den frühen 1970er-Jahren hielten die USA und die UdSSR den Rest der Welt noch immer quasi mit vorgehaltener (Atom-)Waffe als Geiseln, und der Kalte Krieg sollte noch weitere zwei Jahrzehnte andauern. Im Jahr 1972 dann unterzeichneten Präsident Richard Nixon und der sowjetische Premier Alexei Kossygin – in Moskau – eine Vereinbarung über ein gemeinsames Apollo-Sojus-Testprojekt. Drei Jahre später, im Juli 1975, trafen sich Astronauten und Kosmonauten erstmals bei einem Andockmanöver zwischen unserem Apollo-Kommandomodul und der Sojus-Kapsel der Russen zu einem Rendezvous im Weltall. Die einzige Regel, als sie die Verbindungsklappe zwischen den beiden Raumfahrzeugen öffneten, lautete: Die Amerikaner sollten nur Russisch sprechen, die Russen ausschließlich Englisch.[7]

Wie wir gerne zu den Studierenden sagen, die sich mit Astro 101 herumschlagen müssen: »Das Universum schwebt über unser aller Köpfen.« Vielleicht trifft das ja auch auf unsere fruchtbarsten Aussichten/Hoffnungen auf Frieden in der Welt zu.

* * *

Ich bin in so ziemlich allen meinen Ansichten eher liberal eingestellt. Trotzdem war es ausgerechnet Präsident George W. Bush, der mich zwei Mal in Kommissionen des Weißen Hauses berief. Er suchte meine wissenschaftliche Expertise, meine politische Einstellung schien ihn nicht weiter zu interessieren. Meine Meinung ist meine Angelegenheit, und (ob Sie's glauben oder nicht) ich gebe mir relativ wenig Mühe, andere Leute von dieser Meinung zu überzeugen, deshalb weichte meine – ohnehin meist stumme – politische Haltung wohl auch mögliche latente Bedenken seinerseits auf, die er gehabt haben könnte, als er sich auf die andere politische Seite zubewegte und mich in seine Kommission holte.

Diese Berufung wurde zu einer Art politischen Feuertaufe für mich. Ich begegnete hartgesottenen konservativen Politprofis und progressiven Arbeiterführern und freundete mich mit beiden Seiten an. In dieser politisch diversen und mächtigen Kommission, die aus zwölf Leuten bestand, waren die erfolgreichsten Diskussionen diejenigen, die sich in der Mitte des politischen Spektrums zutrugen. Das bedeutete, dass ich mich aus meiner linken Ecke hervorbewegen und mich mit meinen Perspektiven näher auf diejenigen zubewegen musste, mit denen ich beständig über Kreuz lag. Meine diesbezüglichen Schritte waren tastend, aber erfrischend. Je näher ich der konservativen Weltsicht rückte, desto weiter entfernte ich mich von der angestammten liberalen Sichtweise, mit der ich aufgewachsen war. Das lief so bis zu dem Moment, an dem mir das erste Mal im Leben klar wurde, dass ich wirklich selbstständig dachte – und nicht mehr verzerrt und voreingenommen durch Ideologien, in die ich hineingeboren war und die ich als eigene Position übernommen hatte, ohne sie zu hinterfragen. Ich sah die Konservativen das erste Mal nicht mehr als monolithisches Gebilde. Und ich sah auch die Linken das erste Mal wirklich – unterstützt und ermächtigt durch diese ungewohnte, aber erhellende Sicht aus der Mitte. Von dort aus schwor ich irgendwann Etiketten jedweder Art ab. Was sind diese Etiketten auch anderes als eine intellektuell bequeme Art, sich einzureden, man wisse schon alles über einen Menschen, dem man vorher überhaupt nie begegnet ist?

Kann die wissenschaftliche Rationalität, eingebettet in eine kosmische Perspektive, dafür sorgen, dass wirklich alle über alle Dinge einer Meinung sind? Nein, das ist nur schwer vorstellbar. Sie kann aber sehr wohl dafür sorgen, dass der Dissens weniger belastend ausgetragen wird – nicht aufgrund von Kompromissbereitschaft, sondern wegen der unvermeidlichen Trennlinie, die man zwischen seinen Emotionen und seiner Vernunftbegabung zieht, und der verringerten Voreingenommenheit im eigenen Denken. Manchmal sind mehr oder bessere Daten schlicht alles, was man braucht.

Denken Sie an vier zwischen den Republikanern (rot) und den Demokraten (blau) umstrittene Themenfelder in den USA, und wie sich diese für einen neugierigen Wissenschaftler darstellen:

Behauptung 1: Konservative legen großen Wert auf die Kernfamilie und die Stabilität, die sie der Zivilisation vermittelt, wohingegen Liberale ihr Leben an fragwürdigen Moralvorstellungen ausrichten.

Betrachten wir diese familiären Werte anhand der üblichen Problemfelder, die einer genaueren Betrachtung unterzogen werden: uneheliche Geburten und Scheidungsraten. Wenn Sie die Geburtenstatistiken aufgeschlüsselt nach Bundesstaaten analysieren, werden Sie feststellen, dass fast die Hälfte aller in Louisiana, Alabama, Mississippi, Texas, Oklahoma, Arkansas, Tennessee, Kentucky, West Virginia und South Carolina geborenen Kinder unverheiratete Mütter haben.[8] Aber in jedem dieser Staaten gewannen die Konservativen jede Parlamentswahl in diesem Jahrhundert.[9] Die entsprechenden Raten für die traditionell liberalen Staaten Kalifornien, Minnesota, Massachusetts und New York sind nur halb so hoch. Unehelich geborene Kinder könnten, als Beispiel, eine Gruppe befreiter Frauen ins Licht rücken, die keine Männer brauchen, oder die von der Musterfamilie der 1950er-Jahre nichts wissen wollen. Oder sie könnten auf regionale Unterschiede in den Abtreibungsraten hindeuten. Jedenfalls liefern sie keinen Beleg für das Vorhandensein traditioneller Familienwerte.

Wie sieht es bei den Scheidungsraten im Land aus? Bundesstaaten mit besonders niedrigen Scheidungsraten könnten als Indiz für eine Kultur des stabilen Familienlebens dienen. Wenn Sie eine Rangfolge aller 50 Bundesstaaten aufstellen (mit Stand 2019), stellen Sie fest, dass sechs der zehn Staaten mit den niedrigsten Scheidungsraten blau sind. Nur vier sind rot. Okay, das beweist nicht viel. Aber sehen wir uns die Daten noch etwas genauer an: Die beiden Staaten mit den bei weitem niedrigsten Raten sind Illinois und Massachusetts, beide traditionell und beständig liberal geprägt. Dazu kommt: Neun der zehn Bundesstaaten mit den höchsten Scheidungsraten gaben bei der Wahl 2020 den Konservativen die Mehrheit. Außerdem sind die einzigen zwei Politiker, die es als Geschiedene ins Amt des US-Präsidenten schafften, die Republikaner Ronald Reagan und Donald Trump. Trump ist zwei Mal geschieden. Melania ist bereits seine dritte Ehefrau. Seine zweite Frau war die, mit der er seine erste betrog. Und mit allen drei Frauen hat er auch Kinder.

Was fangen wir nun mit diesen Fakten an? Unter den Teppich kehren? Oder nutzen wir sie dazu, jedem emotional aufgeladenen Streit darüber, welche politische Partei die Moral für sich gepachtet hat, den Wind aus den Segeln zu nehmen?

Aber Moment mal. Im Jahr 2015 kam durch ein Datenleck bei der berüchtigten Online-Dating-Agentur Ashley Madison per Zufall eine Statistik ans Licht, die diese Landschaft voller falscher Vorstellungen noch mehr ins Rampenlicht rückte. Diese Website richtet sich speziell an Verheiratete, die ein Verhältnis mit einer anderen verheirateten Person anfangen wollen, also die Absicht haben, ihre jeweiligen Ehepartner/innen zu betrügen. Als enthüllt wurde, welche Staaten auf der Website am aktivsten waren, landeten die linksliberalen Bundesstaaten New York, New Jersey, Connecticut, Massachusetts, Illinois, Washington und Kalifornien in den Top 15 der Ehebrecher.[10] Vielleicht ist die Wahrheit ja doch ein wenig subtiler und komplexer, als die politische Rechte und Linke es gerne hätten. Vielleicht bezeugt die Scheidungsrate ja sogar eine ehrlichere Auflösung einer gescheiterten Beziehung, als sich als noch verheirateter Mensch auf die Suche nach einer heimlichen, unstatthaften Affäre zu begeben. Wie auch immer: Rationales Nachforschen sagt uns, dass keine Seite des politischen Spektrums die moralisch überlegenen Werte der Familie für sich gepachtet hat.

Behauptung 2: Liberale sind obenauf, was die Wissenschaft angeht, die Konservativen begegnen den Wissenschaftsleugnern mit offenen Armen.

Wo fange ich an? Das Leugnen des Klimawandels stellt eine existenzielle Bedrohung für die Stabilität einer Gesellschaft dar – eine Haltung, die hundertprozentig auf konservativen Plattformen zu Hause ist, wenngleich es da in den letzten Jahren zumindest gewisse Fortschritte zu vermelden gab. Anfangs lief der Schlachtruf der Konservativen auf pures Leugnen hinaus, später wandelte sich dieses zu dem Eingeständnis, der Klimawandel wäre zwar real, aber der Mensch wäre nicht der Verursacher. Zumindest bei manchen wurde daraus letztlich das Eingeständnis, die Menschen seien sehr wohl für den Klimawandel verantwortlich, es gebe aber nichts, was wir dagegen tun könnten oder tun sollten. Der folgende Satz fand sich tatsächlich 2018 auf der offiziellen Plattform der Republikaner[11] im ölabhängigen[12] Bundesstaat Texas:

> *Der Klimawandel ist eine politische Agenda, die vorangetrieben wird, um jeden Aspekt unseres Lebens zu kontrollieren.*

Ein klassischer Fall von Wunschdenken, bei dem politische Überzeugungen den Vorrang vor objektiven Wahrheiten erhalten. Diese Plattform wird alle zwei Jahre aktualisiert, und 2020 las sich das Ganze zumindest ein wenig anders:[13]

> *Wir unterstützen die Streichung der Finanzierung von Initiativen zur »Klimagerechtigkeit«.*

Wir alle kennen die Zahlen. Über 97 Prozent der Klimaforscher sind sich einig[14], dass unsere Industriegesellschaft, geformt auf der Grundlage hochgradig transportabler fossiler Brennstoffe mit hoher Energiedichte, den Treibhauseffekt auf der Erde verschärft, was zur Folge hat, dass Gletscher schmelzen und letztendlich alle Küstenstädte dieser Welt sich auf Überflutung einstellen müssen. Diese Schlussfolgerung geht nicht bloß auf eine Mehrheit bei einer Abstimmung oder Wahl zurück. Sie leitet sich ab aus einem Forschungsgremium, gestützt durch wiederholte und fächerübergreifende Beobachtungen und Experimente, und genau das brauchen wir und wollen wir, bevor wir eine neue objektive Wahrheit in die Welt setzen. Diese Tatsachen zu leugnen bedeutet, in den drei Prozent der Forschungspapiere zu leben, die den vorherrschenden Ergebnissen widersprechen oder diese schlicht verneinen.

Um ein wenig Perspektive in den wissenschaftlichen Konsens zu bringen, wollen wir ein kleines Gedankenexperiment wagen. Dabei handelt es sich um bewährte Verfahren, auf die viele Wissenschaftler seit vielen Jahren immer wieder zurückgreifen, einer der berühmtesten war Albert Einstein. Es ist der Weg, ein durchdachtes Szenario in Gedanken durchzuspielen, für dessen reale Durchführung Zeit und finanzielle Mittel fehlen. Wie wär's damit: Eine Brücke steht kurz vor dem Kollaps, und 97 Prozent der Bauingenieure sagen Ihnen: »Die Brücke bricht zusammen, wenn Sie mit Ihrem Lastwagen darüberfahren. Nehmen Sie lieber den Tunnel.« Die restlichen drei Prozent sagen: »Hören Sie nicht auf die anderen; die Brücke ist sicher!« Was würden Sie tun? Oder wie wäre das hier: Eine medizinisch nicht erprobte Suizidpille wurde erfunden, von der 97 Prozent der medizinischen Fachleute sagen, dass ihre Einnahme schon bei einer einzigen Dosis zum Tod führen wird. Allerdings behaupten auch drei Prozent, dem Patienten würde nichts passieren, die Pille wäre sogar der Gesundheit förderlich. Wenn Sie etwas für Ihre Gesundheit tun wollten, würden Sie diese Pille schlucken? Gedankenexperimente können, wenn sie so konzipiert sind, dass Sie den Kontext einer Frage bezüglich Zeit, Raum und Geltungsbereich verschieben, verborgene Voreingenommenheiten ans Licht bringen und Sie zwingen, sich mit den Grundlagen Ihres eigenen Denkens zu beschäftigen – vielleicht ja sogar zum ersten Mal überhaupt.

Politisch im rechten Lager einzuordnende Gegendarstellungen zum Klimawandel entwickeln sich weiter. Die jüngste Variante davon akzeptiert die Prämisse, der Mensch würde den Planeten aufheizen, streitet sich aber erbittert mit Vertretern des linken politischen Spektrums über die wirtschaftlichen Folgen des Ganzen. Sie sorgen sich vor allem, Plattformen wie der Green New Deal[15] würden eine finanzielle Katastrophe auslösen. Hurra, endlich geschafft! Wir haben eine politisch aufgeladene Auseinandersetzung darüber, welche politischen Maßnahmen getroffen werden sollten, als Reaktion auf wissenschaftlich fundierte Wahrheiten. Exakt so sollte das in einer informierten Demokratie ablaufen.

In einer anderen Brutstätte der Wissenschaftsverweigerung bezweifeln einige konservative Christen die Darwin'sche Evolutionstheorie, weil ihre 3500 Jahre alten heiligen Schriften eine andere Vorstellung davon präsentieren, wie all die Tiere und das ganze sonstige Leben auf Erden entstanden sind. Diese Fundamentalisten üben schlicht und einfach ihre von der Verfassung geschützte Religionsfreiheit aus. Sie zählen zufällig zu einer Minderheit der Christen,[16] und ich habe kein Interesse, sie von ihren Ansichten abzubringen, solange sie nicht versuchen, die wissenschaftlichen Lehrpläne des Landes abzuschaffen oder sich darum bemühen, die Leitung einer wissenschaftlichen Regierungsbehörde zu übernehmen. Es gibt jede Menge gut (und schlecht) bezahlter Jobs, für die man die grundlegenden Prinzipien der modernen Biologie nicht unbedingt akzeptieren muss.

Nicht alles, was konservativ ist, ist auch gegen die Evolution. Denken Sie an die wegweisende Gerichtsentscheidung im Fall *Kitzmiller gegen die Dover Area School* im District of Pennsylvania im Jahr 2005. Da entschied Bundesrichter John E. Jones III., das Lehren des von Gott inspirierten »intelligenten Designs« in staatlichen Schulen sei verfassungswidrig. Richter Jones wurde vom republikanischen Präsidenten George W. Bush für diesen Posten ernannt.

Abgesehen vom Klimawandel und der modernen Biologie gibt es kaum etwas Wissenschaftliches in Amerika, das die Konservativen verneinen würden, wenngleich die Liberalen ihnen immer wieder eine umfassende Wissenschaftsverweigerung vorwerfen. Okay. Wie ist es damit um die Liberalen selbst bestellt? Siehe da: Die folgenden Überzeugungen und Praktiken sind eindeutig im liberalen Lager angesiedelt: Kristallheilung, therapeutisches Handauflegen, Federenergie, Magnettherapie, Homöopathie, Astrologie, grundsätzlich ablehnende Haltung gegenüber Gentechnik und Pharmabranche. Die Gemeinsamkeit all dieser Ideen und Bewegungen ist eine reine Verweigerungshaltung gegen den mit den jeweiligen Themenfeldern verbundenen wissenschaftlichen Mainstream – in Teilen oder komplett. Vor der Regierung Trump und dem von den Konservativen angefachten Widerstand gegen die zügig entwickelte COVID-19-Impfung war auch die Bewegung der Impfverweigerer (noch so eine wissenschaftsfeindliche Plattform) in erster Linie eine Domäne tendenziell liberaler Gruppen. Diese haben die Marke sozusagen erfunden. Ein Beispiel: 2000 erklärte die Weltgesundheitsorganisation die Masern in den USA für »ausgerottet«. Dies basierte auf dem Erfolg der laufenden Impfkampagnen.[17] 2019 jedoch wurden in den USA fast 1300 Masernfälle registriert. Und wo traten die Masern zumeist auf? In den seit jeher blauen Bundesstaaten Washington, Oregon, Kalifornien, New York und New Jersey, wo sich viele Eltern weigern,[18] ihre Kinder impfen zu lassen. Inzwischen, da die Bewegung der Impfgegner sich in Richtung konservatives Lager gewandt hat und verstärkt in rote Enklaven[19] einsickert, kommt die Bewegung der Impfgegner beziehungsweise -verweigerer auf einen Bevölkerungsanteil von bis zu einem Viertel der Nation.[20]

In einem Post vom August 2021, den ich in der Rückschau besser in meinem »Verbotene Tweets«-Ordner versteckt gelassen hätte, nahm ich mir die Zahl der Amerikaner vor, die jeden Tag an der Delta-Variante von COVID-19 starben – ungefähr 1000. Ich bemerkte damals, dass mindestens 98 Prozent derjenigen, die stationär behandelt werden mussten oder an COVID-19 starben, ungeimpft waren. Aus verschiedenen Statistiken konnte ich schließen, dass fünf Mal mehr Wählerinnen und Wähler der Republikaner auf eine Impfung verzichteten als Anhänger der Demokraten. Wenn Sie nachrechnen, kommen Sie fast automatisch auf meinen Tweet:

> *Derzeit sterben in den USA alle zehn Tage über 8000 (ungeimpfte) Republikaner-Wähler an COVID-19. Das sind fünf mal mehr als Demokraten.*

Das Ganze ergänzte ich mit einem Meme, das die Attrappe eines Buchcovers in der Schriftart Gothic zeigte:

> **Sterben wie ein Bauer im Mittelalter – trotz modernster Wissenschaft und Medizin**

Innerhalb von Sekunden flogen auf Twitter die Fetzen. Viele konservative Impfgegner beharrten auf ihrem Standpunkt und verteidigten ihre Entscheidung, sich nicht impfen zu lassen – nach dem Motto »Jetzt erst recht« –, schließlich war das eine Frage der Freiheit. Andere stiegen als meine Follower aus und warfen mir vor, ich würde COVID politisieren. Einige bezweifelten meine Quellendaten. Wieder andere meinten, ich solle den Tod von Menschen nicht auf die leichte Schulter nehmen. Sogar meine »woke« Tochter rief an und sagte mir, das sei ziemlich gemein gewesen. Ich hatte keine einzige dieser Reaktionen vorhergesehen und dachte, die Leute, gerade die Republikaner, würden vielleicht sagen, »Hmm. Das ist übel. Wir brauchen mehr Leute, nicht weniger, mehr Wähler für die Midterm-Wahlen. Lassen wir uns lieber impfen«. Wenn ich mein Ziel auf solche Weise verfehle, bedeutet es, dass ich als Lehrkraft nicht verstanden habe, wie die Menschen meine Posts aufnehmen würden und wie ich deshalb mit dem Thema umgehen musste. Ich löschte den Tweet und setzte an seine Stelle einen Link zu einem meiner Podcasts über die Impfmedizin[21] – ein Gespräch mit einem Fachmann auf dem Gebiet.

Abgesehen von diesen Fakten über das Impfverhalten von Konservativen werden die meisten der im liberalen Lager vorherrschenden Überzeugungen nun nicht gerade das vorschnelle Ende der Zivilisation herbeiführen. Die Wissenschaftsskepsis der Liberalen, wie sie sich gegenwärtig darstellt, wird die Welt niemals in dem Maß destabilisieren können, wie es die Wissenschaftsverweigerung der Konservativen beim Thema Klimawandel tut. Deshalb können die Liberalen heute behaupten, ihre Aktivitäten wären besser für den Planeten, aber sie können sich ganz bestimmt nicht selbstgefällig eine Haltung pro Wissenschaft auf die Fahnen schreiben.

In den letzten Jahren haben die Fürsprecher fragwürdiger Nahrungsergänzungsmittel Sponsoren radikaler, rechtslastiger Radioshows und Podcasts infiltriert. Brain Force Plus, Super Male Vitality, Alpha Power, DNA Force Plus sind allesamt Beispiele für nicht von der US-Lebens- und Arzneimittelbehörde FDA zugelassene Pillen und Extrakte, die auf Alex Jones' Plattform *Infowars* feilgeboten werden. Anbieter dieser Produkte finden dort ein dankbares Publikum.[22] Derartige Ergänzungen und andere »alternative« medikamentöse Behandlungen waren zuvor eine fast ausschließliche

Domäne einer eher links tickenden Kundschaft. Genau wie die Bewegung der Impfgegner hat sich dieser Markt im politischen Farbenspektrum inzwischen in Richtung violett verlagert, womit wir schon zwei Dinge hätten, über die sich die Radikalen beider politischen Flügel einig werden können.

Ganz gleich, was ein Politiker während des Wahlkampfs oder sogar in Amt und Würden sagt oder verspricht: Die grundlegende Messlatte für die politische Unterstützung ist die Höhe der Finanzierung, die für die Sache aus dem Bundehaushalt bereitgestellt wird. So kommt es, dass seit dem Ende des Zweiten Weltkriegs, als die Investitionen in Wissenschaft verstärkt wurden, die finanzielle Ausstattung des White House Office of Science and Technology Policy – die Abteilung der US-Regierung, die dem wissenschaftlichen Berater des Präsidenten (inzwischen im Rang eines Wissenschaftsministers) unterstellt ist – in Verbindung mit anderer nichtmilitärischer Forschung und Entwicklung, einschließlich Landwirtschaft und Verkehr, unter republikanischen Präsidenten geringfügig stärker gewachsen ist als unter Demokraten.[23] Man beachte, dass die stärksten Budgetzuwächse unter dem Republikaner Eisenhower (46 Prozent Zuwachs pro Jahr während seiner beiden Amtszeiten) zu verzeichnen waren. Auf Platz zwei folgt das demokratische Weiße Haus unter Kennedy und anschließend Johnson (39 Prozent Zuwachs pro Jahr; dies waren die 1960er-Jahre, die Zeit des Apollo-Programms). In der Amtszeit Trumps wuchs das Budget um 2,4 Prozent pro Jahr. Die beiden geringsten Steigerungsraten gehen an die Demokraten Clinton (2,2 Prozent Zuwachs pro Jahr) und Obama (1,2 Prozent), jeweils über einen Zeitraum von zwei Amtsperioden.

Daran gemessen ist festzuhalten, dass die politischen »Wissenschaftsleugner« in Wirklichkeit offenbar gar nichts gegen die Wissenschaft haben.

Behauptung 3: Republikaner sind rassistisch, sexistisch, immigrantenfeindlich und homophob. Demokraten begegnen allen Menschen und Gruppierungen mit offenen Armen.

Dieses vorurteilsbelastete Thema beschreibt, wie die Demokraten die Republikaner im Vergleich zu sich selbst sehen. In der Vergangenheit verhielt sich die Sache allerdings genau umgekehrt.

Abraham Lincoln war der erste republikanische Präsident – er gehörte einer Partei an, die teilweise zu dem Zweck gegründet wurde, die Sklaverei in Amerika abzuschaffen. Während der Reconstruction und danach führten Republikaner Initiativen im Kongress an, die für die Finanzierung und Unterstützung des Aufstiegs der »Historically Black Colleges and Universities« (HBCU) sorgten, vor allem über den zweiten Morrill Act aus dem Jahr 1890, zu einer Zeit, in der private Elite-Colleges allen »People of color« den Zugang verwehrten. Eine Website der Smithsonian Institution[24] mit einer historischen Übersicht über die HBCUs erwähnt nichts davon, dass es Republikaner waren, die diese Chancen in der Zeit den USA nach dem Bürgerkrieg gesichert hatten. Vielleicht versuchen sie dort ja, möglichst unparteiisch zu sein. Dadurch verbergen sie allerdings die unverblümte und außergewöhnliche Tatsache, dass über hundert Jahre die Demokraten die rassistischste aller politischen Parteien waren. Sie hatten in den Südstaaten zur Zeit der Jim-Crow-Gesetze das Sagen, und sie sahen weg bei den Tausenden von Lynchmorden,[25] die sich dort zutrugen. Die Gouverneure, die Bürgermeister, die Polizeichefs, die wütenden, johlenden Mobs in der ganzen Region, wie man sie aus den schrecklichsten Aufnahmen der Bürgerrechtsbewegung kennt – das waren alles Demokraten.

Heute stellen sich diese Themen fast vollständig umgekehrt dar – bei der Frage, wer inklusiv ist und wer nicht, hat eine regelrechte 180-Grad-Wende stattgefunden. Nun ja, volle 180 Grad sind es auch wieder nicht. Seit 1990 wurden die ersten beiden Schwarzen, die das Außenministerium leiteten, Colin Powell und Condoleezza Rice, jeweils von republikanischen Präsidenten ernannt. Der erst zweite schwarze Richter am Supreme Court, Clarence Thomas, wurde ebenfalls von einem republikanischen Präsidenten ernannt. Keiner der vier von den demokratischen Präsidenten Clinton und Obama ernannten Obersten Richter war schwarz.[26] Wenn Ihnen zufällig ihre Politik nicht passt, dann geben Sie zu, dass Sie lieber eine hochrangige schwarze Person gesehen hätten, die auf der Linie der von Ihnen bevorzugten politischen Partei liegt, und nicht einfach nur eine hochrangige schwarze Person. Nehmen wir dazu auch noch das wegweisende Gerichtsurteil in der Sache *Whitewood gegen Wolf* im Jahr 2014 in Pennsylvania. Damals wurde entschieden, dass das von diesem Bundesstaat verhängte Verbot der gleichgeschlechtlichen Ehe verfassungswidrig sei. Und wer hatte bei dem Fall den Vorsitz? Unser alter Freund, der von Bush ernannte John E. Jones III. Die Liste lässt sich problemlos fortsetzen: Im April 2022 wurde Richterin Ketanji Brown Jackson die erste schwarze Frau am US Supreme Court – 50 von 50 demokratischen Senatoren sprachen sich für sie aus, 47 von 50 republikanischen Senatoren stimmten gegen sie. Da fragt man sich doch, was es überhaupt bedeuten soll, sich auf der Linie einer politischen Partei zu sehen. Nehmen Ihnen die Parteien das Denken ab? Definieren die Parteien Ihre Einstellung zu Fragen, denen sich Ihr Land stellen muss? Wenn ja, sind Sie bloß ein Bauer auf dem Schachbrett der Mächtigen. Ein Gefühl, das in einer beliebten Zeile aus dem »Sir Joseph Porter's Song« anklingt – es geht um den Admiral der Marine der Königin, in Gilbert und Sullivans Operette *H. M. S. Pinafore* (1878):

Ich lasse mich beim Abstimmen von der Partei stets lenken,
So geh ich Ärger aus dem Weg – und muss nie selber denken.

In einer repräsentativen Republik müsste es allerdings so sein, dass die Mächtigen die Bauern auf unserem Schachbrett sind und nicht umgekehrt: die Regierung des Volkes, aus dem Volk und für das Volk.

Ich würde sagen, der Blick auf die Erde aus dem Weltall verändert globale Perspektiven zum Besseren. Das Beurteilen oder Bewerten einzelner Menschen aus großer Distanz nimmt allerdings fast nie ein gutes Ende. Die Pinselstriche, mit denen wir die Ansichten anderer zeichnen und charakterisieren, neigen dazu, viel zu breit und arm an Nuancen zu sein. So sind wir am Ende anfällig für Bigotterie und Vorurteile. Aus der Ferne betrachtet ist ein vorstädtischer Rasen einfach ein Stück grüner Teppich. Wenn wir näher herangehen, löst sich der Teppich zu einzelnen Grashalmen auf. Gehen wir noch näher ran, werden aus den Grashalmen Pflanzenzellen, die Photosynthese betreiben. Aus welcher Entfernung würden Sie lieber Ihre Meinungen und Perspektiven bezüglich des Rasens unter Ihren eigenen Füßen ableiten?

Die Staffel von Carl Sagans Doku-Serie *Cosmos* für das Jahr 1980 wurde vom in Los Angeles ansässigen PBS-Sender KCET präsentiert. *Cosmos* ist eine mehrteilige wissenschaftliche Dokumentation, da war es nur logisch, dass sie von dem nichtkommerziellen Sender PBS ausgestrahlt wurde. Bei der *Cosmos*-Staffel von 2014 hatte ich die Ehre, als Host fungieren zu dürfen. In der Zeit lief die Serie erstmals auf dem Fox Network, das uns alle Freiheiten gewährte und Ressourcen zur Verfügung stellte, um die Geschichten und Themen produzieren zu können, die wir für besonders überzeugend hielten.

Die meisten meiner politisch linksstehenden Freunde neigen dazu, alles, was von Fox kommt, als monolithischen Teil von Fox News zu betrachten. Nachdem sie erfahren hatten, dass *Cosmos* nicht etwa nur von PBS weggegangen, sondern ausgerechnet bei Fox gelandet war, gingen sie davon aus, Fox würde uns Programmpunkte diktieren, die auf der Agenda der konservativen Partei standen, und uns damit nötigen, zum Sprachrohr spalterischer Ideologien zu werden, wie sie Fox News propagiert. Die nicht ganz so liberal eingestellten meiner Freunde hatten weniger diesbezügliche Bedenken, und diejenigen aus der Mitte des politischen Spektrums gratulierten uns einfach dazu, eine Sendeplattform für wissenschaftliche Themen gefunden zu haben, die eine deutlich größere Publikumsreichweite erzielte als PBS.

Wie kommt es zu diesen unterschiedlichen Reaktionen?

Die am weitesten links eingestellten Menschen waren von ihrer eigenen Voreingenommenheit geblendet – sie waren nicht wirklich in der Lage zu einer rationalen Sicht der Welt. Sie regen sich mächtig über die Politik der Kommentatoren von Fox News auf. Und auch ich rege mich darüber auf. Aber in ihrer linkslastigen Weltsicht war Fox vollständig identisch mit Fox News. Sie haben noch nie bemerkt, dass ganze Bereiche des Fox-Portfolios Musterbeispiele für progressive Programmgestaltung sind. Ich möchte nur einige Beispiele erwähnen. Fox ist 20th Century Fox, die Gesellschaft, die *Avatar* (2009) in die Kinos brachte – ein Science-Fiction-Blockbuster (und der größte Film-Kassenschlager aller Zeiten), der eine Chronik der Mühsal indigener Völker in einem anderen Sternensystem beschreibt, wo sie ihre mystischen Kräfte von Pflanzen und Geschöpfen des Waldes dazu nutzen, ihren Heimatplaneten gegen gierige Konzernkolonisten zu verteidigen. Man hätte dem Film auch den Titel *Pocahontas im Weltraum* geben können.

Searchlight Pictures nennen sich die unabhängigen Produktionsstudios bei Fox, die unter anderem *Slumdog Millionaire* (2008), *12 Years a Slave* (2013) und die Oscar-prämierte Dokumentation *Summer of Soul* (2021) in die Kinos und auf die Bildschirme brachten. In jedem dieser Filme wird die Not der Entrechteten thematisiert. Fox war bis 2021 außerdem auch Fox Sports, die weltweites Ansehen für ihre fachkundige, gründliche, technikaffine und diverse Berichterstattung genießen. Fox ist der Kabelsender Fox Business, der auch eine Portion DNA von Fox News in sich trägt, aber im Vergleich doch recht gemäßigt daherkommt.

Und vor allem ist Fox auch der Sender, der das Flaggschiff von Fox darstellt. Er ist das Zuhause der satirisch-liberalen Serien *Simpsons* und *Family Guy* und auch meiner persönlichen Lieblingsserie *In Living Color,* eine einstige Sketch-

Comedyserie mit sozialem Gewissen. Diese Shows und viele mehr waren bahnbrechend in ihrer fortschrittlichen Kommentierung der gesellschaftlichen Verhältnisse. In *Glee*, einem Musik-Comedy-Drama, das es auf sechs Staffeln brachte, wurden beispielsweise die sozialen Heldentaten des Gesangvereins an einer Highschool präsentiert. In einer Szene singen zwei Mitglieder des Ensembles einen beliebten Ferienhit, bei dem es eigentlich um einen Mann und eine Frau geht. Aber dieses Duett trugen zwei verliebte Männer vor – verliebt ineinander, wohlgemerkt.

Sie werden verstehen, wie enttäuscht ich war, das selbstgerechte Lamento von liberaler Seite wegen des vermeintlichen, durch die Ausstrahlung auf Fox ausgelösten Niedergangs von *Cosmos* über mich ergehen lassen zu müssen.

Verdeckte Voreingenommenheit kann einen andauernden Drang nach sich ziehen, nur Dinge zu sehen, die auf Ihrer Linie liegen, und gegenüber allem anderen die Augen zu verschließen, obwohl es von ausgewogenen Gegenbeispielen nur so wimmelt. Es gibt wahrlich viele Möglichkeiten, sich selbst etwas vorzumachen. Die vielleicht schädlichste ist der sogenannte Bestätigungsfehler: Sie erinnern sich an die Treffer, aber die Fehlschläge vergessen Sie einfach. Das Problem betrifft uns alle auf der einen oder anderen Ebene. Das Gegenmittel? Leidenschaftslose rationale Analyse.

Behauptung 4: Republikaner sind die wahren Patrioten. Liberale sind antiamerikanisch und wollen nichts weiter als Steuern erhöhen und sich auf Staatskosten einen Lenz machen.

Anno 1781 erkannte der Staat Massachusetts als erster Bundesstaat der USA den 4. Juli, den Unabhängigkeitstag, als Feiertag an. Nur sechs Jahre zuvor war Massachusetts der Schauplatz der ersten Schlachten des Unabhängigkeitskrieges gewesen, aus dem die Vereinigten Staaten von Amerika hervorgingen. Das ist lange her, aber eine kleine Erwähnung wert für den blauesten aller blauen Staaten ist es doch.[27]

Liberale und Progressive planten und veranstalteten nahezu alle Antikriegsmärsche nach dem Zweiten Weltkrieg. Ist es antiamerikanisch, gegen den Krieg zu sein? Liberale wollen tatsächlich bestimmte Dinge verbieten, fast immer mit der Begründung, Dinge, die schlecht für Sie oder schlecht für die Umwelt sind, müssten verboten werden. Vielleicht liegt es also gar nicht in ihrer Absicht, Ihnen alle Freiheiten zu nehmen; vielleicht wollen sie Ihnen einfach bloß das Leben retten.

Wie sieht es mit den Steuern aus? Bevor Sie sich bei diesem Thema auf eine politische Seite schlagen, bedenken Sie die wahre Realität, gestützt auf Daten, und nicht etwa eine eingebildete Realität, gespeist durch unablässige Wiederholung. Stellen wir eine Rangfolge der 50 Bundesstaaten nach der Höhe des Bundessteueraufkommens pro Kopf auf, das Jahr für Jahr bezahlt wird. Hier kann eine Korrelation zur wirtschaftlichen Gesundheit des jeweiligen Staates vorliegen, aber darauf allein kommt es hier nicht an. Nehmen wir als Nächstes die staatlichen Aufwendungen pro Kopf, die die einzelnen Staaten erhalten. Anhand des Unterschieds zwischen diesen beiden Größen lässt sich unmittelbar bemessen, wie stark das Funktionieren eines Staates von Regierungsprogrammen abhängig ist und in welchem Maße die laufenden Regierungsgeschäfte vom jeweiligen Staat abhängen.

Wenn Sie diese Übung durchexerzieren, werden Sie feststellen, dass acht der zehn Staaten an der Spitze der Liste, die pro Kopf mehr Zahlungen an die Bundesregierung leisten als sie Leistungen erhalten, blaue Staaten sind. Am anderen Ende der Liste finden wir die zehn Staaten, die mehr Unterstützung vom Bund bekommen[28] als sie an Steueraufkommen an den Bund entrichten: Sechs der zehn Staaten am unteren Ende sind rot, also republikanisch regiert.[29] (Virginia bleibt hier ausgenommen, weil dort das Pentagon mit seinem riesigen staatlichen Budget zu Hause ist.) Angesichts der vorherrschenden politischen Rhetorik müsste man hier eigentlich »null von zehn« erwarten. Allerdings sind unter liberalen/demokratischen Präsidenten die erhobenen Steuern stärker gestiegen als unter konservativer/republikanischer Präsidentschaft. Der Vorwurf des »Besteuern und Ausgeben« ist real: Wenn Sie keine zusätzlichen Steuern zahlen wollen, dann wählen Sie nicht die Demokraten, auch wenn die latent steuerfeindlichen roten Staaten in hohem Maße von höheren Steuereinnahmen profitieren. Die Gesundheit und der Wohlstand der Nation bleiben in hohem Maße abhängig von der wirtschaftlichen Potenz der blauen Staaten, mit New York, New Jersey, Connecticut und Illinois an der Spitze.

* * *

Gibt es eine Welt ohne Demokraten oder Republikaner? Eine Welt ohne linke und rechte Eiferer? Können wir eine friedliche Welt schaffen, ohne Krieg, ohne Blutvergießen, nur hier und da mit gesittet streitenden Leuten, die immer noch ein Bier miteinander trinken wollen, wenn sie ihre kontroverse Diskussion über Fragen, denen es an objektiver Wahrheit als Grundlage fehlt, abgehakt haben? Würde ein friedliebender Außerirdischer in einer Landschaft endlosen politischen Unfriedens auf der Erde landen und mit der Bitte an Sie herantreten, »Bringen Sie mich zu Ihrem Führer!«, würden Sie den Alien zum Weißen Haus eskortieren oder zur National Academy of Sciences?

Auf die Gefahr, es mit der Analyse von Fantasien zu weit zu treiben, gestatten Sie mir, über die Kultur von Comic Cons zu berichten. Im kalifornischen San Diego und in New York City strömen Jahr für Jahr eine Menge Leute zu den dortigen Kongresszentren und feiern ihre Welt von Cosplay, Comics, Animation, Fantasy-Geschichten, Superhelden, Computerspielen, Aliens und vor allem Science-Fiction in Film und Fernsehen. Sie werkeln und leben in künstlichen Welten mit in sich schlüssigen, widerspruchsfreien Regeln. Und sie hängen dem rationalen Denken innerhalb jener Welten an. Zusammen locken diese beiden unabhängig voneinander organisierten Comic Cons, die beiden größten weltweit, mehr als 300 000 Menschen an.[30] Weltweit geht die Gesamtteilnehmerzahl vergleichbarer Veranstaltungen wahrscheinlich in die Millionen.[31] Die Teilnehmer*innen sind in jeder Hinsicht divers. Groß oder klein, schlank oder pummelig, behindert, gender-offen, zum Autismus-Spektrum gehörend, bebrillt und gerne auch mal etwas zerzaust. Viele davon haben noch nie einen Beliebtheitswettbewerb gewonnen und würden es niemals zum Kandidaten als Ballkönigin oder Ballkönig bringen, obwohl sie vermutlich in der Schule bessere Noten hatten als andere Kids. Ich habe den Verdacht (kann ihn allerdings nicht belegen), dass der Kreis der Personen, die in der Geschichte des Universums jemals von Rüpeln an der Highschool in den Schwitzkasten genommen wurden, im Mengendiagramm eine vollständige Teilmenge aller Comic-Con-er*innen bilden.

Alle kommen zusammen wegen der gemeinsamen Liebe zur Fantasie – vermutlich etwas, das tief in unserer kollektiven DNA verwurzelt ist. Und doch gibt es keine Werturteile.

Nein, stimmt nicht: Natürlich gibt es Werturteile.

So droht beispielsweise eine harte, wenngleich befristete Strafe, wenn an deinem R2D2-Kostüm aus *Star Wars* eine der achteckigen Anschlussbuchsen fehlt. Kommen Schwert und Lederrock deines Outfits als Kriegerprinzessin Xena glaubwürdig rüber? Ist deine Imitation eines klumpfüßigen Zombies überzeugend? Macht dein *Star Trek*-Phaser das richtige Geräusch? Wenn nicht, werden die anderen Geeks gehörig über dich lästern. Aber abgesehen davon gibt es keine Werturteile. Nach allem, was ich über diese Community weiß – immerhin bin ich selbst eingetragener Geek – und als Besucher zahlreicher Comic-Con-Treffen an Ost- und Westküste kann ich zuverlässig versichern, dass die Teilnehmer größtenteils naturwissenschaftlich gebildete Menschen sind. Sie streben nach all den Wegen, auf denen die Zukunft von Wissenschaft und Technologie die Welt (das Universum) zu einem besseren Ort machen kann. Sie können zwischen Fantasie und Realität unterscheiden – die meiste Zeit jedenfalls. Sie können stets zwischen Gut und Böse unterscheiden, und vor allem: Sie haben das Motto »leben und leben lassen« verinnerlicht. Wenn die Comic-Conner in der Welt das Sagen hätten, würden die schlimmsten geopolitischen Konflikte in Form von Gefechten mit Plastik-Lichtschwertern ausgetragen – nach dem gemeinsamen Mittagessen am Freitag, beim UN-Beauftragten.

Vielleicht sollten wir unseren außerirdischen Gast nicht zum Weißen Haus geleiten, sondern zur Comic Con. Wir würden uns zwar begründete Sorgen machen, dass niemand einen echten Alien unter all den als Aliens Verkleideten überhaupt erkennen würde. Aber die Sache hätte einen großen Vorteil: Unser Gast aus dem Weltraum würde nach Hause telefonieren und einen spontanen Bericht abgeben – »Die sind genau wie wir!«

KAPITEL FÜNF

Wagnis & Belohnung

Berechnungen, die wir Tag für Tag mit unserem Leben und dem Leben anderer anstellen

Wer Wahrscheinlichkeit und Statistik verstehen will, muss den Begriff des Risikos verstehen – eine Fähigkeit, die dem menschlichen Gehirn nicht intuitiv gegeben ist. Bedenken Sie, dass es Arithmetik, Algebra, Geometrie, Trigonometrie, die grafische Darstellung von Formeln, Logarithmen, imaginäre Zahlen, Zahlentheorie und Infinitesimalrechnung schon lange gab, bevor irgendjemand nachwies, es könnte doch eine gute Idee sein, einen Durchschnittswert zu nehmen.[1] Arabische Mathematiker aus dem Goldenen Zeitalter des Islams, allen voran Ibn Adlan (1187–1268), begannen zwar schon vor über tausend Jahren, über Stichprobengröße und Häufigkeitsanalyse nachzudenken, und sie entwarfen die frühesten Konzepte der Wahrscheinlichkeitstheorie, bis zu einer umfassenden Behandlung dieses Felds sollte es aber noch bis ins 19. Jahrhundert dauern.

Der deutsche Mathematiker Carl Friedrich Gauß (1777–1855) gilt für viele (mich eingeschlossen) als der größte

Mathematiker seit der Antike. Kurz nach der Entdeckung des allerersten Asteroiden Ceres im Jahr 1801 wurde dessen Orbitalbahn anhand bruchstückhafter Beobachtungen verfolgt, bevor er wieder im grellen Sonnenlicht verschwand. Wie finden wir ihn wieder, wenn er auf der anderen Seite der Sonne wieder zum Vorschein kommt? Gauß beschloss zu helfen und entwickelte die statistische »Methode der kleinsten Quadrate« – der beste mathematische Weg, eine Linie auf der Basis von Daten zu vervollständigen, womit eine Prognose darüber möglich wird, wie sich die Daten als Nächstes verhalten könnten. Auf diese Weise konnte Gauß die Stelle am Himmel vorhersagen, an der Ceres wieder auftauchen würde. Und genau so kam es. Am exakten Ort und zur exakten Zeit.

Um 1809 hatte Gauß die berühmte »Glockenkurve« vollständig abgeleitet, das vielleicht bedeutendste und tiefgründigste statistische Hilfsmittel der gesamten Wissenschaft. Die Kurve wird auch als »Normalverteilung« bezeichnet und zeigt, dass bei nahezu allem, was man auf der Welt messen kann, die meisten Werte in der Mitte eines bestimmten Bereichs liegen werden. Bei höheren und bei tieferen Werten sind immer weniger Beispiele für diese Werte auszumachen. Dieses Merkmal trifft besonders auf die Unsicherheiten zu, die sich aus den Messungen selbst ergeben, aber auch auf Mengen, bei denen eine tatsächliche Variationsbreite vorliegen kann. So sind beispielsweise nur wenige Menschen sehr klein. Ebenfalls wenige Menschen sind sehr groß. Die meisten Leute liegen irgendwo dazwischen. Das ganze Konzept ist tatsächlich nicht komplizierter als dieses Beispiel, aber der präzise mathematische Ausdruck für die Glockenkurve hat auch schon starke Männer zum Weinen gebracht:

$$f(x) = \frac{1}{\sigma\sqrt{2\pi}} e^{-\frac{1}{2}\left(\frac{x-\mu}{\sigma}\right)^2}$$

In der Tat, wir haben hier drei griechische Kleinbuchstaben – in der Reihenfolge: *Sigma, Pi* und *My*. Dann haben wir noch ein schickes kursives *f* und die Exponentialfunktion *e*, alles zusammen in einer Gleichung, in der natürlich auch × als Variable nicht fehlen darf. Grafisch dargestellt hat die Kurve die Form einer Glocke. Kein Schlittenglöckchen, auch keine Kuhglocke, eher so wie die historische Freiheitsglocke in Philadelphia.

Schon einige Zeit vor dem Auftauchen dieser Gleichung war bereits die Grundlagenphysik für eine Landung auf dem Mond ausgearbeitet worden, und die industrielle Revolution war in vollem Gange. Ein weiterer Beleg, dass rein statistisches Denken über die Welt keineswegs nur unnatürlich ist, sondern dass es für Fortschritte auf dem Gebiet einige der klügsten Köpfe der Menschheitsgeschichte brauchte. Wir sehen uns auch konfrontiert mit der merkwürdigen Tatsache, dass viele führende Universitäten zwar getrennt von der Fakultät für Mathematik einen Fachbereich Statistik haben, aber nirgendwo finden wir separate Abteilungen für andere Teilgebiete der Mathematik. Kein Fachbereich Trigonometrie. Kein Fachbereich Infinitesimalrechnung. Noch ein Beleg, dass Statistik irgendwie anders gestrickt ist und ihren eigenen Denkraum braucht.

Wenn sich statistisch unerwartete Dinge ereignen – rein zufällig und beliebig –, bedienen sich Erwachsene in der Regel eines eindrucksvollen Reservoirs an Bedeutungen, die diese Dinge erklären sollen. Der Drang, so zu reagieren, könnte in Verbindung mit einer insgesamt fehlenden Neugier darauf, was denn nun wirklich dahintersteckt, rationale evolutionäre Wurzeln haben.[2] Um es an einem Beispiel zu verdeutlichen: Versteckt sich hinter dem Rascheln im hohen Gras dort ein Löwe oder ist das nur der Wind, der das Rascheln verursacht? Stellen Sie sich die Ergebnisse dieser Überlegungen in einem Flussdiagramm (Bildunterschrift: »Hungriger Löwe«) vor:

1. Sie glauben, einen Löwen erspäht zu haben. Sie sind neugierig und wollen es genau wissen, also gehen Sie näher heran und stellen fest: Es ist tatsächlich ein Löwe. Der Löwe frisst Sie auf, und Sie haben sich für immer aus dem Genpool verabschiedet.
2. Sie glauben, einen Löwen erspäht zu haben. Sie sind neugierig und wollen es genau wissen, also gehen Sie näher heran und stellen fest: Es war nur ein Windstoß. Sie leben mindestens einen Tag länger. Aber wenn Sie sich konstant weiter so verhalten, werden Sie irgendwann so enden wie unter Punkt 1 beschrieben.
3. Sie glauben, einen Löwen erspäht zu haben. Es ist tatsächlich ein Löwe. Sie haben allerdings die Flucht ergriffen, bevor Sie sich vergewissern konnten. Sie leben mindestens einen Tag länger.
4. Sie glauben, einen Löwen erspäht zu haben. Es war aber kein Löwe, sondern nur ein Windstoß. Wie auch immer: Sie haben die Flucht ergriffen, bevor Sie sich vergewissern konnten. Sie leben mindestens einen Tag länger.

Beachten Sie, wer hier belohnt wird: Diejenigen, die etwas gesehen zu haben glaubten, ob es nun zutraf oder nicht, und diejenigen, die keinerlei Neugier an den Tag legten.

Unsere Vorfahren waren ebenfalls hochgradig abhängig von Annahmen über Ursache und Wirkung, um unbeschadet durchs Leben zu kommen. Wenn Sie in einem Moment irgendwelche Beeren verspeisen und in den Stunden danach sehr krank werden, waren die Beeren vermutlich die Ursache. Die Koinzidenz dieser beiden Ereignisse lastete schwer auf unserem Verständnis der Welt. Diejenigen, die die Verbindung zwischen beiden Ereignissen nicht herstellten, wurden immer wieder krank und verschwanden irgendwann aus dem Genpool.

Auch wenn hinter geparkten Autos keine Löwen lauern und unser Gemüseladen an der Ecke keine giftigen Beeren feilbietet, bleiben uns diese prähistorischen Verhaltensweisen, wenn wir sie in die moderne Zivilisation übertragen, dennoch erhalten und manifestieren sich über ein breites Spektrum irrationalen Handelns.

Wenn wir beispielweise an irgendeinem abgelegenen Ort rein zufällig einem lange nicht mehr gesehenen Freund begegnen, denken wir oft, dass das die Vorsehung gewesen sein muss, und sagen uns vielleicht: »Zufälle gibt es nicht!« Wenn nicht, treffen wir vielleicht die – geografisch fragwürdige – Feststellung: »Wie klein doch die Welt ist!« Versuchen Sie aber einmal, jedem Menschen, dem Sie in der Stadt begegnen, gegenüberzutreten und ihn oder sie zu fragen: »Kennen wir uns nicht?« Und wenn die Antwort dann »Nein!« lautet, sagen Sie laut und deutlich »Wie groß doch die Welt ist!« Machen Sie das mal über einen ganzen Tag, und Sie werden nie wieder behaupten, die Welt wäre klein. Ein weiteres Beispiel: Wie viele von uns tragen an besonderen Tagen ihre Glückssocken oder ihre Glücksunterwäsche? Sie hatten Glück, weil Sie genau die Sachen anhatten, als sich in Ihrem Leben ein unerwartetes und positives Erlebnis einstellte.

Ein weiteres Beispiel, das Ihnen die Werbung nahegebracht hat: Diese Leute wissen im Voraus, dass sie keine Wirkung erzielen, indem sie Ihnen eine Statistik über die Wirkung ihres Produkts vorsetzen. Also würzen sie ihre Werbespots mit überzeugenden Aussagen von ganz normalen Durchschnittsbürgern, die erzählen, wie wunderbar das fragliche Produkt auf ihren Bedarf zugeschnitten sei. Wir neigen viel mehr dazu, uns von einem einzigen Menschen überzeugen zu lassen, der irgendetwas voller Inbrunst versichert, als von einem Balkendiagramm, das die Daten tausender Menschen widerspiegelt.

Der Drang, so zu denken, ist stark ausgeprägt und in aller Regel harmlos. Aber unsere Defizite sind bestens bekannt, und Spielcasinos und andere Glücksspielunternehmen nutzen diese Defizite zu ihrem finanziellen Nutzen raffiniert aus – sie kapern sie geradezu. Stellen Sie sich vor, wie anders die Welt aussehen würde, wenn mathematisches Denken über Angelegenheiten der menschlichen Gesellschaft normal und natürlich wäre. Solche Analysefähigkeiten würden fast jede Entscheidung beeinflussen, die wir im Laufe eines Tages treffen – insbesondere Entscheidungen, die Einfluss auf unsere ungewisse Zukunft haben könnten. Jede Analyse wissenschaftlicher Daten, vor allem in den Naturwissenschaften, wird durch das begleitende und gründliche mehrjährige Studium von Wahrscheinlichkeitstheorie und Statistik unterstützt. Vor allem aus diesen Gründen stellt sich die Welt für Wissenschaftler ganz anders dar.

* * *

Wissenschaftler sind auch nur Menschen, aber die umfangreiche mathematische Ausbildung polt diese irrationalen Teile des Gehirns allmählich um, weshalb wir etwas weniger anfällig für Ausbeutung sind. Ein glänzendes Beispiel verdanken wir der American Physical Society (APS), der führenden Berufsorganisation der Physiker unseres Landes. Im Jahr 1986 musste der Verband aufgrund von Schwierigkeiten mit der Hotelbuchung die Pläne zur Durchführung seiner jährlichen Frühjahrstagung in San Diego in letzter Minute abblasen. Mit nur wenigen Monaten Vorlaufzeit sprang Las Vegas schnell und problemlos ein, und das MGM Grand Marina wurde zum glücklichen Gastgeber für 4000 Physiker.[3] Dieses Hotel, inzwischen an einem neuen Standort, bietet fast 7000 Zimmer und war und ist damit das größte Einzelhotel in den USA. Auf dem Grundstück des Hotels dehnen sich Casinos über eine Fläche von mehr als 12 000 Quadratmetern aus,[4] man kann also nicht behaupten, sie würden ihr Geschäftsmodell verbergen.

Raten Sie, was passierte.

In jener schicksalhaften Woche verdiente das MGM-Hotel weniger Geld als in jeder anderen Woche seit seinem Bestehen. Könnte es sein, dass Physiker sich so gut mit Wahrscheinlichkeit auskennen, dass sie ihre Gewinnchancen gegen das Casino am Poker- und am Roulettetisch, beim Würfeln und am Spielautomaten optimierten und tatsächlich ein finanzielles Plus einfuhren? Aber nein. Sie spielten einfach gar nicht.

Die Physiker waren gegen das Glücksspiel geimpft, und der Impfstoff nennt sich Mathematik.

Verglichen mit anderen irdischen Anwendungsgebieten von Wahrscheinlichkeit und Statistik nutzen Spielcasinos

Physiker in der Stadt – geringster Casinoumsatz aller Zeiten
Überschrift einer Zeitung in Las Vegas 1986.
Man beachte: Hinterher bat Las Vegas die APS, sich nie mehr in ihrer Stadt blicken zu lassen.

ganz gezielt und hinterhältig unsere Schwächen aus. Bloß weil die Roulettekugel eine ganze Weile nicht mehr auf Ihrer Glückszahl – sagen wir 27 – gelandet ist, heißt das nicht, dass die 27 jetzt »dran« wäre. Jedes neue Spiel am Roulettetisch erinnert sich nicht an die vorherigen: Bei jedem neuen Spiel gelten die gleichen Wahrscheinlichkeiten. Allerdings listet jeder Roulettetisch die Ergebnisse der letzten ungefähr zwölf Runden auf – das soll lediglich unserer Unkenntnis darüber, wie Wahrscheinlichkeit funktioniert, zusätzliche Nahrung verschaffen. Unser Primatenhirn kommt mit dieser Wahrheit einfach nicht klar.

Ich hätte noch ein paar Beispiele dieser Sorte. Die gegenüberliegenden Seiten eines normalen Spielwürfels ergeben zusammen immer sieben. Sechs und eins, fünf und zwei, vier und drei. Deshalb ist die Sieben bei einem Wurf mit zwei Würfeln die Zahl, die am häufigsten fällt – die »lucky seven« eben. Es ist aber immer noch ziemlich unwahrscheinlich, dass eine Sieben fällt. Im Schnitt kommt bei fünf von sechs Würfen keine Sieben. Wie sieht es mit der Elf aus? Die hat nur eine Chance von 1:18. Solche Dinge sollte man schon wissen, bevor man freiwillig, wenn auch unwissentlich, dem Casino gestattet, einem das Geld aus der Tasche zu ziehen.

Wenn Sie gerade mitten in einer seltenen Glückssträhne sind – zwischendurch mal zu gewinnen ist genau das, was der Sucht in die Karten spielt –, bleibt das nicht unbemerkt: Das Casino schickt Ihnen einen freundlichen Diener, der Ihnen etwas Alkoholisches auf Kosten des Hauses anbietet. Genau was Sie jetzt brauchen, ein Hilfsmittel, um Ihrer Denkfähigkeit noch mehr zu schaden.

Nichts davon schmälert das Vergnügen derjenigen, die einfach nur ab und zu ein paar Runden zocken wollen. Wenn ich in Vegas bin, setze ich am Roulettetisch gerne auf verschiedene Kombinationen der Zahlen 2, 3, 5, 7, 11, 13, 17, 19, 23, 29 und 31. Damit hätten wir sämtliche Primzahlen abgedeckt, die der Roulettetisch zu bieten hat. Statistisch gesehen sind sie nicht besser oder schlechter als jede andere Gruppe aus elf Zahlen, für die Sie sich entscheiden mögen. Wenn ich mich von einem Casino ausnehmen lasse, will ich wenigstens ein bisschen Mathe betreiben, während mein Geld den Bach runtergeht. Normalerweise investiere ich etwa 300 Dollar in einen Casinobesuch, das reicht mir für ein paar Stunden Spiel. Wenn ich nach dem Casinobesuch nach Hause komme und gefragt werde, wieviel ich verloren hätte, sage ich, ich hätte Spaß und Unterhaltung für 300 Dollar gewonnen – das ist ungefähr dasselbe, was ich in meiner Heimatstadt für einen Opernbesuch samt Abendessen und Wein ausgebe. Seltsam: Niemand fragt mich nach der Oper oder dem Theater: »Wie viel hast du verloren?«

In den USA ist das organisierte Glücksspiel allgegenwärtig. Im Jahr 2021 erreichten die Casinoeinnahmen ein Allzeithoch von 45 Milliarden Dollar.[5] Das ist fast doppelt so viel wie das jährliche Budget, das die NASA für die Erforschung des Universums ausgibt. 45 von 50 Bundesstaaten bieten eine Art staatlicher Lotterie an,[6] darunter auch Powerball. In dieses Spiel stecken die Bürger fast 100 Milliarden Dollar jährlich in der Hoffnung, den Jackpot abzuräumen – oder wenigstens mehr zu gewinnen, als sie für ihre Spielscheine ausgegeben haben. Je größer der Jackpot, desto mehr Spielscheine werden gekauft – das kommt nicht überraschend. Durch den Kauf zusätzlicher Teilnahmescheine erhöhen Sie in der Tat Ihre Gewinnchancen, aber Jackpots werden normalerweise unter mehreren Gewinnern aufgeteilt. Statistisch betrachtet wird ihr Gewinn also schrumpfen, je mehr Spielscheine verkauft werden.

Bei einer Ausspielung vor kurzer Zeit stand die Chance auf den Gewinn des Powerball-Jackpots in Tennessee bei 1 zu 292,2 Millionen.[7] Viele Menschen wollten ihr Glück versuchen und hofften auf den Hauptgewinn – oder rechneten sogar damit, und das obgleich eine doppelt so hohe Wahrscheinlichkeit besteht, vom Blitz getroffen zu werden. In der Tat: Die Inschrift auf Ihrem Grabstein wird mit höherer Wahrscheinlichkeit »Vom Blitz getroffen« lauten als »Gewinner des Powerball-Jackpots in Tennessee«. Auch Staaten, die ansonsten den Betrieb von Casinos untersagen, lassen das Glücksspiel ohne weiteres durchgehen, wenn sie als Gesetzgeber selbst der Veranstalter sind.

Und da wir gerade in Tennessee sind: Stellen Sie sich eine Person namens Claire vor, die dort den Jackpot gewinnt. Sie behauptet von sich, gut die Zukunft vorhersagen zu können. Obwohl ihr Nachname »Voyant« lautet, werden Sie höchstwahrscheinlich niemals die folgende Überschrift in der Zeitung sehen:

HIESIGE WAHRSAGERIN CLAIRE VOYANT GEWINNT IM LOTTO … SCHON WIEDER.

Die Wahrscheinlichkeit, dass sie zwei Mal den Jackpot abräumt, liegt bei 1 zu 292,2 Millionen mal 1 zu 292,2 Millionen. Macht zusammen 1 zu 85 Billiarden. Ich wollte es nur mal erwähnen.

Die beste Rechtfertigung, die ich bisher für das Mitspielen bei einer solchen Lotterie gehört habe, stammt von der Mutter eines Kollegen im Fach Astrophysik. Sie kauft gelegentlich einen einzelnen Wochenspielschein und wartet in diesen sieben Tagen gespannt auf die täglichen Ziehungen. Dabei blättert sie in diesen schicken Katalogen der Immobilienbranche, in denen edle Häuser feilgeboten werden, die sich kein Normalsterblicher leisten kann. In Ihrer Fantasie wohnt sie dann in einem solchen Traumhaus, und diese Fantasie verschafft ihr ein flüchtiges Vergnügen, das ihr den Preis des Spielscheins wert ist. Wer bin ich, ihr das auszureden?

Die Gewinne, die der Staat einstreicht, nachdem er die Gewinner und die Verkaufsstellen ausbezahlt hat, stellen eine wichtige Einnahmequelle dar, die oftmals zur Finanzierung von Sozialprogrammen verwendet wird, vor allem im Bereich Bildung, vom Kindergarten bis zur Highschool. Dies schafft für jeden ein moralisches Dilemma, der sich gegen diese Form des legalisierten Glücksspiels in seinem Staat wendet. Das machte mich nachdenklich. Werden Wahrscheinlichkeitsrechnung und Statistik überhaupt an staatlichen Schulen der USA gelehrt? Aus jüngeren Erhebungen[8] geht hervor, dass dies in aller Regel nicht der Fall ist. An den wenigen Orten, wo diese Teilgebiete der Mathematik auf dem Lehrplan stehen, tun sie es lediglich als Wahlfach oder im Rahmen eines Spezialprogramms mit Kursen auf College-Niveau. Wären Wahrscheinlichkeitsrechnung und Statistik hingegen ein Grundbestandteil des Lehrplans von Grund- und weiterführenden Schulen, den alle Schülerinnen und Schüler über mehrere Schuljahre absolvieren müssen, und würde man die Einnahmen einer staatlichen Lotterie dafür nutzen, genau dies in die Praxis umzusetzen, könnte es sein, dass die Lotterie sich selbst das Wasser abgräbt – sie würde ihre eigenen Bürger gegen die Lotterie selbst quasi immunisieren.

* * *

Vor ein paar Jahren ging ich gerade durch den McCarran Airport in Las Vegas und tat, was man als eitler Buchautor mitunter tut: Ich blieb bei der Buchhandlung stehen und schaute nach, ob eines meiner in letzter Zeit veröffentlichten Bücher in der Auslage stand. Ich hätte mich dann bereiterklärt, den betreffenden Bestand der Buchhandlung zu signieren, was ja die Chancen erhöhen würde, dass sich das Buch gut verkauft.

Ich konnte das aktuelle Buch nicht finden, hatte allerdings auch nur einen flüchtigen Blick über die Regale schweifen lassen, vielleicht hatte ich es übersehen. Außerdem sind Flughafen-Buchläden winzig. Und das Buch war auch kein Bestseller, es sprach also wenig dafür, dass sie mein Buch im Programm haben würden. Trotzdem fragte ich höflich an der Kasse nach der Abteilung mit den wissenschaftlichen Sachbüchern. Die Antwort war ebenso schlicht wie direkt: »Tut mir leid, Sir, wir haben keine Wissenschaftsabteilung.« Meine wortlose Reaktion in jenem Moment wurde zu meiner Premiere auf Twitter.[9] Diesem Tweet sollten tausende folgen, in denen ich ganz willkürlich meine alltäglichen Gedanken als Lehrkraft und Wissenschaftler zum Besten gebe – die Welt durch die Brille eines Astrophysikers betrachtet.

Wenn Außerirdische auf Erdenbesuch analysieren würden, was hier vor sich geht, würden sie sich vielleicht über diese seltsame Spezies wundern, die ganz gezielt die Schwächen ihrer eigenen Art ausnutzt und auf diese Weise einen systematischen Wohlstandstransfer vom Spieler zum Casinobetreiber organisiert – sei es nun in Las Vegas oder am Sitz der Regierung.

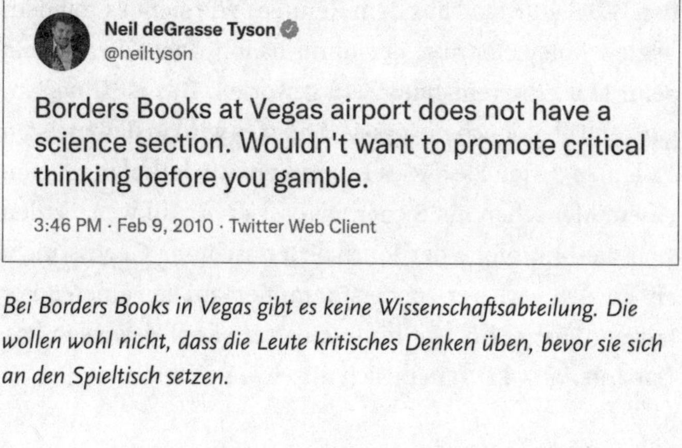
Neil deGrasse Tyson
@neiltyson

Borders Books at Vegas airport does not have a science section. Wouldn't want to promote critical thinking before you gamble.

3:46 PM · Feb 9, 2010 · Twitter Web Client

Bei Borders Books in Vegas gibt es keine Wissenschaftsabteilung. Die wollen wohl nicht, dass die Leute kritisches Denken üben, bevor sie sich an den Spieltisch setzen.

Allemal ein sicherer Beleg dafür, dass auf der Erde kein intelligentes Leben existiert.

Einiges von dieser Irrationalität leitet sich aus dem Drang ab, sich besonders zu fühlen – eine wohlmeinende Macht, die über Sie wacht und dafür sorgt, dass unwahrscheinliche, aber für Sie günstige Dinge tatsächlich geschehen. Ein weiteres Gedankenexperiment: Stellen Sie 1000 Menschen in einer Reihe auf und lassen Sie sie alle eine Münze werfen. Bei einer gewöhnlichen Münze mit jeweils 50-prozentiger Chance, auf Kopf oder Zahl zu landen, wird etwa die Hälfte der tausend Zahl bekommen. Bitten Sie sie, sich zu setzen, und setzen Sie das Experiment mit den verbliebenen 500 Leuten fort. Sagen Sie den nächsten 250 Leuten, die Zahl geworfen hatten, sie sollten sich ebenfalls setzen, genau wie die ersten 500. Die Zahlen werden nicht bei jedem Experiment exakt zutreffen, aber im Schnitt wird sich die Anzahl derer, die stehen bleiben, immer weiter halbieren: 1000 – 500 – 250 – 125 – 62 – 31 – 16 – 8 – 4 – 2 – 1. Der Ausgang des Spiels ist offensichtlich, aber sehen wir uns die Sache genauer an. Nach fünf Runden Münzenwerfen werden etwa 30 Leute fünf Mal hintereinander Kopf geworfen haben, 970 Leute sind aus dem Rennen. Wie sieht es mit dem letzten Mitspieler aus, der übrig bleibt? Diese Person hat zehn Mal hintereinander Zahl geworfen. Das ist Ihnen im ganzen Leben noch nie passiert, aber es wird in den meisten Fällen, in denen Sie dieses Experiment wiederholen, irgendeinem Menschen mit Sicherheit passieren. Auf wen werden sich die Mikrofone der Journalisten richten? Gewiss nicht auf die 999 Verlierer, sondern garantiert auf den einen unter tausend, der zehn Mal hintereinander Kopf geworfen hat. Das Interview kann man sich unschwer vorstellen:

Eifriger Reporter: Glaubten Sie daran, Sie würden gewinnen?

Glücklicher Gewinner: Auf jeden Fall. Heute Morgen verspürte ich schon daheim eine Art Kopf-Energie. Als die Hälfte der Strecke geschafft war, verstärkte sich das Gefühl noch. Als nur noch ein paar wenige Würfe anstanden, wusste ich, dass ich gewinnen würde.

In diesem kurzen Zwiegespräch machte unser erfundener Münzenwerfer ein vollkommen zufälliges statistisches Ergebnis zu einem mystischen Werk des Schicksals. Wenn Sie meinen, dieses Experiment wäre zu unrealistisch, um in irgendeiner Weise relevant zu sein, denken Sie an den Aktienmarkt. Am Ende eines Handelstages (oder einer Woche oder eines Monats) können Sie lediglich zwei reale Ergebnisse bei jedem Aktienindex oder Anlageinstrument erwarten, das Ihnen am Herzen liegt. Das könnte der Dow Jones Industrial Average sein, der NASDAQ-Composite-Index, Technologieaktien, Kryptowährung, Pfandbriefe, Schweinehälften, ganz egal. Die Geldanlage wird am Ende des Tages entweder höher oder niedriger bewertet sein als am Vortag. Natürlich könnte sie auch exakt gleichgeblieben sein, aber das kommt extrem selten vor und kann für unseren Beispielfall vernachlässigt werden. Ich habe hier noch ein Stück ungeschönte Wirklichkeit für Sie: In der Erwartung, dass der Preis fallen wird, werden Sie Wertpapiere an eine Person verkaufen, die sie in der Erwartung erwirbt, dass der Preis steigen wird.

Ganz gleich, wie sich der Markt an dem Tag entwickeln wird: Die Nachrichten werden Ihnen Erklärungen und Gründe dafür liefern. Selbst winzige Veränderungen des Tageskurses finden ihre Erläuterungen von Fachleuten. Gelegentlich haben sie auch keinerlei Gründe anzubieten, noch nicht einmal ein verwirrtes Schweigen. Denken Sie an die folgende, überaus typische Überschrift im Investment-Universum, mit der uns der Wirtschaftskanal CNBC per Tweet am 10. Dezember 2021 beglückte:[10]

> DIE WICHTIGSTEN INDIZES ZOGEN AM FREITAG AN UND SETZEN DAMIT DIE KRÄFTIGE PHASE DER WALL STREET IN DIESER WOCHE FORT, OBGLEICH DIE INFLATION SO HOCH IST WIE SEIT 39 JAHREN NICHT MEHR.

Wenn sie ehrlich gewesen wären, hätte die Headline ungefähr wie folgt lauten müssen:

> DIE MÄRKTE HABEN HEUTE ZUGELEGT. WIR HABEN KEINE AHNUNG, WIESO, UND WIR SIND SPRACHLOS.

Treiben wir das Spiel ein wenig weiter und stellen nun tausend Analysten der Wall Street in eine Reihe. Es gibt noch viel mehr davon,[11] aber für unsere Zwecke genügen diese tausend. Vielleicht sind manche besser als andere, wenn es ums Geldverdienen geht. Dies sei ihnen unbenommen. Vielleicht sind sie wirklich gut darin, kulturelle Trends aufzuspüren und sich in den zahllosen gleichzeitig auftauchenden Variablen zurechtzufinden, die sich auf ihre Portfolios auswirken können. Das macht sich fast immer bezahlt. Aber nehmen wir für den Moment einmal an, der Anlagemarkt wäre vollständig dem Zufall unterworfen. Wenn dem so ist, könnten sie sogar mit dem Werfen von Pfeilen ihre Investment-Strategien ausspielen, einer von tausend Analysten wird mit Sicherheit das Ergebnis von zehn aufeinanderfolgenden Handelstagen korrekt vorhersagen. Genau wie bei unserem Münzwurf-Experiment hätten fünf Tage zuvor noch etwa 30 Analysten fünf Tage hintereinander mit ihren Marktvorhersagen richtig gelegen. Von 1000 wären also nach fünf Tagen nur noch 30 im Rennen. Bei einem Interview würden die erfolgreichen 30 und vor allem natürlich der »letzte Mohikaner« gewiss mit ihren beziehungsweise seinen ganz besonderen Kenntnissen der Finanzmärkte prahlen. Wir werden ihnen glauben, weil die Performance Eindruck macht, sowohl auf den Investor als auch auf den Analysten, und alles bei einer Sache, in der vollkommen der Zufall regiert.

Ist der erfolgreichste Börsianer des Landes in einem Jahr auch der erfolgreichste Börsianer des Landes im nächsten Jahr, und im darauffolgenden Jahr? Das passiert so gut wie nie. Auf einer von vielen Websites, die Ranglisten von Tradern präsentieren,[12] ließ man mich auf meine Bitte um Einblick in zurückliegende Daten hin wissen: »Sie haben keine Möglichkeit, die historischen Ranglisten der Experten auf dieser Website einzusehen.« Also machte ich mir selbst Notizen, wartete nur fünf Monate und warf dann wieder einen Blick auf ihre Liste. Von den Top Ten der Analysten im Juli 2021 war kein einziger mehr unter den aktuellen Top Ten. Investmentfirmen wissen um dieses Manko und warnen uns rechtsverbindlich im Kleingedruckten, dass die »zurückliegende Performance keine Rückschlüsse auf zukünftige Ergebnisse zulässt«.

Wenn der letzte, der bei unserem Münzwurf-Experiment noch steht, jedes Mal dieselbe Person ist, dann geschieht etwas höchst Ungewöhnliches. Wir wollen, dass solche Menschen existieren. Wir brauchen das geradezu. Sie liefern uns den Beweis, dass die Welt durch Wissen durchschaubar wird und nicht dem Zufall unterworfen ist. Das ist gut, denn den Zufall verstehen wir nicht. Warren Buffetts Investment-Holding Berkshire Hathaway hat im zurückliegenden halben Jahrhundert ziemlich gut abgeschnitten, allerdings verbuchten sie seit 1965 immerhin elf Jahre mit einem negativen Abschluss, in zweien davon ging es sogar heftig bergab. 1974 fiel der Wert des Investments um beinahe 50 Prozent, 2008 um über 30 Prozent.[13] Aber was wir sehen wollen, ist einer, der dauernd gewinnt. Einer, der die Unruhe an den Märkten von Jahr zu Jahr nicht auch noch anfacht. Einen solchen Menschen gab es tatsächlich. Sein Name war Bernie Madoff, der konnte eine jahrzehntelange Siegessträhne vorweisen, die allen Widrigkeiten trotzte. Der muss einfach gut sein. Oder er musste ein Betrüger sein. Oder vielleicht war er ein besonders guter Betrüger. Madoff machte sich mit fast 65 Milliarden Dollar aus dem Staub, das Geld ganz normaler Bürger, die ihre Ersparnisse in das größte Schneeballsystem gesteckt hatten, das einer arglosen Öffentlichkeit jemals ihr Geld abgeknöpft hat. Er wurde im März 2009 verurteilt und starb im April 2021 in der Haft, lange bevor er die 150 Jahre Gefängnis, zu denen er verurteilt worden war, hatte absitzen können.

Manche meinen, der Aktienmarkt wäre das größte Casino der Welt. Ich schließe mich dieser Ansicht an – nur dass dort niemand mit Gratis-Drinks vorbeikommt.

* * *

Auch wenn wir uns nicht in Las Vegas herumtreiben, spielt die Wahrscheinlichkeitsrechnung in unseren alltäglichen

Entscheidungen immer wieder einmal eine Rolle. Denken Sie an die Stimmungslage der Öffentlichkeit, was gentechnisch veränderte Organismen angeht. Die Reaktionen sind tendenziell bimodal, je nach politischer Einstellung, und allein das ist schon ein Warnzeichen. Die Wahrheit und Wirksamkeit der Wissenschaft sollte keinerlei Korrelation zu Ihren politischen Ansichten aufweisen. Eher links orientierte Leute betrachten gentechnisch veränderte Organismen grundsätzlich als Übel, als Fluch für die Gesundheit und die Gesellschaft insgesamt. Wissenschaftler und das politisch eher rechte Spektrum[14] haben mit dem Thema der Genmanipulation kaum ein Problem. Eine umfassende Diskussion dieses Themas würde den Rahmen dieses Buchs bei Weitem sprengen, obgleich ich schon einmal bei einem Dokumentarfilm als Erzähler mitgemacht habe,[15] in dem es um den wissenschaftlichen Hintergrund gentechnisch veränderter Organismen geht, und ebenso um die gesellschaftliche und politische Spaltung, die diese Technologie ausgelöst hat. Hier möchte ich mich, gewissermaßen als Appetithäppchen, auf eine einzige statistische Anekdote beschränken.

Der Lebensmittelchemiekonzern Monsanto, der heute zu Bayer gehört, entwickelte eine gentechnisch veränderte Variante von Mais, die vollständig gegen Glyphosat resistent war, ein Unkrautvernichtungsmittel, das unter dem Namen »Roundup« vermarktet und ebenfalls von Monsanto entwickelt wurde. Die Wissenschaftler bei Monsanto entfernten auf gentechnischem Weg die Anfälligkeit ihrer Maispflanze für diese Chemikalie. Diese potente Kombination – Monsantos Genmais in Verbindung mit Monsantos Herbizid – gab Farmern die Möglichkeit, ihren gesamten Maisanbau mit dem Herbizid zu besprühen und damit dafür zu sorgen, dass alles außer dem Mais selbst abgetötet wurde. Der Speiseeishersteller Ben & Jerry's aus Vermont nutzt bei einigen seiner Produkte Maissirup als Süßungsmittel. (Zugegeben, ich war ebenfalls überrascht, dies zu erfahren.) Die Nachricht, dass bei einigen Eissorten des Herstellers Spuren von Glyphosat aus dem verwendeten Mais im Sirup nachgewiesen worden waren, sorgte für einigen medialen Wirbel. Als Reaktion beschloss Ben & Jerry's, komplett auf den Einsatz von Sirup aus gentechnisch manipuliertem Mais zu verzichten,[16] obwohl die festgestellten Glyphosatkonzentrationen im Bereich von 1 ppb (part per billion) deutlich unter den in den USA und in Europa geltenden Grenzwerten lagen. Da viele Kunden der Marke Ben & Jerry's politisch eher links stehen – passend zur allgemein progressiven Haltung des Unternehmens zu den verschiedensten Themen –, sah die Ben & Jerry's Homemade Holdings Inc. in diesem Verzicht auf Glyphosat eine kluge unternehmerische Entscheidung.

Sehen wir uns genauer an, was hier passiert ist. Für jede Substanz, die Sie möglicherweise in sich aufnehmen, sei es Nahrung oder anderes, gibt es eine berechnete tödliche (letale) Dosis, angegeben als LD_{50}. Das ist die Dosis pro Kilogramm Körpergewicht, bei der 50 Prozent der Menschen, die die entsprechende Menge in sich aufnehmen, innerhalb kurzer Zeit sterben würden. Diese Daten gehen meist auf Tests an Versuchstieren wie Mäusen zurück. Es gibt noch eine andere Messgröße namens NOAEL (das steht für No Observed Adverse Effect-Level, also die höchste Dosis/Konzentration eines Stoffes, bei der keine schädigenden Effekte festgestellt werden können). Hierbei geht es um den langfristigen Einfluss einer Substanz auf Ihre Gesundheit, diese

Größe ist daher im Kontext der Nahrungsmittelsicherheit sinnvoller. LD_{50} hilft, einen anderen Punkt zu unterstreichen. Je niedriger der LD_{50}-Wert einer Substanz, desto tödlicher ist sie. Unter diesem Aspekt können Tabellen mit Angaben produktspezifischer LD_{50}-Werte recht erhellend sein. Hier ein paar Beispiele:

Saccharose (Haushaltszucker)	30 Gramm pro Kilogramm
Ethanol (gewöhnlicher Alkohol)	7 Gramm pro Kilogramm
Glyphosat (Roundup)	5 Gramm pro Kilogramm
Tafelsalz	3 Gramm pro Kilogramm
Koffein	0,2 Gramm pro Kilogramm
Nikotin	0,0065 Gramm pro Kilogramm

Die bei Weitem tödlichste Substanz in dieser handverlesenen Liste ist Nikotin. Koffein sieht auch ziemlich gefährlich aus. Wenn Sie an einer Koffeinvergiftung sterben möchten, trinken Sie einfach etwa 80 Tassen Espresso. Als Nächstes haben wir gewöhnliches Kochsalz. Nun gut, als »Salz der Erde« gepriesen zu werden heißt offenbar nicht, dass es sich absolut immer um eine gute und gesunde Sache handeln muss. Die folgende berühmte Zeile aus der »Ballade vom Alten Seemann« (*The Rime of the Ancient Mariner*) erfasst implizit die LD_{50}-Dosis von Meersalz, über die der durstige Seefahrer sinniert, umgeben von salzigem Meerwasser: »Wasser, Wasser überall, aber kein Tropfen zu trinken«.[17]

Die am wenigsten letale Substanz in dieser Liste ist Zucker, wie Sie vielleicht auch erwartet haben. Beachten Sie außerdem, dass Glyphosat weniger tödlich ist als Speisesalz, wenn auch nur geringfügig. Aber in Wirklichkeit kommt es darauf hier gar nicht an. Worauf es ankommt, ist, was mit einem Menschen von 70 kg Körpergewicht geschieht, wenn er oder sie Eis von Ben & Jerry's verzehrt – eine Tatsache, die ich berechnet, aber in meinem Twitter-Ordner »Verbotene Tweets« abgelegt habe, und dort bleibt sie auch, sie wäre sonst einfach zu verstörend. Und in den sozialen Medien möchte ich alles vermeiden, was verstörend wirken könnte:

Sie müssten 400 Millionen Halbliterportionen Eis von Ben & Jerry's verzehren, bis Sie an den darin enthaltenen Spuren von Glyphosat sterben würden. Allerdings hätte Sie schon nach 20 Portionen der darin enthaltene Zucker umgebracht.

Ben & Jerry's traf die richtige unternehmerische Entscheidung, wenn sie damit ihre Gewinne schützten. Sie hätten bei der Sache allerdings auch eine Lektion lernen können – eine geradezu umwerfende Lektion in Sachen vergleichende Risikobewertung. Aber diese Lektion funktioniert nur, wenn die Menschen bereit sind, Lernfähigkeit an den Tag zu legen. In neuerer Zeit erfüllen viele von uns diese Bedingung nicht. Vielleicht liegt es daran, was der britische Autor Walter Bagehot im 19. Jahrhundert so ausdrückte:[18]

Einer der größten Schmerzen der menschlichen Natur ist der Schmerz einer neuen Idee.

Wenn wir das Zitat noch ein wenig weiterverfolgen, sagt es uns alles:

Es ist, wie die einfachen Leute sagen, so »erschütternd«; es macht einen glauben, alle seine vorteilhaften Wahrnehmungen wären falsch, die festesten Überzeugungen bar jeder Grundlage ... Natürlich hassen daher die gewöhnlichen Menschen eine neue Idee, und neigen sogar dazu, denjenigen sehr schlecht zu behandeln, der diese neue Idee aufgebracht hat.

Eine andere oft vernachlässigte Dimension der Risikobewertung ist unsere Bereitschaft, Studien zu akzeptieren, die uns sagen, unsere Gewohnheiten oder unsere Ernährung könnten unser Risiko erhöhen, an Krebs zu erkranken. Solche Studien zeigen uns, in welchem Maße unser Krebsrisiko zunimmt, wenn wir uns der einen oder anderen Aktivität hingeben. Entscheidend ist, über das Basisrisiko für die betreffende Krebsart Bescheid zu wissen, doch gerade dieser Statistik schenken wir kaum jemals Beachtung. Sehen wir uns beispielsweise den folgenden Satz von der Website der American Cancer Society[19] zum Thema Darmkrebs an: »Bei der Zubereitung von Fleisch bei sehr hohen Temperaturen (Braten oder Grillen) entstehen Chemikalien, die Ihr Krebsrisiko erhöhen könnten«. Das Wort »könnten« steht da, weil einige Studien auf überhaupt kein erhöhtes Krebsrisiko schließen lassen. Wie auch immer: Ich mag rein zufällig bei hohen Temperaturen scharf angebratenes Fleisch sehr gerne, aber ich will auch keinen Krebs bekommen. Die Webseite liefert eine umfassende Diskussion mehrerer Risikofaktoren, quantifiziert allerdings nicht mein Basisrisiko und sagt auch nichts darüber aus, inwiefern dieses Risiko zunimmt. Wenn ich allerdings anderswo nachforsche, stelle ich fest, dass mein Risiko, im Lauf meines Lebens an Dickdarmkrebs zu erkranken, 4,3 Prozent beträgt.[20] Und aus einer separaten Meta-Studie über publizierte Forschungsarbeiten[21] erfahre ich, dass mein erhöhtes Risiko für Dickdarmkrebs auf dieser Basis etwa bei 15 Prozent liegt, allerdings mit enormen Abweichungen, je nach der jeweiligen Studie. Niemand möchte, dass sein oder ihr Risiko, an Dickdarmkrebs zu erkranken, zunimmt, erst recht nicht um gleich 15 Prozent. Was mathematisch klar ist, aber in der Konversation täuschend wirken kann (vor allem wenn man nur die Überschriften liest), ist die Tatsache, dass das Risiko, im Lauf des Lebens an Dickdarmkrebs zu erkranken, eben nicht um 15 Prozent zugenommen hat. Um 15 Prozent zugenommen hat das Risiko ausgehend vom Wert des Basisrisikos. Wenn Sie mit Vorliebe bei hohen Temperaturen gegrilltes Fleisch essen, steigt ihr Krebsrisiko nur um 0,6, nämlich von 4,3 auf 4,9 Prozent – und dies entspricht in der Tat einer Zunahme des Basisrisikos um 15 Prozent.

Wenn Sie Fleischesser und Grillfan sind, haben Sie die Wahl, ob Sie dieses erhöhte Krebsrisiko hinnehmen oder vermeiden wollen. Es braucht einfach Ehrlichkeit und Transparenz in der Berichterstattung über solche statistischen Daten, wenn wir auf dieser Basis informierte Entscheidungen über unseren Lebensstil treffen sollen.

Eine weitere Herausforderung für das menschliche Gehirn ist das Erfassen schleichender existenzieller Bedrohungen. Sie werden leicht ignoriert oder geleugnet, oftmals weil die damit verbundene Gefahr weder klar ersichtlich noch unmittelbar präsent ist. Wenn Sie beispielsweise starker Raucher sind, wissen Sie mit Sicherheit, dass Sie sich einem erhöhten Risiko aussetzen, an Lungenkrebs oder einer rauchertypischen Herzerkrankung zu sterben. Aber es ist schließlich Ihr Körper. Es ist Ihre Zigarette. Verdammt, was soll's, das ist ein freies Land. Also nehmen Sie das Risiko hin, dass auf Ihrem Grabstein mit einer Wahrscheinlichkeit von 1:8 etwas stehen wird wie »Die Zigarette war sein Tod«.[22]

Nur um das klarzustellen: Sie wetten damit gegen einen Ausgang, der bessere Chancen auf Erfolg hat als die meisten Wetten im Casino, was das von Ihnen erwünschte Ergebnis angeht.

Wir wollen mithilfe eines weiteren Gedankenexperiments ein wenig Schwung in die Sache bringen. Gleiches Risiko wie zuvor, nur dass wir beim Verlauf aufs Tempo drücken, und eine Portion Blutvergießen macht sich immer gut. Alle Regionalbehörden legen den kommenden Dienstag als »Tag des Zigarettenrauchers« fest. Der erste Zug, den einer von acht beliebigen Rauchern inhaliert, wird zur Folge haben, dass dessen Schädel explodiert – zurück bleibt ein ebenso kopf- wie lebloser Körper auf dem Bürgersteig. Wenn Sie an dem Tag zufällig Ihr Leben behalten haben, dürfen Sie für den Rest Ihres Lebens weiterrauchen und werden an einer anderen Todesursache dahinscheiden.

An jenem schicksalhaften Dienstag wären die Straßen und Raucherzonen Amerikas übersät von vier Millionen kopflosen Leichen – drei Mal mehr Tote, als die USA in allen bewaffneten Konflikten ihrer Geschichte zusammengenommen zu beklagen hatten, die beiden Weltkriege, Korea, Vietnam und den Bürgerkrieg inklusive. Ein wahrlich blutiger Dienstag, aber das Szenario mit den explodierten Köpfen würde der Gesellschaft deutlich weniger Kosten verursachen, da bei dieser Art des Ablebens keine langwierigen Behandlungen mit den dazugehörigen Arztrechnungen anfallen würden im Bemühen, unheilbare Krebspatienten am Leben zu erhalten.

Wenn Sie gerne rauchen, würden Sie dieses Risiko auf sich nehmen?

Wenn wir die gleichen grundlegenden Informationen – die gleichen Daten – aus mehreren verschiedenen Perspektiven betrachten, vor allem wenn wir ein Risiko, das wir hinnehmen, einem anderen gegenüberstellen, das einzugehen wir nicht bereit sind, stehen auf einmal die relevanten Details im hellsten Rampenlicht, die irrelevanten Details schmelzen einfach dahin. Dies sind die Anfänge einer aufgeklärten, wissenschaftlich untermauerten Perspektive.

* * *

Wie steht es um die Sicherheit? Wir alle wünschen uns ein möglichst langes und erfolgreiches Leben. Wie ist es um das generelle Todesrisiko für Städter gegenüber Bewohnern der Vorstädte bestellt, unabhängig von der Todesursache? Großstädte sind seit jeher die Brutstätte von Verbrechen und Mord, aber in den Großstädten sitzen nun einmal die großen Firmen und Geschäfte – und die Arbeitsplätze. Wie wäre es also, vorerst in der City zu leben, zu heiraten, einen Haufen Geld zu verdienen und dann in die Sicherheit der Vorstadt umzuziehen, um dort die Kinder großzuziehen? Genau dafür sind die Vorstädte doch da: Sie bieten eine Möglichkeit, allen Nachteilen zu entfliehen, die das Leben in der City mit sich bringt.

Ein wunderbares Beispiel für selektives Wunschdenken.

Wenn Sie so denken, hat Ihre Fantasie offenbar Vorrang vor der Suche nach anderslautenden Daten. Lassen wir einmal die Tatsache außen vor, dass sich fast alle Schulmassaker in den Vorstädten zutragen,[23] aber wenn wir die tödlichen Gefahren eines Lebens in der Großstadt einem Leben anderswo gegenüberstellen, stellen wir fest, dass wir in der City sicherer sind.[24] Die möglichen Ursachen dafür, Schaden zu nehmen, sind zwar andere, aber erhellend ist der Vergleich allemal. In den Vorstädten sind tödliche Verkehrsunfälle wesentlich häufiger als in der Innenstadt, dasselbe gilt für Unfälle allgemein (einschließlich des Ertrinkens), Suizid und eine Überdosis Drogen. Alles in allem liegt das Risiko eines vorzeitigen Todes in der Vorstadt um 22 Prozent höher[25] als in der City.

Für diese Analyse müssen wir uns lediglich von vermeintlichen Wahrheiten lösen, eine breitere Perspektive einnehmen und die Daten auf unterschiedliche Arten hinterfragen – nichts davon ist möglich durch den Tunnelblick der Voreingenommenheit.

Was die Massaker durch Amokläufer betrifft, ließ ich einmal einen Tweet vom Stapel, der besser in meinem Ordner »Verbotene Tweets« geblieben wäre. Ich dachte fälschlicherweise, es wäre für die Menschen tröstlich zu wissen, dass solche Massaker nur einen winzigen Bruchteil aller vermeidbaren Todesfälle in unserem Land ausmachten. Diese Massaker bilden sogar nur einen winzigen Bruchteil aller Todesfälle durch Schusswaffen, und unsere Reaktion darauf ist eher von Emotionen gesteuert als von Daten unterfüttert. Mein Tweet kam Tage nach dem Amoklauf im texanischen El Paso im Jahr 2019,[26] bei dem 46 Menschen in einem Kaufhaus Opfer von Schusswaffengebrauch wurden, es gab 23 Tote. In den sozialen Medien wurde ich augenblicklich an den Pranger gestellt wegen meiner fehlenden

Sensibilität gegenüber den Opfern und ihren Angehörigen und Freunden.

Jahre zuvor, allerdings längere Zeit nach den Geschehnissen, hatte ich mich mit einer ähnlichen Argumentation zur Zahl der amerikanischen Todesopfer bei den Terroranschlägen vom 11. September 2001 zu Wort gemeldet. Fast 3000 Menschen starben an jenem Tag, und alle waren von ihren Lieben noch am gleichen Tag zum Abendessen daheim erwartet worden. Ich wies darauf hin, dass wir jeden Tag rund hundert Menschenleben durch Verkehrsunfälle verlieren, was bedeutet, dass bis zum 11. Oktober 2001, einen Monat nach den Anschlägen, mehr Menschen im Straßenverkehr zu Tode gekommen waren als insgesamt an jenem 11. September. Diese Zahl wächst immer weiter, Tag für Tag, Monat für Monat, und sie wird erst zurückgehen, wenn wir etwas dagegen unternehmen. Jedes Jahr verlieren wir nach wie vor über 35 000 Menschen auf unseren Straßen, doch das US-Militär hat 2 Billionen Dollar für unseren Krieg gegen den Terror nach 9/11 ausgegeben,[27] hauptsächlich im Irak, überstürzt ausgelöst durch das einmalige, tödliche Ereignis vom 11. September. Amerika war wütend und wollte nicht in einem Zustand des Terrors leben. Das war keine Kosten-Nutzen-Rechnung, bei der es um das Retten von Menschenleben ging. Es war eine Kosten-Nutzen-Rechnung, bei der es nur um unsere Gefühle ging.

Noch so ein Beispiel, in dem die Fakten mit den Gefühlen in Konflikt geraten: Denken Sie an die Lösungsvorschläge für den meteorischen Anstieg des Wildbestands, der sich selbst in Wohngebieten im Nordosten der USA immer mehr breit macht. Wildtiere sind Ursache zahlloser Verkehrsunfälle, bei denen Menschen verletzt werden und zu Tode kommen, von den astronomischen Kosten für die Versicherung ganz zu schweigen. Ein Vorschlag, dieses Risiko in den Griff zu bekommen, sah die Wiederansiedlung nativer Spezies großer Raubkatzen vor, die einst durch die Regionen streiften und bekanntlich mit Vorliebe Wild jagen und verspeisen.

Was könnte da schon schiefgehen?

Eine Studie aus dem Jahr 2016, verfasst von neun Fachleuten für Wildtiere, erstellte ein Modell des Verhältnisses zwischen Raubtier und Beutetier am Beispiel von Pumas und Weißwedelhirschen.[28] Laut dieser Studie könnte eine gesunde Raubtierpopulation, die dem unerwünschten Wild nachstellt, innerhalb von 30 Jahren bei Menschen 21 400 Verletzungsfälle und 155 Todesfälle verhindern, einhergehend mit einer Einsparung von 2,1 Milliarden Dollar allein durch Verkehrsunfälle, die gar nicht erst passieren würden. Natürlich fällt den Pumas ab und an auch einmal ein Mensch zum Opfer, vor allem kleinere und besonders eigensinnige Kinder, die ausreißen oder sich verlaufen – das Modell geht hier von etwa 30 Fällen aus. Wir haben also die Wahl: 1) Wir siedeln hungrige Raubkatzen an, die in 30 Jahren 30 Menschen fressen, oder 2) wir siedeln keine hungrigen Raubkatzen an und tun nichts weiter gegen Wildunfälle, die in der gleichen Zeit tausende Verletzte, Hunderte Tote und Milliardenkosten mit sich bringen.

Wenn es die gesellschaftliche Priorität ist, Menschenleben zu retten, die zwischenmenschliche Priorität aber unsere Emotionen höher gewichtet, wie rechnen wir dann diese Faktoren in unserem Alltag gegeneinander auf? Die Gesetzgebung und nationale Richtlinien drehen sich um genau diese Frage. Der Tod bei einem Wildunfall kann, selbst wenn sich die Fälle sehr häufen, als Schicksal betrachtet werden – niemand ist daran schuld. Von einer großen Raubkatze gefressen zu werden, die die Regierung hier überhaupt erst angesiedelt hat, ist dagegen absolut abscheulich. Gestehen wir uns selbst gegenüber ein, dass wir keine kalt berechnenden mathematischen Wesen sind, und feiern dann unsere Gefühle, wohl wissend, dass sie die Macht haben, unser rationales Denken hintanzustellen? Oder unterdrücken wir alles, was einer rationalen Entscheidung in die Quere kommen könnte? Könnten oder sollten wir zulassen, dass Emotionen unsere auf der Basis vorliegender Daten definierte Gesetzgebung beeinflussen?

Angesichts der Tatsache, dass selbstfahrende Autos und andere futuristische Transporttechnologien à la *Jetsons* in unserer Welt immer mehr an Präsenz gewinnen, werden wir vor einem ähnlichen Dilemma stehen. Weltweit ist menschliches Versagen für über 97 Prozent aller Verkehrsunfälle ursächlich verantwortlich.[29] Derweil sind selbstfahrende Autos niemals betrunken. Sie sind nie müde oder schläfrig, auch aggressive Fahrweise ist ihnen vollkommen fremd. Ihre Reflexe funktionieren nahezu ohne Verzug. Sie erkennen unbeleuchtete Hindernisse bei Nacht. Sie sehen durch den Nebel hindurch. Sie schreiben niemals WhatsApp-Nachrichten oder SMS während des Fahrens, und selbst wenn sie es täten, würde es nichts ausmachen. Überdies würde auf einer Straße, auf der ausschließlich selbstfahrende Autos unterwegs sind, ein Fahrzeug, das die Spur wechseln will – Ursache zahlloser Blechschäden und größerer Kollisionen –, diese Information einfach mit den Fahrzeugen in der Nähe teilen, und die anderen würden ihm höflich Platz machen. Während der unvermeidlichen Übergangsphase vom menschengesteuerten zum selbstfahrenden Auto werden unvorhergesehene Software- und Hardwarefehler mit Sicherheit auch Todesfälle im Straßenverkehr zur Folge haben. Jeder dieser Fälle wird vermutlich nur ein einziges Mal passieren, weil die Techniker anschließend die Software verbessern und damit verhindern werden, dass die gleiche Situation ein zweites Mal eintritt. Auf diese Weise wird sich die Zahl der Verkehrstoten pro Jahr im selbstfahrenden Verkehr zwangsläufig und systematisch gegen null bewegen.

Selbstfahrende Autos könnten in den USA jedes Jahr bis zu 36 000 Menschenleben retten. Wie gehen wir emotional, rechtlich und gesellschaftlich damit um, wenn bei Unfällen mit selbstfahrenden Autos noch immer, sagen wir, 1000 Menschen im Jahr zu Tode kommen? Kein Journalist wird uns jemanden von den 35 000 beliebigen Männern, Frauen und Kindern nahebringen, die im betreffenden Jahr nicht Opfer von Verkehrsunfällen wurden. Und selbst wenn sie es schaffen würden, eine solche Reportage zu verfassen, ist das kein Trost für die Angehörigen und Freunde der Unfallopfer. So entstehen Headlines in der *New York Times* wie die folgende:[30]

> TESLA SAGT, DER AUTOPILOT MACHT DIE AUTOS SICHERER.
> UNFALLOPFER SAGEN, DER AUTOPILOT TÖTET.

Beide Teile dieser Headline sind zutreffend, aber wir schaffen es nicht, sie als zwei Seiten derselben Medaille zu akzeptieren.

Die amerikanische Luftfahrtindustrie hat genau diesen Trend über die Jahrzehnte erlebt. In den 1990ern starben zum Beispiel über 1000[31] Menschen bei Flugzeugunglücken. Im Jahrzehnt danach kam es, die Terroranschläge vom 11. September 2001 ausgenommen, nur noch zu halb so vielen Todesopfern im Flugverkehr. In den zehn Jahren von 2010 bis 2019 (ausgenommen Charter-, Fracht- und Privatflüge), zählten die kommerziellen Fluggesellschaften acht Milliarden Passagiere ohne einen einzigen Absturz,[32] auch wenn zwei Personen aufgrund anderer Ursachen zu Tode kamen.[33] Das National Transportation Safety Board untersucht jeden Zwischenfall, mit oder ohne tödliche Folgen, und veröffentlicht regelmäßig seine Erkenntnisse, die der Verbesserung der Sicherheitsrichtlinien für den Flugverkehr dienen. Noch eindrucksvoller ist dies unter Berücksichtigung der Tatsache, dass der Flugverkehr über die Jahrzehnte noch zugenommen hat. Bis Ende 2019 (also vor COVID-19) hatten die Passagierzahlen bei Inlandsflügen im Vergleich zum Jahr 2000 um 35 Prozent zugenommen.[34] Wäre die Rate tödlicher Unfälle pro Start und Landung in der Zeit unverändert geblieben, wäre angesichts steigender Passagierzahlen die Gesamtzahl der Todesopfer jedes Jahr gestiegen. Da die Menschen dazu neigen, eher auf nackte Zahlen zu reagieren als auf nüchterne Statistik, wäre die Luftfahrtbranche von vielen als immer weniger sicher eingeschätzt worden, obwohl genau das Gegenteil zutraf.

* * *

In Jonathan Swifts Klassiker *Gullivers Reisen* aus dem Jahr 1726 führt den Titelhelden eine seiner Exkursionen auf eine fiktive Insel vor der Südküste Australiens, auf der eine besondere Rasse intelligenter, ausgesprochen rational denkender Pferde mit Namen Houyhnhnms – ganz im Ernst, die schreibt man wirklich so – lebt. In den Wäldern der Umgebung treibt sich eine behaarte, unvorteilhaft riechende irrationale Spezies Menschenaffen herum, die sogenannten Yahoos. Gulliver wurde im Gespräch mit den Pferden klar, dass diese in ihm weit eher einen Verwandten dieser Yahoos sahen als einen der ihren.

Ich weiß noch, dass ich als nerdiger Junge, nachdem ich die Geschichte das erste Mal gelesen hatte, unbedingt so sein wollte wie diese klugen Pferde. Ihre Gedanken waren sonnenklar. Sie trafen begründete und vernünftige Entscheidungen. Als ich älter wurde, erkannte ich nach und nach, dass Emotionen unsere konkreten Gefühle beeinflussen. Die Houyhnhnms sind kalt und völlig frei von Emotionen. Aber Gefühle sind eine Eigenschaft, die den Menschen ausmacht, und kein Mangel. Deshalb können und sollten vielleicht auch Gefühle auf unsere individuelle Abwägung zwischen Risiko und Belohnung Einfluss nehmen, selbst auf die Gefahr, dass wir hier und da nicht so recht wissen, ob wir nun die richtige Entscheidung getroffen haben oder nicht. Joni Mitchell wusste das schon anno 1967:[35]

I've looked at life from both sides now
From win and lose and still somehow
It's life's illusions I recall
I really don't know life at all.

Ich will nur akkurate und authentische Daten vor mir haben, analysiert aus allen Blickwinkeln – frei von Voreingenommenheit und Tunnelblick –, bevor ich meine Gefühle in die Entscheidung einfließen lasse. Am Ende müssen wir eben mit den Konsequenzen unserer Entscheidungen leben. Wenn alle Fakten und statistischen Analysen auf dem Tisch liegen, können unsere Gefühle immer noch entscheiden, sich über diese Daten hinwegzusetzen. Und auch dagegen ist nichts zu sagen.

KAPITEL SECHS

Fleischesser & Vegetarier

Wir sind nicht ganz, was wir essen

In der westlichen Kultur stehen bei Fleischessern in der Regel keine bestimmten Gründe oder Philosophien hinter ihrer Nahrungspräferenz. Ihnen schmecken einfach tote Tiere – paniert, als Braten, gegrillt, gepökelt, am offenen Feuer gebraten, geröstet, vakuumgegart, geräuchert. Manche kennen gar nichts anderes als den Verzehr von Fleisch, und ein Leben ohne Fleisch können sie sich überhaupt nicht vorstellen. Vegetarier dagegen, vor allem die konvertierten, die dem Fleisch bewusst abgeschworen haben, nennen alle möglichen Gründe für ihre Entscheidung, sich so und nicht anders zu ernähren. Ganz oben auf der Liste stehen die eigene Gesundheit und der Schutz der Umwelt. Für andere ist es die völlige Abscheu vor der Zucht und Haltung, dem Töten und dem Verzehren empfindungsfähiger Lebewesen. Mindestens jedoch geht es ihnen um das Vermeiden des Verzehrs von Lebensformen, die fähig sind, Schmerz zu empfinden. Selbst Würmer krümmen sich, wenn man sie grob anstößt.

Die meisten halten sich zu diesem Thema bedeckt, es

gibt da aber auch immer jene evangelikalen Vegetarier, die Fleischesser zu bekehren versuchen. Ihre karnivoren Pendants sind eher selten, aber das Klischee des virilen, Fleisch essenden Mannes gibt es natürlich durchaus. Mir fällt dazu eine Werbekampagne des Verbands der Rindfleischerzeuger ein, mit Schauspieler James Garner in Cowboystiefeln, dazu der mit tiefer Stimme vorgetragene Slogan: »Rindfleisch. Echte Nahrung für echte Männer«. In einem von mehreren TV-Werbespots will er von dem ganzen Gemüse auf seinem Fleischspieß demonstrativ nichts wissen und klagt, das Grünzeug würde ständig vom Spieß fallen, das Fleisch dagegen bliebe zuverlässig darauf stecken. Das nächste Mal, meint er, ließe er das Gemüse einfach ganz weg. James Garner erlitt später einen Schlaganfall und starb am Ende an einem Herzinfarkt – mit 86 Jahren. Wenn es James Garner nicht schafft, Sie wieder ins Lager der Karnivoren zu locken, vielleicht schafft es ja Jesus. Sie wollen jeder Behauptung entgegentreten, Jesus müsse Vegetarier gewesen sein? Dann brauchen Sie nur das Buch *What Would Jesus Really Eat: The Biblical Case for Eating Meat* zu lesen. Die Rezension dazu finden Sie, logisch, in der Zeitschrift *Beef*.[1]

Die größte Spezies des Tierreichs, die jemals auf der Erde lebte, existiert noch heute: der Blauwal, ein Säugetier, das sich fleischlich ernährt, hauptsächlich von wenige Zentimeter großen Krebstieren, dem Krill – der Wal verschluckt davon mehrere Tonnen am Tag. Die größten Landtiere unserer Zeit sind ebenfalls Säugetiere: Elefant, Flusspferd, Nashorn, Giraffe, Wasserbüffel und Bison. Sie alle sind Pflanzenfresser. Auch Eisbären stehen auf dieser Liste, die sind natürlich Fleischfresser. Grizzlys sind opportunistische Allesfresser und lassen sich schmecken, wonach ihnen gerade der Sinn steht – Menschen inklusive.

Das Tierreich ist eine bunte Mischung aus Fleischfressern, Allesfressern und Pflanzenfressern, die Begriffe Fleischesser und Vegetarier kamen auf, als es um das Tier namens Mensch ging. Das liegt daran, dass Karnivoren nur tote (oder lebende) Tiere verspeisen, Pflanzenfresser lediglich lebende (oder tote) Pflanzen. Derweil verzehren menschliche Fleischesser üblicherweise auch noch andere Dinge als Fleisch, wie etwa Milchprodukte. Genau wie die Vegetarier. Mit ungefähr 40 Prozent hat Indien den bei weitem größten vegetarisch lebenden Bevölkerungsanteil, und damit auch die größte Gesamtpopulation an Vegetariern weltweit.[2] Das ist in erster Linie auf die religiösen Traditionen der Hindus zurückzuführen, zu denen auch gehört, dass Kühe heilig sind. Im Vereinigten Königreich gibt es an die zehn Prozent Vegetarier, in Deutschland ungefähr acht Prozent. In den USA sind es fünf Prozent. Vor dem Hintergrund des rapiden Wachstums pflanzenbasierter Fleischersatzprodukte in den USA und der Vielzahl authentisch vegetarischer Gerichte auf den Speisekarten der Restaurants sollte man eigentlich annehmen, dass der Vegetarieranteil in den USA höher liegt. Allerdings verharren wir seit über einem Jahrzehnt stabil auf diesem niedrigen Wert von fünf Prozent. Selbst Argentinien liegt bei immerhin zwölf Prozent Vegetariern, und die Argentinier gelten eigentlich als das Volk, das rund um die Uhr nichts anderes als Steaks verputzt.

Wenn Sie Vegetarier sind, aber auch noch auf Käse und Eier sowie Milch und Honig verzichten, sind Sie Veganer. In den USA macht diese Gruppe etwa drei Prozent der Bevölkerung aus.[3] Das ist immerhin deutlich mehr als die unter einem Prozent vor ein paar Jahrzehnten, aber natürlich immer noch ein bescheidener Anteil. Wenn wir das zu den Vegetariern dazurechnen, kommen wir auf acht Prozent der Bevölkerung der USA, die auf Fleisch verzichten.

Die meisten Menschen auf der Erde essen, genau wie die Grizzlys, alles, was man ihnen vorsetzt. In den letzten 50 Jahren hat sich die Weltbevölkerung verdoppelt, der Fleischkonsum jedoch hat sich verdreifacht,[4] was ziemlich genau im Bereich der Zunahme des Wohlstands unter den Nationen liegt, die zuvor keinen Zugang zu dieser relativ kostspieligen proteinreichen Nahrung hatten. Trotz verstärkter Bemühungen der Vegetarier verzehren wir Erdlinge mehr Fleisch als jemals zuvor.

Der vielleicht sagenumwobenste aller Karnivoren ist der Wolf. Der »große böse Wolf« hat seinen Auftritt in Märchen wie *Die drei kleinen Schweinchen* und *Rotkäppchen*, ebenso in der russischen Geschichte *Peter und der Wolf*. Wenn der fleischfressende Wolf die Schweinchen oder Rotkäppchen oder Peter verschlingen will, oder wenn ein Wolfsrudel in der realen Welt einen majestätischen Elch erlegt, dann sind sie deshalb keine bösen Wölfe. Sie sind eben Wölfe. Wenn Sie ihre Beute töten, nehmen sie auf den Schmerz und das Leiden des Beutetiers keine Rücksicht. Nicht anders ist es bei Fischen – bei allen Fischen. Die Antwort auf die Frage »Was essen Fische im Ozean?« lautet zuerst und vor allem: »andere Fische«. Abgesehen von den allerwinzigsten, die sich von Plankton ernähren, gibt es im Reich der Fische keinen einzigen Pflanzenfresser. Das erklärt auch die anhaltende und systematische Konzentration von Schwermetallen wie Quecksilber und anderen toxischen industriellen Verunreinigungen in großen Marlins und Schwertfischen, die an der Spitze der maritimen Nahrungskette stehen.

Beim Betrachten von Naturdokus im Fernsehen bin ich sicher nicht der Einzige, der sich auf die Seite der schutzlosen Pflanzenfresser stellt, denen die Karnivoren mit ihren scharfen Zähnen nachstellen. Es ist nicht einfach, grün zu sein. Wir begeistern uns an der grazilen Impala, wenn sie flinke Haken schlägt und den hungrigen, aber nicht ganz so wendigen Geparden, der ihr mit 120 Stundekilometern hinterherjagt, ins Leere laufen lässt. Allerdings müssen auch Geparden fressen, um zu überleben.

Trotz des natürlichen Zustands, den die Beziehung zwischen Raubtier und Beutetier im Tierreich darstellt, bleibt das Argument, dass Tiere Empfindungen haben und dass wir als rationale Menschen sowohl den Verstand als auch die Ressourcen haben, um den Verzehr von Tieren zu vermeiden und damit deren neurologische Ausstattung über andere Lebensformen zu stellen. Das ist ein hehrer Anspruch, selbst dann, wenn alle zur Nahrungsmittelproduktion geschlachteten Tiere davor ein glückliches Dasein geführt hätten.

***

Ganz gleich, was Sie essen: Wenn Sie Ihre tierische Nahrung aus lokalen und regionalen Quellen beziehen, minimieren Sie den Aufwand für den Transport, was unter Umständen sogar besser für die Umwelt sein könnte als eine einfache vegetarische Ernährung, die keine Rücksicht darauf nimmt, wo diese Pflanzen geerntet wurden. Allerdings hängt das Ergebnis einer solchen Erhebung von vielen Faktoren ab, deren Wirkungsgrad sich ständig verändert: Wird die Nahrung per Schiff, Bahn, LKW oder Flugzeug transportiert? Wieviel von der Nahrung ist unterwegs verdorben? Haben die LKWs Elektro- oder Verbrennungsmotoren? Wie produziert der örtliche Stromanbieter seinen Strom? Und wie steht es um die landwirtschaftliche Nutzbarkeit der Weltregion, in der Sie leben?

Einmal abgesehen von diesen Fragen und Problemen ist die Fleischproduktion in den USA von atemberaubender Effizienz. In allen 50 Bundesstaaten verzehren wir an die neun Milliarden Hühner pro Jahr – das ist das Dreifache des weltweiten Durchschnitts. Das sind rechnerisch eine Million Hühner pro Stunde, und jedes davon lebt nur sechs bis zwölf Wochen lang, bevor es geschlachtet wird. In der Tat: Für jede Stunde an jedem einzelnen Tag werden in den USA eine Million Hühner ausgebrütet, aufgezogen, geschlachtet, logistisch verteilt und aufgegessen. Bei manchen Einzelhändlern ist Hühnerfleisch für ein paar Dollar das Pfund erhältlich und stellt so eine der preisgünstigsten Proteinquellen dar, die der Nahrungsmittelmarkt zu bieten hat. Wir sind auch ziemlich effizient, was die Rinderzucht angeht, allerdings leben sie etwas länger – ein bis zwei Jahre –, bevor sie im Schlachthof landen.[5] Sie nehmen auch mehr Platz ein als Hühner, nicht bloß rein physisch, sondern auch auf der Ranch. Je nach Terrain benötigt ein einziges Rind, das sich von Gras ernährt, ungefähr zwei Hektar Land[6] zum Grasen. Sie wollen sie gar nicht grasen lassen? Dann zwängen Sie sie stattdessen in Mastbetriebe, in denen Berge von Dung und ganze Flüsse von Urin anfallen. In der größten derartigen Anlage in den USA stehen auf einer Fläche von 323 Hektar 150 000 Stück Vieh.[7] Wenn ein Tier schlachtreif ist, wiegt es etwa 550 kg und liefert fast 230 Kilo Fleisch.[8]

Rinder sind vollständig domestiziert. Es gibt keine wilden Holsteiner-Herden, die durch die Landschaft streifen. Keine verwilderten Gruppen von Wagyu-Rindern, die sich in den Bergen verstecken. Moderne Zuchtrinder sind genetische Erfindungen des Menschen, entstanden auf dem Wege der selektiven Zucht aus dem längst ausgestorbenen eurasischen Auerochsen. Das ausgeklügelte Design einer biologischen Maschine, die Gras in Steaks verwandelt – oder in Milch, wenn Ihnen das lieber ist.

Ich postete eine Version genau dieses Satzes auf Twitter, und ein paar Leute flippten danach schier aus. Am augenfälligsten der amerikanische Musiker und Tierrechte-Aktivist Moby. In einem Post auf Instagram schimpfte er:

> *Wenn dir einer deiner Helden das Herz bricht. Neil deGrasse Tyson, ernsthaft? Sie twittern so etwas und reden das unsagbare Leiden klein, das hunderte Milliarden Lebewesen durchmachen müssen, die Jahr für Jahr von Menschen getötet werden? ... Für einen intelligenten Physiker klingen Sie, Neil deGrasse Tyson, wie ein ignoranter Soziopath.*

Mobys vollständiger Post und meine noch ausführlichere Antwort sind an anderer Stelle zu finden.[9] Hier geht es ausschließlich darum, dass mein Beitrag eine simple Darstellung von Fakten ist, ohne jede Meinungsäußerung, ergänzt lediglich durch das Sprachbild einer »biologischen Maschine«. Manche Leute sahen in meinem Tweet eine Befürwortung des Abschlachtens von Tieren, andere hielten ihn für einen unverhohlenen Appell an den Rest der Welt, zu Vegetariern zu werden. Ein weiterer Beleg dafür, dass wir

Filter der Voreingenommenheit mit uns herumschleppen, die festlegen, wie wir vollkommen neutrale Informationen verarbeiten. Moby hat sich später für seine Wortwahl entschuldigt, aber was hier hängen bleibt, ist die Intensität seines wohlbegründeten Aktivismus.

Die Produktion tierischer Nahrungsmittel ist der Stolz der Fließbandfertigung in der industrialisierten Welt. Leben Sie anderswo? Der Baum des Lebens ist fürs Abendessen gut bestückt, und vielerorts zählen dazu auch Pferd, Strauß, Emu, Känguru und Hund, hier und da sogar Reptilien und Insekten. Und Nagetiere nicht zu vergessen. In Texas aß ich einmal bei einem Barbecue gegrilltes Eichhörnchen. Da waren sogar noch die Schrotkugeln drin, mit denen es erlegt worden war. Die musste ich mir eine nach der anderen aus dem Mund herausklauben. Ansonsten war da nicht besonders viel dran. Und geschmeckt hat es natürlich wie Hühnchen.

* * *

Fische schreien oder stöhnen nicht. Es fließt auch nicht literweise Blut, wenn wir sie aufschneiden. Vielleicht hört man deshalb nicht so viel von deren Leiden auf dem Weg auf unseren Teller. Die Zahl der Spezies Wirbeltiere und wirbelloser Tiere, die wir aus unseren Meeren und Seen und Flüssen und Fischfarmen ziehen, kennt keine Grenzen. Was sie dabei erleben, ist zweifellos surreal – sie schwimmen frei in der dreidimensionalen Umgebung des Wassers herum und tun, was Fische halt so tun. Das Konzept des Fliegens existiert für sie nicht, denn wenn sie aus der Tiefe, in der sie sich aufhalten, etwas höher steigen wollen, schwimmen sie einfach dorthin, wo sie wollen. Das ist ihre ganze Welt, die einzige Existenz, die sie kennen. Und dann auf einmal werden sie nach oben gezerrt und in ein Paralleluniversum verfrachtet. Nichts ist mehr vertraut. Der Himmel, die Wolken, sie spüren die Wärme der Sonne. Die Wasseroberfläche war die Grenze ihres ozeanischen Universums – ihr kosmischer Horizont. Sie haben das Wasser niemals von außen gesehen, immer nur von innen. Augenblicke später beginnen sie zu ersticken, dann werden sie in einen großen Haufen zerkleinertes Eis geworfen und erfrieren. Und das sind noch die, die Glück gehabt haben. Wer Pech hatte, wird ins Meer zurückgeworfen, wo sie größte Mühe haben, ihren Fischkollegen vom Erlebten zu berichten. So sieht wahrscheinlich eine ganz normale Fischgeschichte aus, die von einer Entführung durch Aliens erzählt.

Die Effizienz der Fleischproduktion in den USA und weltweit vollzieht sich auf Kosten des Wohlbefindens und der Würde von Tieren und nimmt üblicherweise auf deren Schmerz und Leiden keinerlei Rücksicht. Eine ganz und gar nachvollziehbare Haltung, angesichts unseres Egos und der verbreiteten Wirkung der folgenden Sätze aus der Bibel:[10]

> *Und Gott sprach: Lasset uns Menschen machen, ein Bild, das uns gleich sei, die da herrschen über die Fische im Meer und die Vögel unter dem Himmel und über das Vieh und über alle Tiere des Feldes und über alles Gewürm, das auf Erden kriecht.*

Mit wenigen Ausnahmen,[11] in denen eine bestimmte Form vegetarischer Theologie eher von einer Art »Pflegschaft« als von »Herrschaft« über die Tiere spricht,[12] liefert diese

Passage dem Menschen seit Jahrtausenden gewissermaßen einen göttlichen Freibrief, mit allen anderen Lebewesen auf Erden umzuspringen, wie es ihm beliebt, seien es nun Landtiere, Wassertiere oder solche, die durch die Lüfte fliegen. Seit den 1970ern allerdings hat die Ethik des Umgangs mit Tieren ein komplettes Teilgebiet der akademischen Philosophie[13] hervorgebracht, und sie ist zu einem Thema des anhaltenden Aktivismus geworden.[14] Selbst wenn Sie keinen Gedanken an Umweltschutz verschwenden, könnten Sie allein schon mit diesen Gründen den Verzicht auf Fleischverzehr rechtfertigen.

In dieser Argumentation finden sich, wie wir in der Mathematik sagen, getrennte Variablen. Angenommen, alle Tiere, die die Menschen konsumieren, wären auf menschliche Weise aufgezogen und behandelt worden. Nehmen wir weiter an, sie hätten ein vollwertiges Leben geführt und wären schmerzfrei geschlachtet worden. Damit könnte man den einen oder anderen Vegetarier wieder ins Lager der Fleischesser locken, vor allem wenn man bedenkt, dass das Töten und Essen von Tieren kein Alleinstellungsmerkmal des Menschen ist. Ganze Zweige des Tierreichs bestehen ausschließlich aus Fleischfressern: Löwen steht nicht der Sinn nach einer Salatbeilage, wenn sie ein erlegtes Zebra verschlingen; Schlangen brauchen keine Beeren, und den Eulen ist der Broccoli, den Sie im Garten anbauen, herzlich egal.

Wenn es uns um die Empfindungen der Tiere geht, könnten wir eine Art Rangfolge anhand der Komplexität ihres jeweiligen Nervensystems aufstellen und entweder gar keine essen oder irgendwo eine Grenze ziehen. Sind Weichtiere okay? Wie ist es mit Schalentieren? Sind gewöhnliche Fische okay? Säugetiere vielleicht eher nicht. Immerhin sind wir selbst Säugetiere. Säugetiere haben ein großes Gehirn und säugen ihre Jungen, wie der Name sagt. Wie steht es mit Insekten? Eine reichhaltige Proteinquelle, höre ich. Haben Sie jemals ein Insekt unter dem Mikroskop betrachtet? Das muss noch nicht einmal ein High-Tech-Gerät sein. Die filigranen Details und die Funktionen all seiner Körperteile sind faszinierend. Ja, auch Insekten haben ein Gehirn. Und mehr Beine als wir. Viele können sogar fliegen. Und sie wissen, wie man mit anderen Tieren derselben Spezies kommuniziert. Und überhaupt: Immer, wenn wir sie uns näher ansehen wollen, machen sie sich irgendwohin schleunigst davon oder scheinen irgendetwas Wichtiges zu tun zu haben.

Da wir gerade bei Weichtieren waren: In den 1970ern kaufte Ingrid Newkirk aus Maryland eines Abends lebende Schnecken,[15] nachdem sie erfahren hatte, wie einfach sie als Abendessen zuzubereiten sind. Für ein einfaches Rezept braucht es bloß ein bisschen Knoblauch und Weißwein, das hatte sie im Haus und voilà, fertig sind die Escargots. Auf der Fahrt nach Hause hatte sich die Papiertüte mit den Schnecken auf dem Beifahrersitz geöffnet und war damit dem Sonnenlicht ausgesetzt. Schnecken können nur schlecht sehen, aber Licht erkennen sie durchaus, es zieht sie an.[16] Nach einer Weile sah Ingrid nach unten und bemerkte, dass die Schnecken sich nebeneinander am Rand der Tüte aufgereiht hatten und sie mit ihren unschuldigen, traurigen Knopfaugen ansahen, die auf den mäandernden Tentakeln ihrer Köpfe thronten. In dem Moment hielt Ingrid den Wagen an, setzte die Schnecken wieder in der Natur aus und verzichtete auf den Verzehr von Schnecken.

1980 wurde Ingrid Newkirk zur Mitbegründerin von PETA (People for the Ethical Treatment of Animals), der weltweit größten Tierschutzorganisation. Also, zumindest für einige Leute steht fest: Weichtiere sind nicht okay.

Ich habe schon alle möglichen Rechtfertigungen für den Verzehr von oder den Verzicht auf diesen oder jenen Zweig der Tierwelt gesehen, den der reichhaltige Baum des Lebens zu bieten hat. Denken Sie beispielsweise an den riesigen Aufschrei wegen des Netzfangs von Thunfischen, da sich gelegentlich auch ein lungenatmender Delfin im Netz verfängt[17] und jämmerlich darin erstickt, weil er nicht zum Atmen an die Wasseroberfläche schwimmen kann. Tragisch in der Tat. Ich persönlich achte deshalb darauf, ausschließlich mit der Angel gefangenen Thunfisch zu kaufen. Inmitten des grenzenlosen Mitleids für den toten Delfin und der Lobbyarbeit, die die Delfine retten soll: Wo bleibt eigentlich unsere kollektive Sorge um den toten Thunfisch? Fehlanzeige. Die sind schließlich für die Sushi-Bar bestimmt, oder für die kleinen Blechdosen, die wir zuhauf im Supermarkt finden. Stellen Sie sich vor, ein Feinkostgeschäft würde anfangen, Delfinsalat-Sandwiches zum Lunch anzubieten. Garantiert würden sich Massen wütender Demonstrierender vor der Tür des Ladens einfinden. Nicht weil das Geschäft Sandwiches mit toten Hühnern, toten Truthähnen, toten Schweinen, toten Rindern, toten Lachsen und ja, auch mit toten Thunfischen feilbietet, sondern weil tote Delfine nun einmal gar nicht gehen.

Der Drang, mit einer bestimmten Tierart in irgendeiner Weise anders umzugehen, wird auch als Gattungsdiskriminierung bezeichnet. Man denkt sofort an Rassismus oder Sexismus, aber in diesem Fall trifft ihre Voreingenommenheit irgendwelche Tiere wegen deren genetischer Distanz zum Menschen auf dem Baum des Lebens, oder weil sie einfach unansehnlich sind. Wie viele Tierfreunde marschieren mit Plakaten durch die Stadt und fordern: Rettet die Blutegel, oder die Moskitos, oder die Zecken, Bandwürmer, Läuse? Wie sieht es aus mit dem Guinea-Wurm, dessen hauptsächliches Wirtstier der Mensch ist? Wir hätten vermutlich kein Problem damit, wenn sie einfach aussterben würden. Wohl kaum jemand käme auf die Idee, solche Parasiten als Plüschtiere anzubieten, doch sie alle sind Geschöpfe auf Gottes grüner Erde, die einfach bloß überleben wollen, wie alle anderen auch. Man kann ihnen keinen Strick daraus drehen, dass sie keine knuddeligen Säugetiere mit süßen Knopfaugen und buschigen Schwänzen sind.

Wenn wir dieser Argumentation weiter folgen, könnten wir uns entscheiden, überhaupt keine Tiere mehr zu essen und ein Leben als Vegetarier zu führen, aber wenn man sich's überlegt, ist das doch Gattungsdiskriminierung gegenüber dem pflanzlichen Leben. Ein Beispiel: Vielleicht wohnen Sie in einem exklusiven Viertel in der Vorstadt. Sie fangen eine Maus im Keller in einer Lebendfalle. Dann lassen Sie die Maus draußen in der Wildnis wieder frei. Sie fühlen sich gut dabei, denn Sie sind gegen das Töten von Tieren. Dabei haben sie damit sozusagen den Tisch gedeckt mit einem leckeren Happen für Eulen, Falken, Schlangen oder Füchse und andere Beutegreifer, und die arme Maus unbeabsichtigt einem frühen Tod in den Fängen eines Räubers ausgesetzt. Die Maus hätte eine wesentlich höhere Lebenserwartung in der geschützten Wärme Ihres Hauses.[18] Derweil fällt uns ein, dass Ihr Haus aus dem Holz von 50 voll ausgewachsenen Bäumen[19] erbaut wurde, jeder davon hat ein halbes

Jahrhundert lang gelebt.[20] Sie alle wurden abgesägt und im Sägewerk zurechtgeschnitten und bilden nun die Balken Ihres Hauses, die Träger, die Ihr Zuhause stützen, und die Bodenbeläge, auf denen Sie gehen. Das sind 250 Tonnen ehemals Sauerstoff produzierenden pflanzlichen Lebens.[21] Eine fette Maus wiegt knapp 30 Gramm. An einem einzigen Tag produzierte jeder dieser Bäume das bis zu 15-fache der Masse dieser Maus an lebenserhaltendem Sauerstoff.

Was ist der Natur selbst wichtiger, die Maus oder der Baum? Wenn Sie einen Baum absägen, fließt da kein Blut? (Wirklich nicht? Und was wäre dann der authentische Ahornsirup auf Ihren Pancakes anderes als 30-fach konzentriertes Blut des Ahornbaumes?[22]) Wenn Sie einen Baum verhüllen, erstickt er dann etwa nicht? Wenn Sie einem Baum die Zufuhr von Wasser und Nährstoffen entziehen, verwelkt und stirbt er dann etwa nicht?

Was, wenn Pflanzen, auch wenn sie kein Gehirn haben, heimlich doch zu Empfindungen fähig wären? Diese Vorstellung ist vielleicht nicht so leicht zu akzeptieren, weil wir durch unseren Gehirnchauvinismus voreingenommen sind. Moderne Computerwissenschaftler stehen vor ähnlichen Herausforderungen, wenn sie beurteilen sollen, ob von Menschen programmierte Roboter jemals empfindungsfähig sein können. Wenn wir in Sachen Bewusstseinsforschung bei Pflanzen die Wissenschaft von der Pseudowissenschaft scheiden, wissen wir, dass ein Kommunikationsnetzwerk elektrochemischer Signale Mikroben, niedrigwüchsige Pflanzen, Tiere und Bäume miteinander verbindet. Das Netzwerk blüht und gedeiht unter unseren Füßen in einem pilzartigen Wurzelsystem des Waldes (dem Myzelgeflecht).[23] Viele bezeichnen es auch prägnant als

»Wood Wide Web«. Das von den am Netzwerk beteiligten Lebensformen gezeigte Verhalten wurde von Botanikern mit diversen menschlichen Gefühlszuständen wie Schmerz, Freude, Angst und Wut in Analogie gesetzt.

Das Ökosystem der Science-Fiction-Fantasiewelt im Film *Avatar* (2009) beruht zum Teil auf genau diesen Entdeckungen – ein Exoplanet, auf dem das miteinander verbundene pflanzliche und tierische Leben nur so brummt und Gefühle und Gedanken untereinander teilt. Zu den berühmten Fällen von empfindungsfähigem Pflanzenleben in der Welt der Fiktion zählen die unheimlichen, sprechenden Apfelbäume in *Der Zauberer von Oz*; die alten, weisen und kontemplativen Bäume mit Namen Ents in *Der Herr der Ringe*; und der superintelligente hölzerne Organismus von Planet X namens Groot, am besten bekannt aus seinen Auftritten im Comic und der Filmreihe *Guardians of the Galaxy*. Und dann wäre da noch der freundliche Alien im Film *E. T. – Der Außerirdische*. Der hatte auch ein Händchen für die Vegetation. Bei gleich mehreren Gelegenheiten streckt E. T. seinen leuchtenden Zeigefinger aus und heilt damit auf magische Weise sterbende Pflanzen. Vielleicht war er ja ein echtes Naturtalent. Ich weiß jedenfalls aus sicherer Quelle,[24] dass E. T. in Wirklichkeit gar nicht als Tier konzipiert war, sondern als empfindungsfähige Pflanze.

Aber diese Beispiele stammen alle aus Hollywood. Versuchen wir es stattdessen lieber wieder mit einem extraterrestrischen Gedankenexperiment. Stellen Sie sich vor, eine Gruppe Aliens käme zu Besuch, und diese würden ihre Energie und Ernährung sämtlich aus dem Licht der Sterne und aus Mineralien beziehen. Was würden sie vom Leben auf der Erde halten? Sie würden ihre Verwandtschaft erkennen – alles, was Photosynthese betreibt – und sich an deren taxonomischer Vielfalt erfreuen, von mikroskopisch kleinen Cyanobakterien in Seen und Tümpeln bis hin zu den mächtigen Mammutbäumen des amerikanischen Nordwestens, die mehrere tausend Jahre alt werden können. Das ganze übrige Leben würden sie für hoffnungslos barbarisch halten, weil es alle möglichen lebenden Organismen umbringt, um das eigene Überleben zu sichern. In den Menschen würden sie Spitzenprädatoren sehen, die ständig auf Gewalt gepolt sind – unterteilt in zwei Arten: diejenigen, die Tiere töten und essen und diejenigen, die Pflanzen töten und essen.

Selbst wenn es verspielt zugeht, sind wir noch Barbaren. Von den 1950ern bis in die 1990er-Jahre wuchsen Millionen Kinder mit einer Fernsehfigur namens Shari Lewis auf. Diese sprach als Bauchrednerin dauernd mit ihrer niedlichen Sockenpuppe namens Lamb Chop. 1993 sagte Lamb Chop sogar vor dem US-Kongress aus – es ging um eine Initiative für die Qualität des Kinderprogramms im Fernsehen.[25] Lamb Chop. Ein total süßer Name, bis man mal fünf Sekunden lang darüber nachdenkt. Die Puppe ist ein Lämmchen. Der Name der Puppe beschreibt das, was mit einem Lamm geschieht, wenn es geschlachtet, sein Brustkorb in Einzelteile zerlegt und gegrillt wird (die wörtliche Übersetzung wäre »Lammkotelett«). Wenn Ihr Lieblingshaustier ein Schwein wäre, würden Sie es etwa »Schnitzel« oder »Kassler« taufen? Wenn Sie eine Lieblingskuh hätten, würden Sie ihr den Kosenamen »Rostbraten« oder »Filetsteak« verpassen? Die unterschwellige Botschaft: Lamb Chop war gar keine Puppe. Lamb Chop war das Abendessen.

So morbide das sein mag, unsere Licht in Nahrung umwandelnden Besucher aus dem All würden sich ganz besonders über die vegetarischen Erdlinge aufregen, die ihre pflanzlichen Brüder und Schwestern dahinschlachten. Und das ist noch nicht alles: Menschliche Pflanzenfresser interessieren sich ganz besonders für Fortpflanzungsorgane – die Blumen, die Samen, die Nüsse, die Beeren – und essen diese, was natürlich den Lebenszyklus der betreffenden Pflanze zerstört.

Viele andere Früchte verzehrende Säugetiere genießen solcherlei Snacks – oft schlucken sie sogar die in eine harte Schale gehüllten Samen einfach am Stück hinunter. Diese wandern dann unbeschadet durch den Verdauungstrakt des Tieres. Bis dahin ist das Tier an neue Orte weitergezogen, wo die Samen wieder herauskommen, noch dazu eingepackt in Gratis-Dünger. Die Pflanze hat auf passive Weise, unter Nutzung einer symbiotischen Beziehung mit hungrigen Säugetieren, ihre Präsenz in der Landschaft weiterverbreitet. Ist die Natur nicht wundervoll? Wir Menschen aber zermahlen die Samen der Früchte und Beeren mit unseren Backenzähnen zu Brei. Diejenigen, die wir zufällig doch ganz hinunterschlucken, geben das Leben der Pflanze dennoch nicht weiter, weil wir (in aller Regel) nicht einfach auf die Wiese kacken.

Es kommt noch schlimmer. Barbarische Menschen wollen ausgerechnet die jüngsten Versionen von Pflanzen ernten. Warum sonst stehen im Gemüseregal oder in der Tiefkühlabteilung Ihres Supermarkts kindermörderische Packungen mit Babykarotten, Babyspinat, Baby-Rukola, Baby-Artischocken, Baby-Kürbis oder Bohnensprossen? Die Liste ließe sich beliebig fortsetzen.

Eine schlichte Wahrheit der menschlichen Existenz: Unsere drei Energiequellen – Proteine, Kohlenhydrate und

Fett – verdanken wir allesamt dem Töten und Verzehren anderer Lebensformen in unserem Ökosystem. Wir können einige unserer benötigten Mineralien wie Salz auch aus der Umwelt beziehen, aber von Mineralien allein können wir nicht leben. Zwei Formen von Nahrungsmitteln stehen über der Lebensweise nach dem Motto »Ich muss töten, um zu überleben«: Milch und Honig. Zusammengenommen bilden sie eine reichhaltige Quelle für Proteine, Kohlenhydrate und Fett, und kein anderes Lebewesen muss für unsere Ernährung damit ihr Leben lassen. Wenn Sie also nicht ausschließlich von der Umwandlung von Sonnenlicht in Nahrung leben können, ist eine aus Milch und Honig bestehende Ernährung die am wenigsten gewalttätigste bzw. lebensschonendste Lebensweise, die auf Erden denkbar ist.

Beachten Sie nun, dass Veganer Milch (beziehungsweise Milchprodukte) und Honig aus ihrer Ernährung explizit ausschließen, mit der Begründung, dass man damit Nahrung verbraucht, die für Kälber und Bienen vorgesehen war. Ich stelle mir vor, säugende Kühe und Bienen haben etwas dagegen, dass man ihnen die kostbare Babynahrung wegnimmt, auch wenn sie die Möglichkeit hätten, schlicht und einfach mehr davon zu produzieren. In jedem Fall zieht die vegane Philosophie es vor, wenn Sie Pflanzen für Ihre Ernährung töten und nicht etwa der Kuh ihre Milch und der Biene ihren Honig stehlen.

* * *

Angesichts der rasanten Entwicklung von Innovationen im Nahrungsmittelbereich könnte es sein, dass wir schon bald eine komplette Cuisine auf der Basis von im Labor gezüchtetem Fleisch hervorbringen. Diese Proteinkulturen sehen aus wie Fleisch, sie schmecken auch wie Fleisch, denn ... sie sind Fleisch. Die Fertigung kommt schlicht auch ohne die Aufzucht und das Töten lebender Organismen aus. Den Produkten können auch Vitamine, Mineralien, Spurenelemente und von Meisterköchen maßgeschneiderte Aromen zugesetzt werden, sodass sie daheim in der Küche noch nicht einmal gewürzt werden müssen. Es gibt mehrere börsennotierte Unternehmen, die mit genau solchen Produkten experimentieren.[26] Der Markt richtet sich also auf einen florierenden Zweig der Nahrungsmittelindustrie ein. Wenn wir Milch und Honig wieder in diesen Mix aufnehmen und wenn Vegetarier den Schritt zum Laborfleisch zu gehen bereit sind, erleben wir vielleicht eine Zukunft der Zivilisation, in der weder Pflanzen noch Tiere getötet werden müssen, um den Menschen am Leben zu erhalten. Das würde uns auch vor der Wut der Aliens auf Erdenbesuch schützen, die weder Pflanzen noch Fleisch verzehren. Einmal abgesehen von dem ganzen Töten, das wir Menschen uns gegenseitig antun, würden sie uns vielleicht für die naturliebendste Spezies in der ganzen Galaxie halten.

Und es gibt noch einen weiteren, auf komische Weise zutreffenden Unterschied zwischen dem Essen von Pflanzen und dem Essen von Tieren. Der erfolgreiche TV-Produzent Chuck Lorre, bekannt vor allem als Mitautor und Produzent der Erfolgs-Sitcom *The Big Bang Theory*, platziert von ihm selbst so titulierte »Vanity Cards« am Ende jeder Episode. Er nutzt sie, um kurz zu irgendeinem Thema Stellung zu nehmen, und sie werden nur eine oder zwei Sekunden lang eingeblendet. Sie enthalten in der Regel deutlich mehr Text, als man in der kurzen Zeit lesen kann, sodass man sie im

Internet suchen muss. Nachdem er sich schon im Vorhinein bei allen entschuldigt, denen er auf den Schlips treten könnte, startet Lorre mit seiner Card Nr. 536 die folgende Attacke:[27]

> *Vegetarier und Veganer sind frömmelnde Beweglichkeitsfanatiker. Sie glauben, wenn sich eine Lebensform nicht bewegt, hat sie es verdient, umgebracht und verspeist zu werden ... Diese hasserfüllte Philosophie geht von der Grundidee aus, dass Bewegung dem Bewusstsein gleichzusetzen ist, oder, wenn man so will, etwas irgendwie Heiliges an sich hat ... Wenn Sie einen Vegetarier oder Veganer fragen, wird er das natürlich bestreiten und behaupten, er oder sie wäre einfach bloß gegen das Essen von Fleisch. Aber gibt es etwas Fleischigeres als Pilze? Oder eine Avocado? Oder eine Aubergine? Die hässliche Wahrheit ist, das sind einfach Feiglinge, die alles ermorden und verschlingen, was nicht weglaufen kann.*

Anschließend sorgt er sich um seinen Onkel Murray, der oft stundenlang regungslos vor dem Fernseher sitzt. Genau wie lebende Pflanzen bewegt sich Onkel Murray so gut wie nie, es besteht also die Gefahr, dass er, sollten Vegetarier ihn erspähen, einfach aufgegessen wird. Ich brauche die Leserinnen und Leser wohl nicht daran zu erinnern, dass Lorre erfolgreiche Sitcoms schreibt. Dieses Stückchen Satire sollte daher als pure Unterhaltung verstanden werden. Er ist wirklich gut in dem, was er macht. Wenn Sie nach *The Big Bang Theory* googeln, beziehen sich die Top-Treffer der Suche allesamt auf seine TV-Serie. Sie müssen ein ganzes Stück blättern, bis sie auf einen Eintrag stoßen, in dem es um den Ursprung des Universums geht. Als Astrophysiker und Wissenschaftsvermittler frage ich mich immer noch, ob ich das gut oder doch eher nicht so gut finden soll.

Die Heiligkeit tierischen Lebens als vegetarisches Edikt, auf das Chuck Lorre kurz eingeht, hat tiefe Wurzeln, allerdings ging Christiaan Huygens, der niederländische Universalgelehrte aus dem 17. Jahrhundert, noch einen Schritt weiter. Er fasste Pflanzen und Tiere zu einer einzigen Gruppe zusammen und lieferte einen göttlichen Vergleich zwischen diesen beiden und dem Rest der Natur.[28]

> *Da dann vermuthlich niemand in Abrede seyn wird, daß die Gestalt und das Leben auch die Art des Wachsthums und der Fortpflanzung in denen Gewächsen und Thieren etwas grösseres, und viel mehr zu bewundern seye, als die Cörper, welche kein Leben haben … (ob diese gleich von ansehnlicher Grösse sind, nemlich die Berge, Felsen, Meere und dergleichen.) Und erscheinet auch, wie an beyden dieser Arten lebender Dinge die Vortreflichkeit der göttlichen Vorsichtigkeit und Weisheit viel anders und weit klarer zu erkennen, weder an andern …*

Vielleicht ist ja alles heilig. Vielleicht gibt es eines Tages eine Konkurrenz zur Tierschutzorganisation PETA, nämlich die PETP (People for the Ethical Treatment of Plants), die sich dem ethischen Umgang mit Pflanzen verschreibt. Oder vielleicht sind die Menschen ein sonderbarer Irrweg der natürlichen Ordnung des Universums. Was sind wir aus der Sicht eines Grizzlys oder eines Eisbären? Sind wir empfindungsfähige Wesen, in der Lage, Kunst und Philosophie und Wissenschaft und Zivilisation hervorzubringen? Nein. Wir sind freilaufende fleischliche Nahrung. Jeder Teil von uns. Der Cartoonist Gary Larson erfasste mit seinem morbiden Humor genau dies auf brillante Weise in einer Zeichnung, auf der man einen hungrigen Eisbären sieht, der ein Loch in die Oberseite eines Iglus beißt und die anschließende Mahlzeit einem anderen Eisbären begeistert schildert: »Außen knusprig, innen zart!«

Noch mehr von der Sorte gefällig? In einer im Jahr 1990 im Magazin *Omni* erschienenen Kurzgeschichte mit dem Titel »Sie sind aus Fleisch« sorgt Science-Fiction-Autor Terry Bisson dafür, dass Sie bedauern werden, ein Mensch zu sein. Wir werden Zeugen eines Zwiegesprächs zwischen zwei ätherischen Aliens, bei dem einer sich müht, dem anderen zu verklickern, dass menschliche Erdlinge vollständig aus Fleisch bestehen. Das Erstaunen, das diese Entdeckung bei den Außerirdischen auslöst, beschreibt der folgende kleine Ausschnitt aus dem knackigen Dialog:[29]

– Sie sind aus Fleisch.
– Fleisch?
– Fleisch. Sie sind aus Fleisch.
– Fleisch?
– Daran besteht kein Zweifel. Wir haben mehrere davon aus verschiedenen Teilen des Planeten aufgesammelt, an Bord unserer Aufklärungsschiffe genommen und von oben bis unten untersucht. Sie sind komplett aus Fleisch.
– Das ist unmöglich. Was ist mit den Funksignalen? Die Nachrichten an die Sterne?
– Sie benutzen die Radiowellen, um zu sprechen, aber die Signale kommen nicht von ihnen. Die Signale kommen von Maschinen.

– Aber wer hat die Maschinen gebaut? Das sind die, die wir kontaktieren müssen.
– Sie haben die Maschinen gemacht. Das versuche ich dir doch zu sagen. Fleisch hat die Maschinen gemacht.
– Das ist lächerlich. Wie kann Fleisch eine Maschine bauen? Du verlangst von mir, an empfindungsfähiges Fleisch zu glauben?

Weiter unten versucht der erste Alien, dem anderen zu beschreiben, wie die Menschen kommunizieren:

– Du weißt, was das für ein Geräusch macht, wenn Fleisch aufeinanderschlägt? Sie reden, indem sie sich gegenseitig mit dem Fleisch schlagen. Sie können sogar singen, indem sie Luft durch ihr Fleisch spritzen.

Um das Ganze in einen größeren Zusammenhang zu stellen, bedenken Sie, dass alle Spezies, große wie kleine, im Baum des Lebens nur vorübergehende Akteure im irdischen Ökosystem sind, zu Lande, zu Wasser und in der Luft. Der größte bekannte Organismus der Welt ist ein 35 000 Tonnen schweres Pilzgeflecht (fast zwei Drittel des Gewichts der *Titanic*). Dieser wahrhaft titanische Pilz lauert im Untergrund und erstreckt sich über mehrere Meilen in den Blue Mountains von Oregon. Wenn Sie eine Vorliebe für schwer auszusprechende und schwer zu merkende Bezeichnungen in Kursivschrift für Gattung und Art haben: Das Ganze nennt sich *Armillaria ostoyae*. Pilze bilden ein eigenes Reich in der Vielfalt der Lebewesen. Dieses trennte sich von den Tieren in der evolutionären Geschichte später, als sich unser gemeinsamer Vorfahre von den grünen Pflanzen trennte.

Menschen und Pilze sind daher genetisch näher miteinander verwandt, als wir oder die Pilze es mit irgendeinem Bewohner des Pflanzenreiches sind.

Vielleicht finden wir ja deshalb oft, Pilze würden irgendwie »fleischig« schmecken – ein Adjektiv, das in der Beschreibung von Grünkohl garantiert nichts zu suchen hat. Auf eine ganz entfernt verwandtschaftliche Weise beißen wir sozusagen in uns selbst.

KAPITEL SIEBEN

Geschlecht & Identität

Unsere Gemeinsamkeiten sind größer als die Unterschiede

Die Trennlinien in unserer modernen Zivilisation erscheinen endlos. Wir sortieren uns bereitwillig nach Haarfarbe, Hautfarbe, Ernährung, Kleidung, Religion, Sexualität, Sprache, der Seite der Grenze, auf der wir leben, und so weiter. Im Universum ist uns Astrophysikern diese Übung keineswegs fremd. Materie und Energie manifestieren sich über eine umwerfende Breite von Eigenschaften wie Größe, Temperatur, Dichte, Ort, Geschwindigkeit und Rotation. In manchen Fällen teilt sich die Natur klar und deutlich in Kategorien, die wir eindeutig definieren können – also zum Beispiel, ob eine Substanz fest, flüssig oder gasförmig ist. Vermutlich hatten Sie in Ihrem Leben noch nie Probleme, diese Aggregatzustände auseinanderzuhalten.

Allerdings gibt es auch bei diesen Unterscheidungen so manche Feinheiten.

Auch wenn Sie nicht im Hochgebirge zu Hause sind, werden Sie davon gehört haben, dass man in großer Höhe fürs Kochen mehr Zeit einplanen muss, um den geringeren Luftdruck dort oben auszugleichen. Warum das so ist, hat Ihnen aber wahrscheinlich noch nie jemand erklärt. Der Siedepunkt einer Flüssigkeit ist keine Universalkonstante. Er richtet sich nach dem Luftdruck, der auf die Oberfläche der Flüssigkeit einwirkt. Wenn Sie bei Wasser den Luftdruck reduzieren, kommt es bei einer niedrigeren Temperatur zum Kochen, was zur Folge hat, dass Sie Nahrung länger kochen müssen, um die gleiche Wirkung zu erzielen, also bis etwa die Nudeln gar sind. Je weiter Sie den Luftdruck herunterfahren, desto niedriger wird der Siedepunkt. Wenn Sie den Luftdruck auf ein Niveau absenken, bei dem Sie nicht mehr atmen könnten und ersticken würden, gibt es eine Kombination aus Druck und Temperatur, bei der Wasser zugleich kochen und gefrieren würde. Unter diesen magischen Bedingungen existieren die drei Aggregatzustände des Wassers (fest, flüssig, gasförmig) fröhlich nebeneinander – das Ganze nennt sich logischerweise Tripelpunkt des Wassers. Zufällig erfüllen große Teile der Marsoberfläche genau diese Bedingungen. Deshalb gibt es auf die Frage »Was ist der Aggregatzustand von Wasser am Tripelpunkt? Ist es fest, flüssig oder gasförmig?« eine sehr schlichte Antwort: »Ja«. Alle drei treffen gleichzeitig zu. Eine merkwürdige, aber präzise Antwort, die vollkommen vernünftig wirkt, sobald Sie sich vom Drang befreien, alles um Sie herum in irgendwelche Schubladen zu stecken.

Die Forderung, dass Objekte, Dinge und Ideen in sauber unterteilte Kategorien passen müssen, wurzelt offenbar sehr tief und leitet sich aus der Unfähigkeit ab, mit Mehrdeutigkeit klarzukommen. Bist du für uns, oder bist du gegen uns? Vielleicht liegt die Antwort ja irgendwo dazwischen – oder überall dazwischen. Wir kämpfen dagegen an, und zwar mit allem, was wir haben.

Der berühmt-berüchtigte Welle-Teilchen-Dualismus der Materie verstört nicht wenige Menschen. Der englische Zwitterbegriff »wavicle« (aus »wave« und »particle«) konnte sich nie so recht durchsetzen. Vielleicht wäre es besser gewesen, wenn er sich durchgesetzt hätte. Das Gejammer klingt meist ungefähr so: »Was ist es denn nun? Es muss entweder das eine sein oder das andere. Das muss ich wissen!« Die simple Antwort lautet, dass sich Materie sowohl in Form von Wellen als auch in Form von Teilchen manifestiert. Finden Sie sich einfach damit ab.

Sie kennen Schrödingers berühmte Katze in der geschlossenen Kiste:[1] Ist sie nun tot oder lebendig? Wenn Sie die Kiste öffnen, werden Sie feststellen, dass sie entweder das eine ist oder das andere. Die Quantenphysik lehrt uns jedoch, dass die Katze, solange die Kiste geschlossen bleibt, zur gleichen Zeit sowohl tot als auch lebendig ist. Noch einmal: Finden Sie sich damit ab. Die Natur ist nicht verpflichtet, sich an unsere begrenzten Fähigkeiten zur Interpretation der Wirklichkeit anzupassen. Und eine Katze in der Kiste ist erst der Anfang. Während Sie dies lesen, ist das Quantencomputing gerade in der Entwicklung. Eine ganz neue Art von Schaltkreisen, offen für alle statistischen Ungewissheiten und binären Uneindeutigkeiten in realen Problemstellungen. Beim klassischen Computing beruhen alle Berechnungen – und alle Daten – darauf, dass ein »Bit« den Wert 0 oder 1 hat. Tatsächlich: Alles besteht aus Nullen und Einsen. Unser komplettes informationstechnisches Universum ist binär.

Quantencomputing arbeitet stattdessen mit »Qubits«. Ein Qubit (oder Quantenbit) kann 0 oder 1 sein, genau wie die klassische Verwandtschaft. Ein Qubit kann aber auch eine stufenlose Kombination aus 0 oder 1 sein: ein bisschen 0 und ganz viel 1; oder ganz viel 0 und bloß ein bisschen 1; gleiche Anteile von beidem und alle Kombinationen dazwischen. Im Quantensprech nennen wir dies die »Superposition« der beiden Status. Nicht zu wissen, ob ein Qubit nun 0 oder 1 ist, ist nicht etwa ein Mangel des Quantencomputing; es ist eine begehrte Eigenschaft, die unseren binär gestrickten Gehirnen einiges abverlangt.

Im Universum können zwei oder mehr scheinbar widersprüchliche Fakten gleichzeitig zutreffend sein. Wie sieht es auf der Erde aus? Kann man gleichzeitig männlich und weiblich sein? Oder keines von beiden? Ist es möglich, fließend zwischen einem männlichen und weiblichen »Aggregatzustand« zu wechseln? Ist dann auch die sexuelle Präferenz fließend? Vielleicht sind wir ja alle männlich-weibliche Qubits. Solche Fragen sind für manche Leute schwer zu begreifen: Sie sind eingebettet in eine Kultur, die die Welt als Landschaft starrer Kategorien sieht, in der die Dinge einem eindeutigen Entweder-Oder unterliegen und nicht in ein Kontinuum fallen.

Eine Analyse von Farben vermittelt uns eine wertvolle Einsicht. Aus Gründen der Einfachheit und Bequemlichkeit sprechen wir von den sieben Farben des Regenbogens – die sieben Farben des sichtbaren Sonnenspektrums: Rot, Orange, Gelb, Grün, Blau, Indigo und Violett. Wir akzeptieren diese sieben Farben, gelegentlich lassen wir auch das unwürdige Indigo unter den Tisch fallen, bleiben sechs, wie bei dem modernen, stilisierten Pfau im NBC-Logo oder in der traditionellen LGBT-Flagge. Worüber kaum jemand spricht, was aber Astrophysiker nur zu genau wissen, ist die Tatsache, dass sich die Farben von Rot bis Violett in einem

Kontinuum bewegen. Wenn wir die visuelle Sehschärfe und das dazugehörige Vokabular besäßen, um sie zu beschreiben, könnten wir tausende Farbabstufungen identifizieren, die nahtlos ineinander übergehen. Nirgendwo gibt es eine scharfe, klar abgetrennte Grenze. Die Farben des Lichts bilden eine kontinuierliche Sequenz von Wellenlängen, die auch Energie und Frequenz abdecken. Wenn wir Astrophysiker von der Farbe eines Objekts sprechen, können wir das mit höchster Präzision tun: Wir benennen einfach spezifische Wellenlängen des Lichts, ohne uns mit den ansonsten üblichen groben Farbkategorien abzugeben.

Die Liste der Buchstaben, die gegenwärtig durch die Regenbogenflagge abgebildet werden, lautet LGBTQ+: lesbisch, gay (homosexuell), bisexuell, transgender, queer und andere mit abweichender geschlechtlicher und sexueller Identität. Von diesen Begriffen wurden »gay« (schwul) und »queer« früher abwertend verwendet. Die Community und die dazugehörende Bewegung holten sich die Begriffe gewissermaßen zurück und befreiten sie von der Macht, die die Unterdrücker einst mit diesen Worten auf den Lippen gegen sie ausübten. Bei der letzten Zählung kam man auf mindestens 17 von der Norm abweichende Bezeichnungen,[2] und jede einzelne davon identifiziert Mitmenschen, die keine Cisgender-Heteros sind – ein Begriff, der selbst wiederum eine Person beschreibt, deren innere Identität und Geschlecht ihrem zugewiesenen Platz im Männlich-Weiblich-Schema entsprechen und deren sexuelle Präferenz das jeweils »andere« Geschlecht ist. Dieses Cis-Hetero-Schema ist so ziemlich alles, was wir im Verlauf des 20. Jahrhunderts in den Geschichten in Kino und Fernsehen vorgesetzt bekamen. Wer nicht in dieses Schema passte, das waren nicht einfach nur andere Charaktere, die zufällig in der Geschichte vorkamen. Sie wurden vielmehr herausgepickt und als Opfer komödiantischen, verbalen oder physischen Missbrauchs benutzt. In der Version des Films *West Side Story*[3] aus dem Jahr 1961 wollte ein Kid namens Anybodys zu den Jets gehören, einer rein männlichen Jugendgang. Sie hat kurzes Haar. Sie hat ein dreckverschmiertes Gesicht. Sie ist dreist und wagemutig. Sie ist bereit zu kämpfen. Sie trägt Hosen. Es ist definitiv nichts Zierliches an diesem archetypischen »Tomboy«. Nein, die Jungs nehmen sie nicht in die Jets auf, weil ... sie ist ein Mädchen. Wenn du kein Junge bist, bist du ein Mädchen. Ein kurzes Gespräch mit Riff, dem Anführer der Jets, zusammen mit A-Rab und anderen Gangmitgliedern vermittelt uns diese Ablehnung:

Riff: Nicht du, Anybodys. Hau ab.

Anybodys: Oh Mann, Riff, du musst mich in die Gang aufnehmen. ... Ich bin ein Killer. Ich will kämpfen.

A-Rab: Wie soll sie sonst an einen Typen kommen, der sie anfasst?

Riff: Jetzt mach schon, verzieh dich, kleines Mädchen, Verzieh dich!

Jets Gang: Hau ab!

Die Welt war eine ziemlich binäre Angelegenheit damals, obwohl wir alle in unserem Umfeld Menschen kannten und sahen, die nicht in dieses Schema passten – wenn wir denn selbst hineinpassten.

Diese Junge-Mädchen-Polarität ist tief verwurzelt. Es wird Sie kaum überraschen, dass es auch in der Bibel eine passende Stelle dazu gibt:[4]

Eine Frau soll nicht Männersachen tragen, und ein Mann soll nicht Frauenkleider anziehen; denn wer das tut, der ist dem HERRN, deinem Gott, ein Gräuel.

Kein Zweifel: Dem Schöpfer des Universums liegt einiges an Ihrer Wahl der Garderobe. Johanna von Orléans, eine Seelenverwandte von Anybodys, wurde 1431 bei einem Prozess verurteilt, in dem ihr berühmterweise auch das beständige Crossdressing als ketzerisches Vergehen zum Vorwurf gemacht wurde, weshalb sie am Ende auf dem Scheiterhaufen verbrannt wurde.[5]

Es gibt einen starken Drang, alles zu kategorisieren und ein »Anderes« zu schaffen, vielleicht weil es schwieriger ist, darüber nachzudenken, ob Sie durch ein Kontinuum mit der betreffenden anderen Person verbunden sind, oder mit irgendeiner sonstigen Person, die Sie als anders wahrnehmen als Sie selbst. Die Biologie als solche wird Ihnen nicht aus diesem Dilemma heraushelfen. Die angenommene geschlechtliche Zweiteilung in der Natur wird überschätzt, es wimmelt nur so von Ausnahmen, nicht nur bei uns Menschen, sondern ganz allgemein im Tierreich.[6]

* * *

Eines kalten Wintertages beobachtete ich in der New Yorker U-Bahn alle Fahrgäste, die einen Sitzplatz hatten – ein auf typische Weise diverser Haufen Leute, die ganz einfach morgens auf dem Weg zur Arbeit waren. Wir alle trugen warme Winterkleidung, deswegen waren Körperformen unter den dicken Mänteln und Jacken kaum auszumachen. Alles, was man von den Leuten sehen konnte, war der Kopf.

Man beachte auch, dass die Länge der Beine nahezu den ganzen Größenunterschied bei Menschen ausmacht. Im Sitzen sind wir alle fast gleich groß. Das ist auch der Grund, warum der Fahrersitz im Auto viel weiter nach vorne und hinten verstellbar ist als – wenn überhaupt – nach oben und unten. Dann unterzog ich mich selbst einem Gender-Test. Würde ich allein an den Gesichtern erkennen können, wer sich als männlich darstellte und wer als weiblich? Das war nicht weiter schwierig – selbst nachdem ich alle aufgrund der Gesichtsbehaarung oder der Glatze offensichtlich männlichen Häupter aus meiner Stichprobengruppe aussortiert hatte. Mir ging es dabei um gesellschaftliche Normen dafür, wie Männlein und Weiblein vom Hals an aufwärts üblicherweise auszusehen hätten. Bei dieser Stichprobengruppe waren die Daten binär. Die Frauen hatten im Durchschnitt längeres Haar. Sie trugen mit größerer Wahrscheinlichkeit Ohrringe, und wenn sie welche trugen, waren sie größer als die der Männer. Die Augenbrauen waren gezupft. Sie trugen mit größerer Wahrscheinlichkeit sichtbares Makeup wie Eyeliner, Mascara, Rouge oder Lippenstift. Sie trugen mit größerer Wahrscheinlichkeit sichtbaren Schmuck wie Halsketten, auffällige Ringe oder Armbänder. Auch lackierte Fingernägel fanden sich mit höherer Wahrscheinlichkeit bei Frauen.

Natürlich zeigten auch Männer das eine oder andere dieser Merkmale. Aber wenn man alle Faktoren gewichtete, war einigermaßen klar, wer hier die Jungs waren und wer die Mädels. In dem Moment wurde mir bewusst: 100 Prozent der Eigenschaften, an denen ich mich orientierte, bezogen sich auf sekundäre oder tertiäre Merkmale – nichts weiter als gesellschaftliche Konstrukte. Dann versuchte ich sorgfältig, mir die ganzen Leute in der U-Bahn ohne dieses schmückende Beiwerk vorzustellen. Das ist schwierig, aber nicht unmöglich. Danach konnte ich das eine Geschlecht nicht mehr vom anderen unterscheiden. Gab es da »das« kanonische, weiblich oder männlich geformte Gesicht, an dem man das Geschlecht eindeutig ablesen konnte? Nase, Stirn, Wangenknochen, Kieferpartie, Lippen, Mund? Keine Trends weit und breit. Beim Studium entsprechender Fachliteratur fand ich Kommentare dahingehend, Männer besäßen im Bereich des Kinns und der Augenbrauenpartie maskuline Merkmale, die sie eindeutig von Frauen unterschieden.[7] Begleitend dazu aber auch die Hinweise, dass eine Frau mit solchen Merkmalen eben maskuline Gesichtszüge habe, Männer mit weicheren Zügen hingegen eine feminine Ausstrahlung. Genauso gut hätten sie schreiben können, dass die Bandbreite der menschlichen Gesichtszüge eben weiche/sanfte und besonders markante/ausgeprägte Merkmale aufweist, ohne sie einem bestimmten Geschlecht zuzuordnen.

An dem Punkt dachte ich an den enormen Aufwand, den wir alle für ein möglichst geschlechterspezifisches Erscheinungsbild betreiben. Sie wollen männlicher aussehen? Vielleicht lassen Sie sich einen Schnurrbart oder einen Vollbart wachsen. Ein Besuch im Fitnessstudio, um Muskelmasse aufzubauen, kann auf jeden Fall nicht schaden. Kleidung wird natürlich nur in der Herrenabteilung des Kaufhauses erworben. Modedesigner haben Ihnen das Nachdenken darüber bereits abgenommen. Wählen Sie Kleidung, die Ihren neuen Körperbau betont. Sie wollen lieber weiblicher aussehen? Entfernen Sie die Haare um Ihre Lippen herum, zwischen den Augenbrauen, an den Beinen, und an anderen

Stellen, die Ihnen in den Sinn kommen. Schließlich weiß jeder, dass Männer haarige Wesen sind und Frauen nicht. Die Brüste sind nicht groß genug? Die sind wichtig, weil Männer keine haben, Frauen aber schon. Also warum nicht in dem Bereich ein wenig nachhelfen? Tragen Sie BHs, die das akzentuieren, was Sie haben, oder gehen Sie gleich zum Schönheitschirurgen und lassen Sie sich die Brüste vergrößern, wie es in den USA jedes Jahr über 200 000 Frauen tun.[8] Kaufen Sie Kleidung ausschließlich in der Damenabteilung. Dort weiß man in jedem Fall Bescheid, wie Sie aussehen sollten.

Ohne diese Hilfsmittel und gesellschaftlichen Normen und ohne unseren täglichen Aufwand für ein geschlechtergerechtes Erscheinungsbild, wie sehr würden wir uns tatsächlich voneinander unterscheiden? Wie androgyn würden wir dann alle werden? Mit oder ohne Mantel? Ob Sie es glauben oder nicht: Die Rentiere, die den Schlitten des Weihnachtsmanns ziehen, verdeutlichen das Problem. Im Unterschied zu anderen Hirscharten tragen sowohl männliche als auch weibliche Rentiere ein Geweih. Auf den ersten Blick sehen sie also alle gleich aus. Zoologisch betrachtet jedoch verlieren alle männlichen Rentiere gegen Ende des Herbsts ihr Geweih, lange vor Weihnachten also.[9] Trotz ihrer Namen, von denen nur einige Frauennamen sind,[10] haben sämtliche Rentiere des Weihnachtsmanns ein Geweih. Folglich müssen sie allesamt weiblich sein. Woraus zwingend folgt, dass Rudolph mit der roten Nase eigentlich Renate heißen müsste.

Wir neigen dazu, Informationen in Kategorien zu unterteilen, selbst wenn uns vorab voll bewusst ist, dass wichtige Eigenschaften fließend sind und sich einer einfachen Einsortierung entziehen. Denken Sie an die Saffir-Simpson-Skala. Diese teilt Wirbelstürme in fünf verschiedene Kategorien ein.[11] Nicht drei, nicht neun, nicht zweiundzwanzig, sondern fünf. Mit klar definierten Abgrenzungen, gemessen anhand der anhaltenden Windgeschwindigkeit.

Kategorie 1	119 – 153 km/h
Kategorie 2	154 – 177 km/h
Kategorie 3	178 – 208 km/h
Kategorie 4	209 – 251 km/h
Kategorie 5	252 km/h und mehr

Wohnt dieser Unterteilung irgendetwas Magisches inne? Nicht die Spur. Es sind nicht einmal runde Werte, weder in Meilen noch in Kilometern pro Stunde. Der Bauingenieur Herbert Saffir und der Meteorologe Robert Simpson stellten die Skala im Jahr 1973 auf. Sie korrelierten Windgeschwindigkeiten zu Schäden an den Häusern und sonstigen Gebäuden der damaligen Zeit. Bis auf den heutigen Tag sind unsere Wetterfeen im Fernsehen voll gespannter Erwartung, wenn die Intensität eines Hurrikans von einer Kategorie zur nächsten wechselt. Eine solche neue Kategorie hat immer Nachrichtenwert. Meteorologen werden brav vermelden, »Hurrikan Hilda hat sich von Kat 3 auf Kat 4 verstärkt«. Selten jedoch werden sie sagen, »Hurrikan Hilda hat sich von einer niedrigen Kat 3 auf eine hohe Kat 3 verstärkt«. Es liegt ein größerer Unterschied zwischen einem Hurrikan einer schwachen und einer starken Kategorie 3 als zwischen einer starken Kategorie 3 und einer schwachen Kategorie 4. Aber diese Unterscheidung entgeht uns, weil wir nur fünf Schubladen haben, in die wir die Stärke eines Hurrikans stecken können. Das richtet noch keinen Schaden an, abgesehen davon, dass es einen weiteren Beweis dafür liefert, wie schlecht unser Gehirn mit einem Kontinuum klarkommt. Lieber fabrizieren wir Kategorien, die es in der Natur gar nicht gibt.

Wie viele Kategorien bräuchten wir wirklich? Und ist das überhaupt die richtige Frage?

Das Universum ist gigantisch, in seinem Umfang wie in seiner Vielfalt, und die Wissenschaftler stehen Tag für Tag vor der Herausforderung, die Diversität all dessen, was es »da draußen« gibt, anzunehmen, in sich aufzunehmen, zu messen und zu analysieren. Mir als Astrophysiker fiel es nicht schwer, die sechsfarbige Regenbogenflagge als das volle Spektrum umfassende Emblem aller Menschen zu begreifen. Neue Versionen der Flagge haben noch mehr Farben zu bieten[12] und lenken damit die Aufmerksamkeit auf weitere, zuvor unbeachtet gebliebene, von der Norm abweichende Gruppen. Das verwandelt die Flagge von einem Symbol für das fließende Spektrum zu einem für die Vertretung separater Gruppen. Eines Tages werden wir vielleicht feststellen oder auf andere Weise bekräftigen, dass es überhaupt keine separaten Gruppen gibt, wenn sich das mehrdimensionale Gender-Universum im Wege eines Kontinuums entfaltet, wie die Farben, die im Sonnenlicht enthalten sind. Dies wird den Einfluss homophober und transphober Heuchler, die von sich behaupten, sie wären »irgendwie anders« und separat von anderen Angehörigen ihrer eigenen Spezies, zumindest deutlich schwächen.

Viele Menschen, die unsere hochgeschätzten Freiheiten als Bürger der Vereinigten Staaten verteidigen, werden Kritik anmelden an Vorschriften zum Tragen von Masken oder Helmen, zu Waffengesetzen oder zum Anlegen des Sicherheitsgurts, und überhaupt an allem, was einen Menschen darin einschränkt, so zu leben, wie er oder sie leben will. Seltsam, dass viele ausgerechnet dieser Leute alle Hebel in Bewegung setzen, um anderen Menschen per Gesetz den freien Ausdruck ihrer geschlechtlichen Identität zu verwehren.[13] Doch irgendwo las ich, dass Leben und Freiheit Grundpfeiler Amerikas wären – eines visionären Experiments, das im Jahr 1776 begann und in dem es um die Frage ging, was ein Land ausmacht. Irgendwo las ich, dass das Streben nach Glück etwas ist, für das es sich zu kämpfen lohnt. Irgendwo las ich, die Vereinigten Staaten wären das »Land of the Free«. Das alles kann nur dann wirklich wahr sein, wenn die Akteure in diesem Experiment sich eines rationalen Denkens befleißigen und über den Tellerrand des eigenen Daseins hinausblicken, und wenn sie den Blick zurückwenden und die Heucheleien erkennen, die ihr Denken und ihre Entscheidungen infizieren. Stellen Sie sich vor, wie frei die Welt wäre, wenn wir alle einen »Eid wider die Hypokrisie« ablegen würden:

> *Niemals werde ich behaupten, moralische Normen oder Überzeugungen zu besitzen, denen mein eigenes Verhalten nicht gerecht wird.*

KAPITEL ACHT

Hautfarbe & Rasse

Unsere Gemeinsamkeiten sind größer als die Unterschiede

Im frühen 20. Jahrhundert fanden wir heraus, dass die Sterne selbst sehr verschieden voneinander aussehen können, wenn man die jeweiligen Spektren analysiert. Zu der Zeit klassifizierte ein ganzer Raum voller Computer zehntausende von Sternen nach ihrem jeweiligen »Spektraltyp« und ordnete sie in 15 verschiedene Schubladen ein – alphabetisch geordnet von A bis O. Mit besseren Daten und mit dem aufkommenden Verstehen der Quantenphysik wurden diese Kategorien weiter zerlegt und in zehn nummerierte Unterkategorien sowie weitere neue Kategorien aufgeteilt, dargestellt in der Regel durch römische Zahlen, die den Entwicklungsstatus eines Sterns repräsentieren. In den letzten Jahrzehnten sollten dann mehrere zusätzliche Spektraltypen noch weitere sehr schwach leuchtende Sterne erfassen, die zu der Zeit, als die ursprünglichen Daten zusammengestellt wurden, noch gar nicht entdeckt waren. Ein Codesystem mit weiteren drei Dutzend Symbolen sollte ausgesprochen ungewöhnliche oder merkwürdige zusätzliche

Merkmale eines ansonsten gewöhnlichen Sterns berücksichtigen.

Der erwähnte Raum voller Computer setzte sich aus empfindungsfähigem Leben auf Kohlenstoffbasis zusammen – es waren »Rechnerinnen«, mathematisch versierte und wissenschaftlich gebildete Frauen, angestellt von den Männern des Harvard College Observatory für die mühselige Aufgabe der Messung und Buchführung über all diese Daten.[1] Die Männer konnten ja nicht ahnen, dass es bei der Spektralklassifikation nicht nur um das bloße Katalogisieren von Daten ging, sondern um ein komplettes Teilgebiet der Sternenevolution. Sexistische Kultur hin oder her, wir wissen, dass Sterne in der Galaxie und im gesamten Universum ein Kontinuum von Eigenschaften repräsentieren, die wir, weil es in der Konversation und in der Wissenschaft einfach praktisch ist, in hunderte von Schubladen aufteilen. Die Sonne zählt, falls es Sie interessiert, zur Spektralklasse G2V. Polaris, der Nordstern, zu F7I.

Hier auf Erden wird man an vielen Orten der Welt Ihre Hautfarbe als schwarz, weiß oder braun bezeichnen. Das war's schon. Wenn Sie der Polizei melden, Sie hätten jemanden bei einem Verbrechen beobachtet, erwartet man von Ihnen, dass Sie sich bei der Täterbeschreibung auf eine dieser drei Kategorien festlegen. Die schier grenzenlose Vielfalt der menschlichen Hautfarbe wird hier auf ganze drei Schattierungen reduziert, und anscheinend hat niemand ein Problem damit. Vielleicht nehmen Sie noch rot und gelb dazu, damit auch amerikanische Ureinwohner und Asiaten berücksichtigt sind, dabei ist die Haut keines einzigen Menschen von einer dieser Farben. Weiße Menschen werden nicht unsichtbar, wenn sie vor einer Schneewehe vorbeispazieren. Und wenngleich die Hautfarbe durchaus sehr dunkel sein kann: Kein Mensch ist absolut schwarz. Sie haben mit Sicherheit noch niemanden getroffen, dessen Haut rot ist wie ein Feuerwehrauto, oder gelb wie eine Zitrone. Unsere Farbkategorien sind also schlichter Faulheit geschuldet und spielen sämtlichen rassistischen Neigungen in die Hände, die wir ansonsten hegen mögen oder auch nicht. Beachten Sie, dass die Mutter von Präsident Barack Obama eine weiße Amerikanerin mit europäischen Vorfahren war. Sein in Kenia geborener Vater war natürlich afrikanischer Abstammung. Obama erblickte das Licht dieser Welt mit einer Hautfarbe irgendwo dazwischen – ein hellhäutiger »schwarzer« Mensch. In den USA war Obama Amerikas erster schwarzer Präsident. Stellen Sie sich nun Obama als hellhäutigen Führer eines afrikanischen Landes vor. Symmetrisch gedacht wäre es nur logisch, wenn die Bevölkerung des betreffenden Landes ihn als ihren ersten weißen Präsidenten sehen würde.

In der Astrophysik haben wir ein Wort für die Reflexionsstärke einer Fläche: »albedo«. Wir verwenden es oft, wenn wir analysieren, wieviel Sonnenenergie die Oberfläche eines Planeten absorbiert im Vergleich zu der Energie, die von der Wolkenbedeckung oder einer abstrahlenden Topografie reflektiert wird. Eine Oberfläche mit »albedo 0« absorbiert die gesamte ankommende Energie. Bei »albedo 1« wird sämtliche Energie reflektiert. Die Erde liegt, wenn wir den Durchschnitt aller Regionen und Jahreszeiten nehmen, bei einem Albedo-Wert von ca. 0,3, das bedeutet, wir reflektieren 30 Prozent der Sonnenenergie und absorbieren 70 Prozent. Die von einem Planeten absorbierte Energie treibt das Klima an. Manche Leute möchten das Problem der globalen Erwärmung dadurch lösen, dass sie nicht etwa ihre eigenen Treibhausgasemissionen reduzieren, sondern reflektierende Partikel hoch über der Erdoberfläche in die Stratosphäre injizieren.[2] Dies wird den Albedo-Wert der Erde erhöhen und die Mengen des Sonnenlichts, das die Erde absorbieren kann, entsprechend reduzieren.

Wenn Sie die Helligkeit oder Dunkelheit der Hautfarbe von Menschen wirklich dokumentieren wollten, könnten Sie den individuellen Albedo-Wert jedes einzelnen Menschen messen. Damit würde die offenkundige Tatsache quantitativ belegt, dass sich innerhalb der Menschen ein Kontinuum der Reflektivität manifestiert. Eine Untersuchung zutiefst indigener Bevölkerungsgruppen der Welt, Gemeinschaften, die seit Tausenden von Jahren in ihren angestammten Regionen leben, offenbart eine starke Korrelation zwischen dem geografischen Breitengrad und der Hautfarbe.[3] Je näher wir dem Äquator kommen, an dem das Sonnenlicht am intensivsten ist, desto dunkler die Hautfarbe. Je weiter weg vom Äquator wir uns bewegen, also in Richtung der Pole, desto heller ist die Haut der Menschen. Wenn es danach geht, wäre der Weihnachtsmann, der ja, wie man weiß, am Nordpol zu Hause ist, der weißeste Mensch aller Zeiten. Die gelegentlich unternommenen Versuche, einen schwarzen Nikolaus zu porträtieren, machen, wiewohl durch das edle Unterfangen der Inklusion veranlasst, einen irgendwie unpassenden Eindruck. Ähnliches gilt für die Darstellung eines besonders hellhäutigen Jesus Christus. Da er aus dem sonnigen Nazareth stammt (32 Grad nördlicher Breite), müsste Jesus wohl ein ganzes Stück dunkler sein, als wir ihn in den Porträts auf Renaissance-Fresken und in Hollywoodfilmen üblicherweise dargeboten bekommen.

Die Weltkarte indigener Hautfarben korreliert mit der Menge schädlichen ultravioletten Sonnenlichts, das auf dem jeweiligen Breitengrad auf der Erde ankommt.[4] Wir wissen, dass das molekulare Pigment Melanin – der Wirkstoff für dunkle Haut – 99,9 Prozent des UV-Lichts ableitet. Wir wissen auch, dass UV-Licht Hautzellen in einer Weise zerstören kann, die zu Sonnenbrand und im Extremfall sogar zu Hautkrebs führen kann. Hautpigmente entwickelten sich als wundersam adaptive Eigenschaft der menschlichen Evolution, und sie können in der Tat über mehrere verschiedene genomische Pfade erreicht werden.[5] Dennoch sortieren die Leute unsere Spezies nach wie vor in gerade einmal eine Handvoll farblicher Kategorien ein.

Sehr merkwürdig, wenn man bedenkt, dass wir in der Haarpflege-Abteilung unseres Drogeriemarkts eine locker dreistellige Zahl verschiedener Haarfarben vorfinden, und jede davon hat einen eigenen Namen, als da wären: Muskatnuss, Ingwer, Golden Curry, Safran, Chili, Zimt, Kakao, Paprika, Purple Tandoori, Hot Chili. Und das ist nur eine Untergruppe einer Produktlinie von Haarfarben einer einzigen Marke.[6] Des Weiteren gibt man sich in der Make-up-Abteilung jede erdenkliche Mühe, um Ihre Hautfarbe perfekt zu treffen. Da Makeup zumeist darauf abzielt, sich mit Ihrem natürlichen Teint zu verbinden, sind die Kosmetikunternehmen gezwungen, sich die Hautfarbe als Kontinuum zu denken. Der professionelle Make-up-Artist – und um Künstler handelt es sich zweifellos – mischt eine Reihe von Grundfarben, um die Farbe Ihres Teints möglichst genau zu treffen. Stellen Sie es sich als Überlagerung mehrerer Status vor, um eine Anleihe bei der Sprache der Quantenphysik zu machen. Die Make-up-Produkte geben in der Regel keine Begriffe an, sondern Zahlen oder Codes, mit denen Präzision und Nuancen viel besser darstellbar sind, genau wie bei der Spektralklassifikation von Sternen. Aus den Sitzungen in der Maske vor meinen Fernsehauftritten weiß ich zufällig, dass in der MAC-Produktlinie der Kosmetikartikel der Concealer, der dem Farbton meiner Haut am nächsten kommt, NW43 heißt. Abseits der Kosmetik sind die Innenarchitekten die unumstrittenen Könige der Farben. Sie fragen sich, in welchem Ton Sie Ihre Zimmerwände streichen sollen? Benjamin Moore bietet Ihnen Tausende und Abertausende von Farbtönen[7] zur Auswahl, von den jeweils rund 100 Weiß- und Schwarzschattierungen gar nicht zu reden – und alle mit einfallsreichen Namen, begleitet von einem Zahlencode. Ein weiterer Beweis, dass wir, wenn wir denn wollten und es auch ernsthaft versuchen würden, gewiss mehr als eine Handvoll Kategorien zur Verfügung hätten, um der Polizei die Hautfarbe eines Menschen zu beschreiben.

Aber warum die Menschen überhaupt nach Hautfarbe klassifizieren, sofern nicht die Absicht dahintersteht, sich in irgendeiner Weise darauf zu berufen? Wenn eine Gruppe eine andere unterdrückt, unabsichtlich oder zielgerichtet, braucht man verlässliche Daten darüber, wer wen unterdrückt, um Abhilfe schaffen zu können. Auf Basis der gleichen Daten könnten allerdings auch böswillige Menschen an der Macht bestrebt sein, die Ungleichheit noch zu vergrößern, und genau dies geschah in Südafrika zur Zeit der Apartheid. Der Population Registration Act von 1950 schrieb die Hautfarben auf Weiß und Schwarz fest, dazwischen gab es zahlreiche Unterkategorien von »Farbig«, wozu gemischtrassige Menschen und Asiaten gehörten. Auf diese Weise konnte die an der Macht befindliche weiße Minderheit Gesetze erlassen und durchsetzen, die die gesellschaftlichen, politischen, bildungsbezogenen und wirtschaftlichen Freiheiten jeder einzelnen Bevölkerungsgruppe separat verordneten und hierarchisch staffelten.

Geht es beim Hass auf eine »Fremdgruppe« wirklich schlicht darum, wer welche Hautfarbe hat? Offenbar nicht. Im Ersten wie im Zweiten Weltkrieg waren sehr hellhäutige Menschen größtenteils damit beschäftigt, andere sehr hellhäutige Menschen umzubringen, was zusammen mehr als 80 Millionen Menschen das Leben kostete. Allem Anschein nach wurden diese Konflikte von Unterschieden in Sprache, ethnischer Zugehörigkeit, Politik und kulturellen Werten stärker befeuert als durch unterschiedliche Hautfarben. Wo mag das aufhören? Das über 30 Jahre anhaltende Blutvergießen in Nordirland, euphemistisch als die »Troubles« (Unruhen) bezeichnet, war im Grunde ein politischer Kampf um die Vorherrschaft in der Region. Die sich bekriegenden Gruppen waren irische Katholiken auf der einen und irische Protestanten auf der anderen Seite. Aus der Ferne betrachtet, sei es nun ethnisch, geografisch, national oder stratosphärisch unterlegt, ging es hier um weiße Christen, die Gründe suchten und fanden, um andere weiße Christen niederzumetzeln. Mehr als 3500 Menschen starben im Lauf der Zeit – eine deutliche Erinnerung, dass die Hautfarbe einen Menschen zwar leicht zum Ziel des Hasses werden lassen kann, aber keineswegs eine Voraussetzung für Mordlust ist.

Die vorherrschende Bewegung in den USA und anderswo, die die Beseitigung öffentlicher Denkmäler von Personen mit rassistischer Vergangenheit zum Ziel hat, erreichte einen Höhepunkt nach dem 25. Mai 2020, dem Tag, an dem

George Floyd von einem Polizisten aus Minneapolis ermordet wurde. 2020 wurden über 100 solcher Monumente entfernt, zumeist solche für Kommandeure der Konföderierten im Bürgerkrieg – alle in voller Uniform, viele hoch zu Ross. Statuen wie diese, vor allem jene, die über der Monument Avenue in Richmond (Virginia) schweigend Wache standen, erinnern mich immer an die Sklaverei. Wir sind seit dem Bürgerkrieg weit vorangekommen. Mir wurde sogar der Ehrendoktortitel der Universität Richmond verliehen, im Staate Virginia. Im Lauf meines Lebens habe ich erreicht, was für jeden einzelnen dieser Anführer der Konföderierten gewiss undenkbar gewesen wäre – und ich wurde dafür geehrt in der Wiege des amerikanischen Südens und dem Geburtsort von General Robert E. Lee.

Ja, das ist ein Fortschritt, aber diese Statuen lassen in mir dennoch die finsterste Ära in der Geschichte meines Landes wieder aufleben. Ich fühle mich nicht beeinträchtigt durch solche Gedanken, aber sie sind schon so etwas wie ein sozioemotionaler Preis, den ich bezahle. Vielleicht waren all diese Männer ja freundliche und ehrenwerte Mitglieder ihrer Gemeinde. Vielleicht waren sie fromme Christen und gingen jeden Sonntag in die Kirche. Vielleicht halfen sie, Katzen aus Bäumen zu retten. Das könnte alles sehr gut sein. Aber das waren nicht die Gründe, warum diese Reiterstandbilder zu ihren Ehren aufgestellt wurden. An diese Soldaten wird erinnert, weil sie den »Way of life« des amerikanischen Südens gegen das Eindringen von Angreifern aus dem Norden verteidigten. Aber es gibt keinen »Way of life« des Südens, der nicht ökonomisch und kulturell untrennbar mit dem Schicksal von vier Millionen versklavten Afrikanern verbunden wäre – nicht weniger als ein Drittel der Gesamtbevölkerung des amerikanischen Südens.[8] Um diese Hierarchie aufrechterhalten zu können, bedarf es eines endemischen Glaubenssystems rassischer Minderwertigkeit, einschließlich Gesetze, die der Bildung von »Negern« einen Riegel vorschoben. Ein entscheidender Schritt für jeden, der sich überlegen fühlen will: Es geht doch nicht an, dass da dumme, minderwertige Schwarze herumlaufen, die gebildeter sind als man selbst.

Die wenigen folgenden Sätze sagen alles. Gesprochen wurden sie anno 1836 bei einer zwei Stunden langen Rede vor dem Kongress, einem Plädoyer für die Sklaverei, von James Henry Hammond, einem Abgeordneten aus South Carolina. Für ihn war die Sklaverei:[9]

> *Die großartigste all der großartigen Segnungen, die eine gütige Vorsehung unserer glorreichen Region gewährt hat. Denn ohne [die Sklaverei] wären der fruchtbare Boden und unser gedeihliches Klima uns ganz vergeblich zuteilgeworden. So wie die Dinge liegen, hat die Geschichte der kurzen Periode, in der wir uns an ihr erfreuen durften, unser Land im Süden zum sprichwörtlichen Ort des Wohlstands, des Genies und des Anstands werden lassen.*

Dieses Wissen macht es mir unmöglich, in den militärischen Standbildern der Konföderierten bloß anheimelnde Erinnerungen an eine bukolische, ländliche Vergangenheit zu sehen. Und sie wecken in mir auch keine Sympathie für oder Mitgefühl mit einer noblen, verlorenen Sache. Ohne den afrikanischen Sklavenhandel gibt es schlicht keine romantisierten Plantagen, von denen sich die rosaroten Erinnerungen des Südens nähren.

Vermischt mit dieser Bewegung zur Beseitigung oder Umsetzung von Statuen war der erfolgreiche Aufruf an das American Museum of Natural History[10], die gewaltige, von James Earle Fraser gestaltete Statue Theodore Roosevelts zu entfernen, die vor dem Haupteingang stand. Roosevelt bekleidete nacheinander die Ämter des Polizeipräsidenten von New York City, des Gouverneurs von New York, des US-Vizepräsidenten und natürlich auch des Präsidenten, als der er dem Land von 1901 bis 1909 diente. Nach der Freiheitsstatue ist das Roosevelt-Denkmal des Museums eine der größten Statuen in der ganzen Stadt New York. Er sitzt auf einem majestätischen Ross, das einen Huf anhebt – eine Pose, die anzeigt, dass der Reiter im Militär Dienst tat. Obwohl er Oberst der US Army war, ist er nicht in Uniform gekleidet, und auch nicht in Anzug und Weste, wie man es bei einem Präsidenten erwarten würde; er trägt legere Kleidung, hat die Ärmel hochgekrempelt. Warum also die ganze Kontroverse? Könnte es um Dinge gehen, die er einmal gesagt hat? Hier haben wir ein denkwürdiges Zitat, ausgesprochen vor dem New York Republican Club im Jahr 1905, zum Thema jener Menschen, die das Unglück hatten, mit dunkler Hautfarbe geboren worden zu sein:[11]

> *Das Problem ist, die Beziehungen zwischen den Rassen unterschiedlicher Ethnie so zu verändern, dass die Rechte keiner Gruppe eingeschränkt oder gefährdet werden; dass die rückständige Rasse so ausgebildet wird, dass sie in den Besitz der wahren Freiheit gelangen kann, während die führende Rasse in die Lage versetzt wird, den hohen zivilisatorischen Stand, den ihre Vorfahren erkämpften, ohne Schaden zu bewahren.*

Bedenken Sie, dass die Republikaner damals eine relativ fortschrittliche Haltung zur Gesellschaft und zur Welt insgesamt einnahmen. Hier möchte Roosevelt die Schwarzen nicht erneut in die Sklaverei stürzen. Er möchte, dass sie am »Amerikanischen Traum« teilhaben, inwiefern auch immer ihre rückständige Moral und ihr unterlegener Intellekt dies zuließen.

Roosevelt war ein gebildeter Mann. Zweifellos hätte er solche Gedanken auch selbstständig hervorbringen können, aber diese Ideen waren zutiefst durchdrungen von der vorherrschenden Lehre der Eugenik – der akademischen Studie, wie eine bessere Menschenrasse geschaffen werden könnte, indem man die guten Eigenschaften durch Züchtung fördert und die schlechten unterdrückt. Und wie soll das gehen? Man sorgt einfach dafür, dass unerwünschte Menschen keine Kinder in die Welt setzen, oder – im Fall der Diagnose »geistesschwach« durch einen Eugeniker – man sterilisiert sie, um sie vollständig an der Fortpflanzung zu hindern. Dieser Zweig der Soziobiologie – mit führenden Verfechtern an renommierten Institutionen wie Harvard und sogar am American Museum of Natural History – hatte über Jahrzehnte Einfluss auf Politik, Gesetze, Einwanderungsregeln und die gesellschaftliche Ordnung Amerikas.[12] Die Bewegung verschaffte sogar der Gesellschaftspolitik von Nazideutschland Auftrieb. Da Roosevelt ein Mann seiner Zeit war, drücke ich bei Teddy beide Augen zu und gebe die Schuld zum größten Teil, wenn auch nicht ausschließlich, meinen Wissenschaftlerkollegen aus einem anderen Fach – und einer anderen Generation.

In jedem Fall lieferten Roosevelts Zitate zum Thema Rasse nicht die Inspiration zu dem Standbild. Neben seinem hohen Amt schrieb er umfassend über Staatskunst, aber auch über die Bewahrung, Erforschung und den Wert der Flora und Fauna. In seiner Präsidentschaft stellte er fast eine Million Quadratkilometer öffentliches Land unter Schutz, und er gründete den United States Forest Service. Wegen seiner Bemühungen um den Naturschutz und aus anderen Gründen ist er so etwas wie der Schutzheilige des American Museum of Natural History, mit einer gewaltigen Rotunde am Haupteingang, verziert mit aufwühlenden Zitaten von ihm – und in keinem davon singt er das Loblied auf die weiße Überlegenheit.

Die Statue erinnert noch an zwei weitere Menschen. Einer ist schwarzer Afrikaner, der andere amerikanischer Ureinwohner, beide stehen stoisch in ihrer Eingeborenentracht – zu beiden Seiten von Roosevelt und seinem Pferd. Mit den Augen und Empfindungen von heute betrachtet ist diese Darstellung eine Abscheulichkeit. Kein Mensch käme heute auch nur auf die Idee, einen weißen Mann auf einem Pferd abzubilden, flankiert von unterdrückten und entrechteten Menschen. Was haben die sich damals nur dabei gedacht?

Kein Grund zur Verwunderung. Wir wissen genau, was im Kopf des Bildhauers und in der Gesellschaft jener Zeit vor sich ging. Die Statue wurde 1925 in Auftrag gegeben und 1940 eingeweiht, also bedenken Sie bitte ein paar Fakten:

- Der Schwarzafrikaner und der amerikanische Ureinwohner wirken in Haltung und Gesichtsausdruck stolz und ehrwürdig. Beide sind von muskulöser Gestalt, beinahe majestätisch.
- Der Schwarzafrikaner und der amerikanische Ureinwohner richten den Blick nach vorne, wie zu einem Punkt in

der Ferne schauend – sie blicken in die gleiche Richtung wie Roosevelt.

- Zu jener Zeit, von den 1920ern bis in die 1940er-Jahre, waren nahezu sämtliche anderen Darstellungen von »Negern« und »Indianern« peinliche Karikaturen – in Büchern und Filmen ebenso wie in Comics und Cartoons – und erfüllten den Zweck, die weißen Betrachter beziehungsweise Leser zum Lachen zu bringen und ihnen ein Gefühl der Überlegenheit zu vermitteln.
- Zu jener Zeit wurden so gut wie überhaupt keine Statuen errichtet, die Schwarze oder amerikanische Ureinwohner abbildeten, einmal abgesehen von winzigen schwarzen Jockeys aus Messing vor exklusiven Clubs oder Restaurants, und von Indianern aus Holz, die während der Öffnungszeiten als Dekoration vor die Tür von Tabakläden gestellt wurden.
- Haben Sie jemals eine andere Statue eines US-Präsidenten gesehen, die außer ihm beliebige andere Personen zeigt? Sie sind eine Seltenheit. Mir fallen drei ein: (1) Die Statue des Franklin Delano Roosevelt Memorial in Washington, DC. Dort sehen wir FDR zusammen mit seinem Hund, einem Scottish Terrier namens Fala, in einer Skulptur von Neil Estern aus dem Jahr 1997. Wenn wir Hunde nicht gelten lassen, hätten wir da noch (2) erneut FDR, in einer Skulptur aus dem Jahr 1995 von Lawrence Holofcener, betitelt *Allies.* Hier sehen wir den Präsidenten neben Churchill auf einer Parkbank an der Londoner Bond Street sitzen.[13] Allerdings kann man den guten Winston schwerlich als »beliebige andere Person« bezeichnen. Und schließlich (3) eine Skulptur von Thomas Ball aus dem Jahr 1876. Sie steht im Lincoln Park in Washing-

ton, DC und heißt *Emancipation*. Hier hält Abraham Lincoln im Jesus-Stil die linke Hand über dem Haupt eines knienden afrikanischen Sklaven in Ketten. Das Aufstellen der Skulptur könnte schon die richtige Idee für die Zeit nach dem amerikanischen Bürgerkrieg abbilden, aber aus moderner Sicht wirkt das Ganze doch unangenehm gönnerhaft.[14]

- Wenn Sie im Jahr 1940 »Neger« und »Indianer« als minderwertig betrachteten und wenn Teddy Roosevelt damals einer Ihrer Helden war, bedeuteten die beiden stehenden Gestalten, die der Bildhauer neben dem Präsidenten platzierte, für Sie eine unentschuldbare Verunglimpfung. Wie kommt der Mensch dazu, das Ansehen des erhabenen Roosevelt mit diesen Porträts minderwertiger Menschen zu beschmutzen?
- John Russell Pope, der Architekt des neuen Museumsbaus hinter Roosevelt, beschrieb die drei Männer der Skulptur als »Heldengruppe«.
- Wie steht es damit, was James Earle Fraser, der Bildhauer selbst, zu dem Werk zu sagen hatte:[15]

> *Die beiden Gestalten an [Roosevelts] Seite sind Führer, die die Kontinente Afrikas und Amerikas symbolisieren. Sie stehen, wenn Sie so wollen, für Roosevelts freundschaftliche Haltung gegenüber allen Rassen.*

Als Wissenschaftler und Wissensvermittler interessiere ich mich nicht so sehr für Meinungen und dafür mehr für die Fähigkeit von Menschen, vernünftig und rational sämtliche relevanten Daten in Betracht zu ziehen, auf denen diese Meinungen beruhen. Auch eingedenk der Tatsache, dass unsere

Meinungen in einer sich ständig verändernden Landschaft gesellschaftlicher und kultureller Sitten und Gebräuche Gestalt annehmen. Unter Berücksichtigung aller Aspekte bin ich letztendlich froh, dass die Statue entfernt wurde, und sei es nur, weil niemand heute auf die Idee einer solchen Statue käme – der für mich entscheidende Lackmustest für jeden diesbezüglichen Vorwurf. Die Statue hat ihren neuen Standort nun in Medora, North Dakota, dem Ort von Teddy Roosevelts neuer Präsidentenbibliothek.[16] Ich verspüre den Drang, der Vergangenheit ein Zeichen der Vergebung zu senden und zugleich mit leichten Zweifeln den Blick in die Zukunft zu richten. Schließlich muss ich mich fragen, wie die fortschrittlichsten Werke unserer heutigen Zeit wohl unseren noch aufgeklärteren Nachfahren in hundert Jahren vorkommen werden.

* * *

Warum sollte sich irgendjemand gegenüber anderen überlegen fühlen? Die einzige Gelegenheit, bei der es gerechtfertigt ist, auf jemanden herabzublicken, dürfte doch wohl sein, während man ihm aufhilft. Ich bin kein Psychologe und behaupte nicht, über besondere Einsichten zu verfügen – ich will einfach nur die Beobachtung als solche teilen. Klar ist, dass manche Leute sich besser fühlen, wenn sie glauben, andere wären »weniger wert« als sie selbst, nach welchem Wertmaßstab auch immer sie das beurteilen – Wohlstand, Intelligenz, Talent, Schönheit oder Bildung. Nehmen wir dazu noch Kraft, Geschwindigkeit, Anmut, Gewandtheit und Ausdauer, und wir haben die meisten Kriterien beisammen, anhand welcher Menschen ständig sich selbst mit anderen vergleichen oder messen, entweder in einem privaten oder in einem organisierten Rahmen. Die Olympischen Spiele verdanken ihre Existenz der Suche nach Menschen, die sie auf der Basis ihrer körperlichen Leistung als schneller, höher (springend) oder stärker ausweist. Standardisierte Examen, Gameshows, Schönheitswettbewerbe, Talentshows und die Liste »Forbes 400«, überall werden Menschen anderen Menschen gegenübergestellt und Rangfolgen aufgestellt. Die Gesellschaft bietet hunderte, wenn nicht tausende Möglichkeiten, zu zeigen, dass man besser ist als der oder die andere.

Was geschieht, wenn Ihr Gefühl der Überlegenheit sich nicht auf ein Individuum bezieht, das Sie soeben beispielsweise in einer Schachpartie besiegt haben, sondern auf eine komplette demografische Gruppe? Den meisten dieser Menschen sind Sie nie begegnet, und Sie werden ihnen auch nie begegnen. Sie fühlen sich überlegen, weil Ihnen irgendjemand erzählt hat, es wäre in Ordnung, sich so zu fühlen – Ihre Eltern oder auch irgendeine politische oder gesellschaftliche Autorität. Es mag vorhersehbar sein, dass kulturelle Voreingenommenheit von einer Generation zur nächsten weitergereicht wird oder nationalistische Verblendung das rationale Denken ausschaltet. Man mag sich auch von einem Fürsprecher eines Gottes davon überzeugen lassen, die jeweils eigene Religion sei besser als alle anderen. Aber was geschieht, wenn Ihnen ein Wissenschaftler in gutem Glauben erzählt, Sie seien überlegen? Werden Sie diese Schlussfolgerung hinnehmen und sich gefühlsmäßig hoch zu Ross über dem Rest der Welt wähnen, oder werden Sie den möglichen Quellen solcher Voreingenommenheit auf den Grund gehen wollen?

Wie bereits angemerkt, sind unter den Feldern der wissenschaftlichen Forschung diejenigen besonders anfällig für menschliche Voreingenommenheit, in denen es um die Untersuchung und Beurteilung von Erscheinungsbild, Verhalten und Gewohnheiten anderer Menschen geht. Ganz oben auf dieser Liste finden wir die Psychologie, die Soziologie und vor allem die Anthropologie. Wenn diese Fachrichtungen ihre Integrität etablieren und bewahren wollen, müssen sie zusätzliche Ebenen fachlicher Prüfung und Offenlegung berücksichtigen, mit dem ausdrücklichen Zweck, Voreingenommenheit zu erkennen.

Da der Mensch nicht Gegenstand der Forschung innerhalb der Mathematik und der Physik ist, sind diese Fachgebiete gegen derlei Makel weitgehend gefeit. Das heißt aber nicht, dass die Wissenschaftler als solche keine rassistischen, sexistischen Menschenfeinde sein könnten. Und es heißt auch nicht, dass diese Fachgebiete frei von Voreingenommenheit wären. Es bedeutet bloß, dass kosmische Entdeckungen und das, was es bis in die Lehrbücher schafft, weniger anfällig für derartige Gefühle von Überlegenheit sind.[17]

Was nach meiner Feststellung einem nicht-inklusiven Konzept bei meinem Studium der Mathematik und Physik noch am nächsten kommt, ist der Satz vom »gekämmten Igel« (englisch: »hairy ball« theorem)[18] in der algebraischen Topologie, den anno 1885 der französische Mathematiker und theoretische Physiker Henri Poincaré bewies. Zu dem Satz gibt es zahlreiche umgangssprachliche Varianten, etwa »Haare auf einer Bowlingkugel kann man nicht kämmen, ohne dass ein Wirbel zurückbleibt«. Oder etwas präziser und ausführlicher übersetzt: Wenn man versucht, eine behaarte Kugel (oder eben einen Igel) zu kämmen, wird ganz gleich, wie man es anstellt, mindestens eine Stelle bleiben, an der das Haar nicht weiß, in welche Richtung es sich legen soll – irgendwo muss es einen Wirbel auf der Kugel geben.

Der Satz trifft zu, aber der Verweis aufs Kämmen von Haaren ist von einer unschuldigen, unwissenden Voreingenommenheit. Ich kämme die Haare auf der Bowlingkugel meines Kopfes jeden Tag. Dazu verwende ich einen Afro Pick, der meine Haare gerade nach oben wegzieht. Hätte ich weder Gesicht noch Hals, und mein Kopf wäre einfach nur eine Kugel, könnte ich mühelos mein Haar kämmen, ohne dass mir irgendwo ein Wirbel in die Quere käme. Es ist alles ein einziger Wirbel – Wirbel, soweit das Auge reicht. Hätten Poincaré und alle anderen einen Afro-Look, dann hätte er zweifellos trotzdem diesen Satz bewiesen, nur hätte er vermutlich auf irgendwelche Bezüge zu Frisuren verzichtet.

Ein weiteres Beispiel: Meine Frau hat einen Doktortitel in mathematischer Physik und bemerkte rasch, dass viele Kosmologen an der Idee festhielten, wir würden in einem Steady-State-Universum leben, lange nachdem Daten, die wir bedeutenden Teleskopen verdanken, eindeutig belegten, dass dem nicht so ist. Zu jener Zeit erfuhren wir, dass unser expandierendes Universum, entstanden bei einem Urknall (Big Bang), eines Tages wieder in sich zusammenfallen könnte und dass sich dieser Zyklus möglicherweise unendlich wiederholt. Sie fragte sich, ob die Steady-State-Kosmologen, von denen die meisten niemals menstruiert haben, ein Problem damit hatten, über Zyklen nachzudenken oder sich solchem Denken zu öffnen – etwas, womit die Hälfte der Weltbevölkerung den größten Teil ihres Erwachsenenlebens leben muss.

In einem meiner College-Kurse über Elektromagnetismus Ende der 1970er-Jahre, als wir die Formel lernten, die Ladung (**Q**), Spannung (**V**) und Kapazität (**C**) in elektrischen Schaltkreisen zueinander in Beziehung setzt, lieferte der Kursleiter, ein graduiertet Hochschulassistent, offenbar mit recht frischer Erinnerung an Vietnam, eine einfache Eselsbrücke, um sich die Gleichung merken zu können: **Q = V × C**. »Our **Q**uarry is the **V**iet**C**ong« (zu Deutsch etwa: Unsere Beute ist der Vietcong). Leider ist mir das nie wieder aus dem Kopf gegangen.

Da wir gerade bei Eselsbrücken sind: Der Widerstand ist ein gängiges Bauteil in elektrischen Schaltkreisen, dessen numerischer Wert in Ohm in den Regenbogenfarben auf dem Bauteil codiert ist. (Warum man nicht einfach den numerischen Wert des Widerstands auf das Bauteil selbst aufgedruckt hat, ist mir bis heute ein Rätsel.) Da sind sie also. Farbige Streifen: Schwarz-Braun-Rot-Orange-Gelb-Grün-Blau-Violett-Grau-Weiß. Unterschiedliche Farbkombinationen zeigen unterschiedliche Widerstandswerte an. Da drängen sich natürlich allerlei mnemonische Gedächtnisstützen auf. Wikipedia führt gleich Dutzende davon in einem exklusiven Eintrag zu allein diesem Thema auf.[19] Beispiel gefällig? **B**ig **B**eautiful **R**oses **O**ccupy **Y**our **G**arden **B**ut **V**iolets **G**row **W**ild (Große schöne Rosen zieren unseren Garten, aber Veilchen wachsen wild). Das ist einfach zu merken und beschwört sogar hübsche botanische Bilder herauf. Allerdings war das nicht die Eselsbrücke, die ich als erste zu diesem Thema vernahm. In einem Elektroniklabor beim Physikstudium lehrte man mich Folgendes: **B**lack **B**oys **R**ape **O**ur **Y**oung **G**irls **B**ut **V**iolet **G**ives **W**illingly (Schwarze Jungs vergewaltigen unsere Mädchen, aber Violet macht willig mit). Nachdem der Dozent mich erspäht hatte und feststellte, dass ich der einzige schwarze Student im Raum war, zuckte er nur verlegen mit den Schultern und korrigierte sich zu »**B**ad **B**oys …« (Böse Jungs statt Schwarze Jungs). Damit hatte er eine rassistische, frauenfeindliche Eselsbrücke erfolgreich in eine verwandelt, die nur noch frauenfeindlich war. Zum Glück hat das alles nichts damit zu tun, wie sich Elektronen in ihren Schaltkreisen verhalten.

***

Man kann vielleicht sagen, dass die Werke der Anthropologen des 19. Jahrhunderts, teilweise bis ins 20. Jahrhundert hinein, für die rassistischste Ära in der Wissenschaftsgeschichte stehen. Das Faszinosum der »Rassen des Menschen« beschäftigte die Lebenswerke zahlreicher Forscher. Mein Lieblingsbeispiel stammt aus einer Studie des englischen Universalgelehrten Francis Galton aus dem Jahr 1870. Galton gilt als einer der Väter der Eugenik, neben anderen Zweigen seiner experimentellen Forschungsarbeit. Die Studie trägt den Titel *Hereditary Genius: An Inquiry into Its Laws and Consequences* (dt. *Genie und Vererbung*). Im Kapitel »Der relative Wert verschiedener Rassen« notiert er:[20]

> *… ist die Anzahl der Menschen, die wir dumm nennen, sehr groß. Jedes Buch, das von Negerdienstboten in Amerika spricht, wimmelt von Beispielen. Auf mich selbst machten diese Tatsachen während meiner Reisen durch Afrika einen großen Eindruck. Die Irrtümer, die Neger in ihren eigenen Angelegenheiten begingen, waren so kindisch und blöde, dass ich mich oft meiner eigenen Art schämte.*

Galton wurde im Jahr 1909 von König Edward VII. zum Ritter geschlagen. Aber die Übung begann schon früher. Teilen Sie einfach alle Menschen nach Hautfarbe, Haartyp und Gesichtszügen auf, und sie haben schon die halbe Strecke hinter sich gebracht. Ausgestattet mit solcherlei Ausgangsdaten war der Drang, eine Rangfolge der Rassen aufzustellen, einfach unwiderstehlich. Beispielsweise lebten in den Vereinigten Staaten von Amerika zu einem bestimmten Zeitpunkt eine Million Schwarzafrikaner, und 90 Prozent von ihnen waren Sklaven.[21] Der aus Virginia stammende Thomas Jefferson schrieb über diese im Jahr 1785, bevor er Präsident wurde, Folgendes:[22]

> *Beim Vergleichen hinsichtlich ihrer Fähigkeiten des Erinnerns, des Vernunftdenkens und der Imagination scheint mir, dass sie, was das Gedächtnis angeht, den Weißen ebenbürtig sind; im Vernunftdenken sind sie weit unterlegen, denn ich glaube, es ließe sich kaum einer finden, der fähig wäre, den Forschungen des Euklid nachzuspüren und sie zu begreifen; und was die Vorstellungskraft anbetrifft, sind sie stumpf, fade und abnorm.*

Ich weiß ehrlich nicht, wie viele Menschen in Jeffersons weißem Bekanntenkreis in den ursprünglichen amerikanischen Kolonien sich mit Euklid perfekt auskannten, aber ungeachtet seiner Beobachtungen über und Einwände gegen schwarze Menschen hatte er ganz offenbar keine Bedenken, sich regelmäßig mit einer Vertreterin dieses Menschenschlags zu verpaaren und dabei sechs Kinder in die Welt zu setzen.[23]

Nachdem Darwin 1859 sein bahnbrechendes Werk *On the*

Origin of Species (dt. *Die Entstehung der Arten*) und vor allem 1871 *The Descent of Man* (dt. *Die Abstammung des Menschen*) herausgebracht hatte, hätten wir allesamt voranschreiten können in der Erkenntnis, dass alle Menschen Teil einer einzigen Familie sind und eine gemeinsame genetische Abstammung mit anderen Affen/Primaten aufweisen. Das taten wir aber nicht. Stattdessen bekräftigten viele Wissenschaftler jener Zeit, dass schwarze Afrikaner weniger weit entwickelt als weiße Europäer seien. Das setzte sich bis weit ins 20. Jahrhundert fort – 1962 erschien Carleton S. Coons oft zitiertes Lehrbuch *The Origin of Races,*[24] wo wir Folgendes finden: »Wenn Afrika die Wiege der Menschheit war, dann allenfalls ein unbedeutender Kindergarten. Europa und Asien waren unsere Grundschulen«.

Die siebenhundert Seiten mit Text und Abbildungen bieten eine Fülle abenteuerlicher Vergleiche zwischen Schwarzafrikanern und Affen. Genug, um weiße Menschen davon zu überzeugen, sie dürften froh sein, als Weiße geboren zu sein, und sie uneingeschränkt offen für allerlei Regeln, Richtlinien und Gesetze werden zu lassen, die mit der Segregation und Unterjochung schwarzer Menschen einhergehen.

Wer eine wissenschaftliche Hypothese aufstellt, sollte selbst sein schärfster Kritiker sein. Sie wollen doch nicht, dass Kollegen eine Lücke in Ihrer Beweisführung finden, bevor Sie selbst darauf kommen. Das macht keinen guten Eindruck und zeigt, dass Sie Ihre Hausaufgaben nicht erledigt haben. Eine gute Möglichkeit, die eigene Arbeit kritisch unter die Lupe zu nehmen, besteht darin, einen Schritt zurückzugehen und zu untersuchen, ob sich auf der Grundlage exakt derselben Daten – oder von Daten, die Sie übersehen haben könnten – eine genau gegenteilige Erklärung konstruieren ließe. Wenn Sie es schaffen, Ihre eigene Hypothese zu demontieren, ist es höchste Zeit, sich einem anderen Forschungsprojekt zuzuwenden.

Versuchen wir es.

Drehen wir den Spieß einmal um: Wären die Anthropologen des 19. und 20. Jahrhunderts Verfechter einer Überlegenheit der Schwarzen und nicht etwa der Weißen gewesen, was hätten sie wohl nach angemessener Erkundung der weißen Vertreter der Menschheit über diese geschrieben? Ihre eigene Gruppe muss stets an der Spitze – oder in der Nähe der Spitze – der jeweiligen eigenen Rangfolge stehen, welche Beobachtungen könnten also die These stützen, weiße Menschen wären minderwertig und affenähnlich? Und wenn Sie selbst weiß sind, wie würden Sie sich fühlen, wenn Sie so etwas läsen?

Die Schimpansen sind die nächsten genetischen Verwandten des Menschen. Wir brauchen also nur Ähnlichkeiten zwischen Schimpansen und weißen Menschen zu finden, schon hätten wir den todsicheren Beweis für deren geringeren Entwicklungsstand.

- Schimpansen und andere Affen/Primaten sind am ganzen Körper behaart. Die Menschen mit der stärksten Körperbehaarung, die Sie kennen, sind alle weiß; man kennt den ironischen Begriff des Brusthaartoupets, oft fällt auch die Rückenbehaarung ähnlich eindrucksvoll aus.[25] Manchmal lugt die Körperbehaarung von Weißen sogar aus dem Hemdkragen hervor. Schwarze Menschen entwickeln nicht im Entferntesten ein solches Ausmaß an Körperbehaarung.

- Vom Gesicht, den Händen und Füßen abgesehen ist die Haut der meisten Schimpansen, die unter dem Körperhaar zum Vorschein kommt – was sich zeigt, wenn sie sich gegenseitig lausen – zumindest sehr hell und zeigt keinerlei Braun- oder gar Schwarzton.[26]
- Schimpansen haben im Verhältnis zur Kopfgröße relativ große Ohren. Nach Jahrzehnten der Beobachtung von Ohren kann ich bestätigen, dass die größten Ohren, die ich jemals bei Menschen gesehen habe, die Ohren von Weißen waren. Prüfen Sie es selbst einmal, wenn Sie sich das nächste Mal in einer größeren Menschenmenge an einem Ort in der Öffentlichkeit aufhalten. Zweifellos gibt es starke Überschneidungen, aber die Ohren schwarzer Menschen sind nicht selten nur halb so groß wie diejenigen von Weißen. Nun könnten Sie auf die bekannt großen Ohren von Präsident Barack Obama verweisen, aber bedenken Sie, dass er exakt zur Hälfte weiß ist – halb weiß, halb schwarz. Vielleicht verdankt er also die großen Ohren genetisch seinem weißen Elternteil.
- Über den größten Teil des 20. Jahrhunderts galten die Neandertaler als dumm und primitiv. Doch siehe da: Seit den 1990ern lehrt uns die Genforschung, dass Europäer zu ein bis drei Prozent genetisch Neandertaler sind. Bei Afrikanern sind es null Prozent.[27] Das kann unmöglich gut für die Europäer sein – höchste Zeit, dieses Bild des rückständigen, primitiven Neandertalers zu revidieren. Seitdem weisen veröffentlichte Bezugnahmen auf die Neandertaler stets darauf hin, welche kreativen, künstlerischen, erfinderischen und kommunikativen Fähigkeiten sie besaßen, haben sie doch komplexe Werkzeuge und Techniken entwickelt, mit denen sie ihrer Welt Gestalt verliehen.[28]

- Schimpansen haben extrem schmale Lippen, ganz ähnlich wie weiße Menschen.

Sehen Sie nur, wie einfach es ist, Rassist zu sein! Weiter im Text.

- Schimpansen verbringen hochwertige Familienzeit damit, sich gegenseitig die Behaarung zu säubern. Wir alle kennen das aus eigener Beobachtung, wenn nicht aus dem Zoo, dann aus TV-Dokus. Offenbar müssen die Läuse, die sie dabei aufspüren, lecker schmecken, denn der Affe, der sie vom Haupt des anderen pickt, verzehrt sie auch. Haben Sie jemals etwas vom Ausbruch einer Läuseplage bei schwarzen Kindern gehört? Vermutlich nicht.[29] Weiße Kinder sind 30 Mal anfälliger für Läusebefall als schwarze Kinder. Der Parasit legt einfach lieber seine Eier auf dem Haar von Schimpansen und weißen Menschen ab als in der Behaarung von Schwarzen.[30]

Wie sieht es mit der guten alten schwarzen Überlegenheit gegenüber Weißen aus, wenn wir die Affen ganz außen vor lassen? Wie wäre es damit:

Weiße Menschen sind 25 Mal anfälliger als Schwarze, an Hautkrebs zu erkranken.[31] Ich kann ein Dutzend umfassend gebildete Weiße in meinem Bekanntenkreis nennen, die steif und fest behaupteten, sie und ich hätten das gleiche Risiko, wenn wir uns dem Sonnenlicht aussetzen. Überlegenheit ist schwer dem andern zuzugestehen, wenn man aus eigener Sicht doch selbst der Überlegene ist.

- Die juckende und schuppende Hautkrankheit namens Psoriasis (in mittlerer bis schwerer Form) kommt bei Weißen doppelt so häufig vor wie bei Schwarzen.[32]
- Haben Sie jemals ein schwarzes Kind mit so viel Akne gesehen, dass die gemeinen Klassenkameraden es als Pickelgesicht verspotteten? Vermutlich nicht.
- Kennen Sie den Spruch »Black don't crack?« Das bezieht sich auf die im Vergleich zu Weißen relativ sanfte Alterung der Haut bei Schwarzen – sie entwickeln weniger Falten und andere Makel. Das liegt am Melanin.
- Als Kind hatte ich mehrere Wandertouren im Sommercamp, bei denen die meisten weißen Kinder einen Hautausschlag vom Giftefeu (Efeudermatitis) bekamen, die schwarzen Kids dagegen nicht. Das könnte allerdings auch an lückenhaften Daten liegen. Vielleicht sollte das einmal jemand genauer unter die Lupe nehmen.
- Die Gebrechlichkeit alter weißer Damen ist ebenso legendär wie tragisch. Im Lauf der Alterung wird jede zweite letztendlich einen Knochenbruch aufgrund verringerter Kalziumdichte sowie einer einsetzenden Osteoporose erleiden.[33] Bei Schwarzen bleiben dagegen auch alte Knochen vergleichsweise gesund und stark.[34] Wenn sich eine schwarze Frau eine Hüftfraktur zuzieht, dann ist sie wahrscheinlich aus dem Fenster gefallen und nicht bloß auf dem Fußboden ausgerutscht.
- Trotz einer Zunahme der Selbstmordrate bei schwarzen Teenagern in jüngster Zeit[35] kommt es bei Weißen immer noch 2,5 Mal häufiger zum Suizid als bei Schwarzen.[36]

Bei anorektischen Essstörungen ist die Krankheitsrate bei weißen Frauen zwei bis drei Mal höher als bei schwarzen.[37]

Und noch ein Abstecher ins Affengehege:

- Schimpansen lieben es, sich durch die Bäume zu schwingen. Ganz offensichtlich trifft das auch auf weiße Kinder in der Vorstadt zu. Üblicherweise wollen sie sich im Garten oder Hinterhof ein Baumhaus bauen und darin wohnen. Wahrscheinlich haben Sie noch nie ein schwarzes Kind gesehen, das auch nur einen Gedanken an so etwas verschwendet. Klarer Fall: Die Weißen wollen instinktiv »zurück auf die Bäume«, in ihren natürlichen, primitiven Urzustand.

Diese rassistische Litanei wird manchen Leserinnen und Lesern wahrscheinlich sauer aufgestoßen sein, zum Teil auch deshalb, weil die Daten, die dem Ganzen zugrunde liegen, allesamt absolut real sind. Es kommt eben auf die Absicht an, die dahintersteht. Wollen Sie eine Überlegenheit behaupten und dann auf dieser Grundlage schändliche Taten begehen, oder sind sie schlicht und einfach fasziniert von der Diversität der menschlichen Spezies? In jedem Fall gelang es den rassistischen weißen Anthropologen, all dies geflissentlich zu übersehen.

Wie steht es um das eine oder andere Stück authentischer rassistischer schwarzer Mythologie? Die Hautfarbe von Äthiopiern ist weder weiß noch annähernd so schwarz, wie es bei Schwarzafrikanern der Fall sein kann. Aus dieser Tatsache ging die Entstehungsgeschichte der Äthiopier hervor, die ich hier frei wiedergebe:[38]

Als Gott die Lehmklumpen zusammenbackte, aus denen die Menschen wurden, holte er sie zu früh aus dem Back-

ofen. Daraus wurden die Weißen – bei seinem ersten Versuch misslang ihm das Rezept ein wenig. Beim nächsten Versuch ließ Gott den Lehm ein wenig zu lange im Ofen. Daraus wurden die ganzen dunkelhäutigen Schwarzen. Noch ein Versuch, der knapp danebenging. Im dritten Anlauf schaffte es Gott, den Inhalt genau zum richtigen Zeitpunkt aus dem Ofen zu nehmen, und so entstand die perfekte, goldbraune Haut der Äthiopier.

Wir mögen das belächeln, und sei es nur wegen der Vorstellung, ein allwissender und allmächtiger Schöpfer hätte keine Ahnung vom Backen, aber so geht nun einmal die Geschichte. Sie stellen sich in der eigenen Fantasie selbst an die Spitze – genau wie jeder andere auch. Derweil finden wir in unmittelbarer Nachbarschaft der Äthiopier, an der Ostküste Afrikas, die Somalier. Sie haben eine viel dunklere Haut als die Äthiopier, allerdings eindeutig europäisch geprägte Gesichtszüge. Oder besser gesagt: Die Gesichtszüge der Europäer haben etwas eindeutig Somalisches an sich. Was soll ein Rassist nun damit anfangen?

Wenn wir unseren hypothetischen schwarzen Rassisten die Kontrolle über die Gesetzgebung überlassen, könnten sie tun, was die weißen Rassisten mit den Schwarzen angestellt haben – sie könnten Gesetze erlassen, die Weißen den Zugang zu Bildungseinrichtungen verwehren und anschließend deren Unterjochung und Versklavung damit begründen, die Weißen wären schließlich dumme und ungebildete Untermenschen.

***

Afrika ist in der Tat die »Wiege der Menschheit«. Vor ein paar hunderttausend Jahren wanderten die frühen Menschen nach Norden, dann weiter nach Westen und Osten und besiedelten Europa, Asien und letztlich auch den amerikanischen Kontinent. Unsere umherziehenden Vorfahren trugen das afrikanische Basisgenom in die ganze Welt. Und diese Reisen brauchten weniger Zeit, als man vielleicht denken könnte. Rechnen wir einmal nach. Wenn Sie 40 000 Kilometer (das entspricht dem Erdumfang) mit einer Geschwindigkeit von gut drei Kilometern pro Stunde wandern – ein sehr gemütliches Tempo –, und dabei jeden Tag acht Stunden auf den Beinen sind, würden Sie 4,3 Jahre brauchen, um einmal die Erde zu umrunden. Natürlich gibt es keinen Weg, der vollständig rund um die Erde führt, da sind Wüsten, Meere und andere Gewässer, Berge und allerlei weitere Hindernisse im Weg. Dennoch: Vor dem Aufkommen des Ackerbaus hatten viele aufeinanderfolgende Generationen von Afrikanern eine Menge Zeit, um an jeden über das Festland erreichbaren Winkel der Erdoberfläche zu gelangen – angetrieben durch die Suche nach Nahrung oder auch durch die Neugier, was wohl hinter dem jeweiligen Horizont liegen mochte.

Heute lebt jeder sechste Mensch der Weltbevölkerung in Afrika. Der Kontinent ist fünf Mal größer als Europa, und es gibt dort sage und schreibe 54 Länder – mehr als ein Viertel aller Länder weltweit. Wenn Sie die Bewohner dieses Kontinents sehen und Ihnen nichts weiter auffällt als die dunkle Hautfarbe, dann entgehen Ihnen die wichtigsten Merkmale der Menschen, die dort leben. Als Ursprungsort der menschlichen Spezies manifestiert der afrikanische Kontinent die größte genetische Vielfalt aller Regionen der

Erde – vorausgesetzt, Sie sehen nicht bloß die Hautfarbe. Mit dieser Vielfalt geht eine taxonomische Varianz einher. Wo auf der Welt würden Sie erwarten, einige der kleinsten und einige der größten Menschen anzutreffen? In Afrika. Das Pygmäenvolk der Mbuti in der Demokratischen Republik Kongo erreicht eine durchschnittliche Körpergröße von nur etwa 1,36 Metern.[39] Und unter den Watussi in Ruanda und Burundi – beide Länder grenzen an die DR Kongo in Zentralafrika – werden Männer im Durchschnitt 1,83 m groß.[40]

Genetisch bedingte Unterschiede in der Körpergröße finden wir auch anderswo auf der Welt, aber nirgendwo liegen sie geografisch so nahe beieinander. Die Niederländer sind im Durchschnitt 25 cm größer als die Indonesier,[41] aber zwischen beiden Ländern liegt immerhin fast ein Drittel des Erdumfangs.

Wo finden wir wohl einige der langsamsten und der schnellsten Läufer des Planeten? Bei Sportwettkämpfern wird in der Regel nicht nach besonders lahmen Enten gesucht. Unter den schnellsten Läufern dominieren die Afrikaner und ihre ausgewanderten Nachfahren die internationale Bühne der Leichtathletik, sowohl beim Sprint als auch auf der Langstrecke, über den größten Teil des zurückliegenden Jahrhunderts.

Wie steht es um die besonders dummen und besonders klugen Exemplare der Gattung Mensch? Wahrscheinlich finden wir auch in Afrika welche. Konzentrieren wir uns vorerst auf die klügsten Köpfe. Höchste Zeit, sich daran zu erinnern, dass Ägyptens überragende Zivilisation in Sachen Konstruktion, Architektur und Landwirtschaft den Europäern um Jahrtausende voraus war. Ägypten liegt, soweit bekannt, in Afrika. Die dortige Zivilisation war so hochentwickelt, dass die Leugnung derselben unter Weißen tief verwurzelt ist.[42] In diesem Zusammenhang ist auch die Handlung von *Stargate* zu erwähnen, ein Science-Fiction-Streifen aus dem Jahr 1994, in dem die Großen Pyramiden nicht etwa von Afrikanern, sondern von gottgleichen humanoiden Aliens erdacht und entworfen wurden, die die menschlichen Ägypter unterwarfen. Der Unternehmer und Weltraum-Pionier Elon Musk (selbst Afrikaner)[43] ließ am 31. Juli 2020 den folgenden Tweet vom Stapel: »Offensichtlich bauten Aliens die Pyramiden«. Vom 15. Jahrhundert an hielten europäische Forscher und Entdecker, Kolonisten, Sklavenhändler und reisende Anthropologen niemals in Afrika Ausschau nach Menschen, die klüger waren als sie selbst, obwohl alles dafür sprach, dass auf dem Kontinent kein Mangel an klugen Köpfen herrschte. Man muss nur genau hinsehen. Neil Turok, Südafrikaner und einer meiner weißen Physikerkollegen, gründete im Jahr 2003 das African Institute for Mathematical Sciences (AIMS).[44] Es bietet inspirierte Lehre auf hohem Niveau und Unterstützung für Hochschulabschlüsse in Mathematik, Ingenieurwissenschaften und Physik. Die Organisation hat zwar ihren Sitz in Südafrika, deckt aber alle Länder des Kontinents ab. Ab 2008 wurde die Mission des AIMS dahingehend erweitert, dass eine gezielte Suche unternommen wird, um »wissenschaftliche Talente in ganz Afrika zu finden und zu fördern, auf dass wir noch zu unseren Lebzeiten einen afrikanischen Einstein feiern können«.[45] Zu diesem Zweck gehen sie Berichten von Schullehrern, Professoren und Dorfältesten überall in den Ländern nach, die von Schülern in ihren Gemeinden wissen, die sie für außergewöhnlich klug halten und die von dieser Chance auf Förderung profitieren könnten.

Niemand würde bestreiten, dass Leute, die gut Schach spielen können, besonders helle Köpfe sind. Zum Schachspielen muss man kaum finanzielle Barrieren überwinden, deshalb wird Schach auf der ganzen Welt gespielt und wettkampfmäßig betrieben, ganz unabhängig vom Wohlstand des jeweiligen Landes. Höchste Zeit zu erwähnen, dass das durchschnittliche Rating der Spielstärke der besten zehn Spieler in Sambia, im Herzen von Afrika gelegen, höher ist als dasjenige der Top Ten von Luxemburg, Japan, den Vereinigten Arabischen Emiraten und Südkorea.[46] Sehen wir uns einmal das BIP der einzelnen Länder für das Jahr 2020 an: Luxemburg 116 000 $, Japan 40 000 $, Vereinigte Arabische Emirate 36 000 $, Südkorea 32 000 $, Sambia 1000 $.[47]

Am 1. Mai 2021 erlangte ein talentierter Spieler den Titel des Nationalen Meisters, weil er ein Rating von über 2200 nach dem System der US Chess Federation erreicht hatte. Damit rangiert er unter den besten vier Prozent der insgesamt 350 000 Spieler weltweit, die eine Ratingzahl aufweisen.[48] Dieses Rating liegt um 500 Punkte über dem Rating seines Schachtrainers, und das erst wenige Jahre, nachdem er überhaupt mit dem Erlernen des Spiels begonnen hatte. Das Wunderkind ist der zehnjährige Tanitoluwa Adewumi, Sohn nigerianischer Flüchtlinge, die 2017 in die USA kamen. Seine Familie verbrachte eine kurze Zeit in Obdachlosenunterkünften in New York City, dann fanden die Eltern eine stabile Beschäftigung und eine dauerhafte Bleibe. Ich spielte eine kurze Partie gegen den kleinen Kerl im März 2021 auf der Twitch-Plattform von Großmeister Maurice Ashley, einem Social-Media-Portal, das Schachereignisse per

Livestream überträgt. Ich kann Ihnen sagen: Die Partie war in der Tat kurz.

Weil wir gerade bei Nigerianern sind: Einwanderer in die USA haben ein um acht Prozent höheres Haushaltseinkommen[49] als der landesweite Durchschnitt. Und Kinder nigerianischer Abstammung im Vereinigten Königreich, vor allem diejenigen vom Volk der Igbo, erreichen im Durchschnitt konstant bessere Prüfungsergebnisse als ihre weißen britischen Pendants.[50]

Genug Gelegenheiten, um innezuhalten und sich zu fragen, welches enorme geistige Kapital für die Mathematik, die Naturwissenschaften, Ingenieurwissenschaften oder welches Fachgebiet auch immer tief im afrikanischen Kontinent verborgen liegen mag, oder irgendwo anders auf der Welt – verloren für den Moment oder verloren für alle Zeit –, dem es einfach nur an der Chance zum Aufblühen fehlt.

* * *

Bedenken Sie weiter, was mit dem Stammbaum des Menschen geschieht. Als ich zufällig in New York City jemanden erzählen hörte, er sei Italiener, fragte ich ihn nach seinem Geburtsort. »Brooklyn.« Und seine Eltern? »Brooklyn.« Und wo waren deren Eltern geboren? »In Italien – also bin ich Italiener.« In einem anderen Gespräch mit einer Person, die sich als Schwedin bezeichnete, fragte ich ebenfalls, wo sie geboren sei. »New York City«, antwortete sie. Ich forschte weiter. Wo waren die Eltern geboren? »Minnesota.« Und deren Eltern? »Minnesota.« Und deren Eltern? »In Schweden – wie ich schon sagte: Ich bin Schwedin.« Sie sehen, was hier vor sich geht. In beiden Fällen hätten meine Gesprächspartner sagen können: »Ich bin Amerikaner(in)«, aber sie zogen es vor, im Familienstammbaum so weit zurückzugehen, bis sie an den Ort gelangten, der ihnen am meisten am Herzen liegt. Der Punkt, an dem sie einhakten, war beliebig gewählt, also bat ich sie, in ihrem Familienstammbaum so weit zurückzugehen, bis sie Afrika erreichten. Denn am Ende – beziehungsweise am Anfang, genau genommen – sind wir ja alle Afrikaner.

Die menschliche Herkunft ist auf verblüffende Weise konvergent. Von den acht Milliarden Menschen auf der Erde hat jeder einzelne ein einziges biologisches Elternpaar. Stellen Sie sich vor, Paare hätten nur ein Kind. Dann würde die Generation der Eltern dieser Einzelkinder 16 Milliarden Menschen umfassen. Hätten deren biologische Eltern ebenfalls nur jeweils ein Kind gehabt, dann hätte die Großelterngeneration unseres Kindes im Beispiel 32 Milliarden Menschen umfasst. Und wenn deren biologische Eltern ebenfalls nur jeweils ein Kind gehabt hätten, stünden wir bei 64 Milliarden Menschen in der Urgroßelterngeneration. Damit haben wir vier Generationen eingeschlossen, das reicht zurück bis ins Jahr 1900. Wir gehen davon aus, dass in der Regel nicht mehr als drei Generationen zur gleichen Zeit am Leben sind. Damit kämen wir für das Jahr 1900 auf eine Zahl von 64 + 32 + 16 = 112 Milliarden Menschen. In Wirklichkeit lebten anno 1900 auf der Erde aber weniger als zwei Milliarden Menschen.

Was geht hier vor? Wir gehen in der Zeit rückwärts, und unsere 112 Milliarden Menschen sind auf irgendeine Weise zu zwei Milliarden zusammengeschrumpft. Wenn wir noch weiter zurückgehen, bis ins Jahr 1800, kommen wir auf eine Weltbevölkerung von eine Milliarde. Im Jahr 1600 waren es nur 500 Millionen. Zur Zeit der ägyptischen Pyramiden lebten nicht mehr als 20 Millionen Menschen auf der Erde.[51] Das entspricht gerade einmal der heutigen Bevölkerung des Großraums New York.[52] Die einzige Möglichkeit, diese Zahlen in Einklang zu bringen, besteht darin, möglichst rasch hochgradig »unverwandte« Menschen in immer weniger Familien zusammenzuführen. Ganz zu schweigen davon, dass in jeder Generation viele Menschen Geschwister sind, und über 20 Prozent aller Menschen haben überhaupt keine Nachfahren.[53] Diese Übung verdeutlicht, dass zwei völlig beliebige Menschen auf der Erde einen gemeinsamen Vorfahren haben, der an einer Verästelung eines rasch konvergierenden Familienstammbaums sitzt. In der Genealogie wird dieses Phänomen als »Ahnenverlust/Ahnenschwund« bezeichnet. Deshalb können auch Hunderte Millionen weißer Menschen stolz und völlig zurecht von sich behaupten, Nachfahren von Karl dem Großen zu sein (der lebte um das Jahr 800). Wenn verlässliche staatliche Aufzeichnungen über Bauernkinder und Waisen vorlägen, würden wir sicher auch hier gemeinsame Vorfahren finden, die ansonsten auf dem Weg der Kunst des Rosinenpickens beim jeweiligen Familienstammbaum unter den Tisch fallen.

Wenn ich mir vorstelle, was ich zu erreichen befähigt bin, verweise ich nicht auf die Berufe von Vorfahren, von denen ich aus einer Genealogiedatenbank erfahre. Ich sehe mir gleich alle Menschen an, die jemals lebten. Wir sind eine Familie. Wir sind eine »Rasse«. Die menschliche Rasse. Allerdings stelle ich mir das lieber so vor, dass wir alle nahe Verwandte sind.

Auch wenn es einem im Alltag nicht so vorkommt: Die Zivilisation hat im Lauf der Jahrzehnte und Jahrhunderte enorme gesellschaftliche Fortschritte gemacht. Progressive Veränderungen der Gesetze und der Haltung der Menschen weltweit haben in manchen Bereichen die Vielfalt in Sachen Rasse und Geschlecht auf ein Niveau gehoben, das sich dem annähert, was Martin Luther King jr. in seiner berühmten »I have a dream«-Rede[54] aus dem Jahr 1963 artikulierte:

> *Ich habe einen Traum, dass meine vier kleinen Kinder eines Tages in einer Nation leben werden, in der sie nicht nach ihrer Hautfarbe beurteilt werden, sondern nach ihren charakterlichen Werten.*

Ein weiteres und letztes Gedankenexperiment trägt diese Wahrheit in sich. Stellen Sie sich vor, Sie bekommen die Gelegenheit, in eine Zeitmaschine einzusteigen und sich an einen beliebigen Moment der Menschheitsgeschichte zurückzuversetzen. Für welchen Ort und welche Zeit würden Sie sich entscheiden? Der weiße heterosexuelle Cis-Mann trifft seine Wahl – dieser Zeitreisende wird auf seinem Trip in die Vergangenheit überall und zu jeder Zeit willkommen sein. Wenn diese Beschreibung auf Sie nicht zutrifft, sollten Sie sich gut überlegen, wann und wo Sie landen möchten. Sind Sie weiblich, eine »person of color«, behindert, queer oder eine Kombination davon? Wann waren Sie jemals besser dran? Vor tausend Jahren? Fünfhundert? Hundert? Vor fünfzig Jahren? Zehn? Fünf? Ich persönlich kann mit der Gegenwart gut leben. Mir ist es lieber, wenn der Taxifahrer sich nicht weigert, mich mitzunehmen, wenn ich bei einer beruflichen Bewerbung nicht übersehen werde, wenn mir der Kredit bei der Bank nicht verweigert wird oder wenn ich bei der Wahl meiner Unterkunft nicht aus bestimmten

Vierteln ausgesperrt bleibe. Angesichts meiner schon in der Kindheit verfolgten Ambition, Wissenschaftler zu werden, möchte ich niemandes Diener sein, und ich lege auch keinen gesteigerten Wert darauf, von einem anderen Menschen gekauft und in Besitz genommen zu werden, der glaubt, zu einem »richtigen« menschlichen Wesen würde mir irgendetwas fehlen. Wenn ich mir's recht überlege, würde ich am liebsten in die Zukunft reisen, und ich stelle mir vor, der außerordentlich fortschrittliche unitarische Prediger Theodore Parker sah es ähnlich, als er 1853 folgendes schrieb:[55]

> *Ich behaupte nicht von mir, das Universum der Moral zu verstehen; der Bogen ist lang, ich lasse den Blick schweifen, komme aber nicht sehr weit; ich kann die Kurve nicht berechnen und das Bild allein aus eigener Ansicht vervollständigen; ich kann es nur nach meinem Gewissen erraten. Und nach allem, was ich sehe, bin ich gewiss, es neigt sich in Richtung der Gerechtigkeit.*

Sind wir fähig, die Vielfalt zu erkennen, zu betonen und anzunehmen? Oder wollen wir lieber nichts davon wissen? Stellen Sie sich vor, die Hautfarbe, geschlechtliche Identität und Ethnie wäre uns für die Beurteilung eines Menschen so gleichgültig wie die Frage, ob er oder sie eine Brille trägt, welche Zahnpasta er benutzt oder ob sie Waffeln lieber mag als Pfannkuchen.

Meine Gefühle sind hier bei unserem hypothetischen Besucher aus dem Weltall. Stellen Sie sich Außerirdische vor, die sich in jeder Hinsicht so sehr von uns unterscheiden, dass sie die Menschen überhaupt nicht voneinander unterscheiden können, ganz gleich, welche Unterschiede wir selbst sehen oder sehen wollen. Sie sehen bloß, dass wir vier Gliedmaßen haben, einen Torso und einen Kopf. Hört sich nicht besonders sensibel an, aber wir sind auch nicht besser. Bei den meisten Tieren auf der Erde können wir aus der Entfernung, und vermutlich auch aus der Nähe, nicht sagen, welches Geschlecht es hat, oder ob es da einen feinen Unterschied in der Färbung oder im Gefieder eines Vertreters einer Spezies gegenüber einem anderen gibt. Genau so denken wir im Stillen über die Tauben in unserer Stadt – und erst recht über die Goldfische in unserem Teich. Wenn die Eltern einen von ihnen umgebracht haben, tauschen sie ihn heimlich gegen einen neuen, lebenden Fisch aus. Das geschieht üblicherweise, während die Kids im Ferienlager sind – die Eltern versuchen einfach bloß zu vertuschen, dass sie Goldie und Bubbles entweder überfüttert oder zu füttern vergessen haben. Für die allermeisten von uns sieht ein Goldfisch aus wie der andere.

Unsere zu Besuch weilenden Aliens sehen, wie wir andere absondern, in Schichten unterteilen und unterjochen, auf der Grundlage von Merkmalen, die sie praktisch gar nicht wahrnehmen. Als Zeuge unseres auf Spaltung gepolten Verhaltens – als Reaktion auf alles, was für unsere charakterlichen Werte vollkommen irrelevant sein dürfte – würde unser Außerirdischer gewiss nach Hause telefonieren und weitere Anhaltspunkte dafür vermelden, dass es auf der Erde keinerlei Anzeichen für intelligentes Leben gibt.

KAPITEL NEUN

Gesetz & Ordnung

Die Grundlage der Zivilisation, ob es uns passt oder nicht

Wenn Sie einen Außerirdischen töten, ist das Mord? Muss der Außerirdische intelligenter sein als Sie, damit sein Tod als Tötungsdelikt eingestuft werden kann? Wem gehört der Mond, die Rechte an den Mineralien in Asteroiden, oder am Wasser in Kometen? Die Gesetze welches Landes gelten auf einem Flecken Territorium eines Planeten relativ zu anderen Gegenden? Die Weltraumgesetze bleiben ein wenig Wildwest, verglichen mit etablierten Lehrmeinungen auf dem Planeten Erde. Wenn wir wollen, dass unser Verhalten im Weltall zumindest nicht schlechter ist als unser Gebaren hienieden auf Erden, braucht es dafür durchsetzbares Recht, vielleicht indem wir undurchsichtigen Rechtssystemen, von denen die Vergangenheit mehr als genug zu bieten hat, ein wenig auf die Sprünge helfen. Aus all diesen Gründen ist das Weltraumrecht als solches schon ein Grenzgebiet der Rechtsphilosophie.

Rechtssysteme sind im Idealfall die Voraussetzung für alles, was wir als Zivilisation bezeichnen, denn sie schützen uns vor dem destabilisierenden Grundtrieben unserer eigenen Urinstinkte. Fragen Sie sich selbst: Wie würden sich die Menschen verhalten, wenn es überhaupt keine drohenden juristischen Konsequenzen auf der Welt gäbe? Sehen Sie sich an, wie viele Menschen geltende Gesetze übertreten, obwohl durchaus ein Justizsystem existiert. Ohne dieses gäbe es kaum Hoffnung für die Zivilisation.

Wenn Aristoteles recht hat mit seinem Spruch »Das Recht ist die Vernunft, frei von Leidenschaft«, und wenn die allegorische Justitia, mit verbundenen Augen, dem Schwert in einer Hand und der Waage in der anderen, tatsächlich symbolisiert, wie es zu funktionieren hat, dann würden in der Jury jedes Mal Daten- und Informationsexperten sitzen, von denen jeder einzelne auf der Suche nach der Wahrheit ein hohes Maß an Immunität gegenüber der Leidenschaft von Rechtsanwälten, den Emotionen von Zeugen und den Zwängen der öffentlichen Meinung an den Tag legte. Wenn es in Gerichtsprozessen darum geht, die Wahrheit auszusprechen – und genau dies besagt der lateinische Wortstamm von »Verdikt« –, und Urteile einfach nur Strafen oder Belohnungen verteilen, warum werden dann manche Anwälte besser bezahlt als andere? Sind sie besser darin, die Wahrheit herauszufinden? Oder sind bloß ihre Methoden und taktischen Kniffe besser, wenn es darum geht, mit Leidenschaft eine Jury von ihrem Anliegen zu überzeugen, ganz gleich, wo die Wahrheit liegt?

Wenn vor dem Gericht Wahrheit und Objektivität weder gesucht werden noch überhaupt gewünscht sind, müssen wir doch uns selbst eingestehen, dass zumindest gewisse Teile des Rechtssystems das Gegenteil dessen sind, was Aristoteles beschrieb, und dass es vielmehr nur um Gefühle und Emotionen geht. Um das Bestreben, Leidenschaft in Mitgefühl zu verwandeln. Und die Folge? Bisweilen kommt es zu einem Verdikt, das weniger die Wahrheit abbildet als vielmehr das, was hochbezahlte Anwälte als wahr dargestellt wissen wollten.

Denken Sie an die Evolution des Gerichtsprozesses, hier aus erzählerischen Gründen stark vereinfacht dargestellt. Wir beginnen mit einem Menschen, der die Aufgabe hat, mit oder ohne Beweise zu verkünden, ob Sie schuldig im Sinne der Anklage sind. Dieser Mensch stützt sich auf sein eigenes Urteilsvermögen – was er oder sie (gefühlsmäßig) für richtig erachtet – und spricht ein Urteil. Korrekturen aufgrund von Voreingenommenheit, schlechter Laune oder Falschinformation sind nicht vorgesehen.

Da haben wir doch sicher noch Luft nach oben.

In religiös geprägten Kulturen sehen und wissen die jeweiligen Gottheiten üblicherweise alles. Die moderne Variante davon ist das, was wir den Kindern vom Nikolaus erzählen: »Er weiß, ob du brav oder böse warst, also sei gefälligst brav.« Warum also nicht einfach Gott urteilen lassen? Bei einem Gottesurteil wären Sie möglicherweise gezwungen, sich einem Zweikampf auf Leben und Tod zu stellen, ins Wasser getaucht zu werden, durchs Feuer zu gehen, siedendes Öl auf die Brust gegossen zu bekommen oder Gift zu trinken. Wenn Sie all das halbwegs unbeschadet überstehen, müssen Sie unschuldig sein, weil Gott Sie beschützt hat. Beispiele für derartige Prozesse finden wir in den verschiedensten Kulturen, sie reichen zurück bis in den Codex Hammurabi im antiken Babylon, 1750 v. u.Z. Beispielsweise beschreibt Gesetz Nummer 2 (von 283) ein solches »Wasserurteil«:[1]

Wenn jemand einem anderen Zauberei vorwirft, es aber nicht beweisen kann, und derjenige, welchem die Zauberei vorgeworfen worden ist, zum Flusse geht, in den Fluss springt: wenn der Fluss ihn ergreift, so soll der, der ihn bezichtigt hat, sein Haus in Besitz nehmen. Wenn aber der Fluss jenen für unschuldig erweist und er unversehrt bleibt, so soll der, welcher die Zauberei ihm vorgeworfen hat, getötet werden, derjenige, welcher in den Fluss gesprungen ist, das Haus seines Bezichtigers in Besitz nehmen.

Gut und gerecht erscheint uns an diesem Gesetz überhaupt nichts. In einer Variation zu diesem Thema könnten wir auch gleich Ihren Leichnam ins Meer werfen. Wenn Sie mit dem Gesicht nach oben im Wasser treiben, beweist dies, dass Gott sich Ihrer Seele angenommen hat, und Ihre Unschuld wird im Himmel belohnt. Treiben Sie aber mit dem Gesicht nach unten im Wasser, sind Sie schuldig im Sinne der Anklage – der Himmel will nichts mit Ihnen zu tun haben.

So etwas kann man sich gar nicht ausdenken. In Kapitel 48 von Antonio Pigafettas Augenzeugenbericht über Magellans Reise um den Erdball[2] schildert er zwei besonders harte Monate auf See ohne frische Lebensmittel und Trinkwasser. Tote Seemänner wurden, wie damals üblich, einfach über Bord geworfen. Pigafetta beschreibt eine Begebenheit, die an das Wasserurteil erinnert:

Wir steuerten darauf zwey ganze Monate nach einander immer nordwärts, ohne auszuruhen; und in dieser Zeit starben ein und zwanzig von uns, theils Christen, theils Indianer. Wenn die Leichname ins Meer geworfen wurden, so beobachteten wir dabey die seltsame Regel, daß wir die christlichen Leichname mit dem Gesicht gegen den Himmel, und die heidnischen gegen das Wasser kehrten.

Entweder das ist alles wirklich so passiert wie beschrieben oder Antonio erlag einem üblen Fall von Bestätigungsfehler. Wie auch immer: Wollte man die Lage einer Leiche im Wasser als Beweis für Schuld oder Unschuld vor Gericht verwenden, dann könnte das nur funktionieren, wenn alle Menschen Christen wären. Was, wenn es keine Christen sind? Dann sind die Beschuldigten am Ende schlicht und einfach tot, und der Himmel bleibt ihnen verschlossen, ob nun schuldig oder unschuldig.

Warum lässt man nicht die Beweise entscheiden? Die Beschuldiger legen dem, der zu richten hat, ihre Beweise vor. Nehmen wir nun wieder an, derjenige, der zu richten hat, kann Sie nicht leiden. Angenommen, Sie sind unschuldig, aber niemand setzt sich für Sie ein. Beweise funktionieren nur, wenn die Menschen, die die Beweise zu prüfen und zu bewerten haben, nicht nur wissen, wie man das anstellt, sondern auch Wert darauf legen, die Wahrheit herauszufinden.

Um fair zu bleiben: Signore Pigafetta war ein Herr aus dem 16. Jahrhundert – einer vorwissenschaftlichen Ära. Wie bereits erwähnt, wurde das Prüfen von Hypothesen, wie es heute gang und gäbe ist, erst im 17. Jahrhundert zur wissenschaftlichen Routine. Davor waren die Naturphilosophen – die Leute, die wir heute Wissenschaftler nennen – glücklich und zufrieden, wenn sie Dinge erklärten, die ihnen wahr erschienen, nicht wissend von späteren Zeiten, als Experiment und Beobachtung an die Stelle bloßer Vermutungen traten. Nicht Menschen, sondern die Natur – das Universum selbst – sollte auf dem Feld der Wissenschaft der ultimative

Richter, die Jury und der Urteilsvollstrecker in einem werden. Thomas Henry Huxley, der Naturforscher aus dem 19. Jahrhundert, drückte das Ganze noch etwas unverblümter aus:[3]

> *Die große Tragödie der Wissenschaft – eine wunderschöne Hypothese wird von einer hässlichen Tatsache erschlagen.*

Warum nicht die Öffentlichkeit entscheiden lassen – die »Weisheit der Vielen«? Das Urteil wäre dann nicht mehr der Laune des vorsitzenden Richters unterworfen. Doch halt, große Menschenmengen können sich auch erschreckend irrational verhalten. Sie können zu einem Mob mutieren, in welchem die Summe ihrer kollektiven Geisteskraft in dem Maße verwässert, in dem die Größe des Mobs zunimmt. Gibt es wirklich keine Situation im Leben, in der Sie willens wären, in wütende Sprechchöre einzustimmen, mit einer Mistgabel in einer Hand und einer Fackel in der anderen? Die Justiz der Masse ist das perfekte Rezept für Lynchmorde. Heute canceln Massen andere, einzelne Menschen im Internet; willkommen am Gerichtshof der öffentlichen Meinung anstatt vor einem ordentlichen Gericht. Das Abzählen von Stimmen pro und kontra – bei dem die Leute ihr Votum für das abgeben können, was sie gerne für wahr halten wollen, oder was vielleicht wahr sein sollte, aber nicht für das, was tatsächlich wahr ist. Herauszufinden, was tatsächlich wahr ist, erfordert sorgfältige und gründliche Untersuchung, und nicht bloß die Lektüre dessen, was die Medien berichten, samt der darauf basierenden Meinungsbildung.

Hier wäre ein besserer Vorschlag. Stellen wir eine Gruppe gewöhnlicher Menschen zusammen, nicht zu viele, nicht zu wenige. Legen wir diesen Leuten die Beweise vor, die den

Angeklagten belasten und entlasten, und übertragen wir dieser Gruppe die Entscheidungsgewalt über Schuld oder Unschuld. So umgehen wir die Launen eines Despoten, die Voreingenommenheit eines einzelnen Richters, die Tortur eines »Gottesurteils« und die Gedankenlosigkeit eines Mobs. Angenommen, die Jury besteht aus Leuten, die Sie aus irgendeinem Grund hassen. Oder nehmen wir an, aufgrund des Lebensabschnitts, in dem sich diese Leute befinden, fehlt ihnen jedes Verständnis für Ihre aktuellen Lebensumstände. Vielleicht empfinden die Leute gar keinen Hass gegen Sie – Sie sind ihnen einfach nur egal. Das ist auch nicht gut.

Probieren wir es mit einem noch besseren Vorschlag. Stellen wir eine Jury zusammen, der nicht irgendwelche zufällig ausgewählten Personen angehören, sondern Menschen aus Ihrer Peergroup. So haben Sie die besten Chancen auf einen fairen Prozess. Voreingenommenheit gegen Sie ist dadurch minimiert oder ganz ausgeschlossen, allerdings könnte eine gewisse Voreingenommenheit zu Ihren Gunsten vorliegen, sofern Sie denn tatsächlich schuldig sind. Das ist ein hinnehmbares Risiko, wie es auch das berühmte Blackstone-Zitat verdeutlicht:[4]

> *Es ist besser, dass zehn Schuldige davonkommen, als dass ein Unschuldiger leiden muss.*

Der englische Jurist Sir William Blackstone formulierte dieses Prinzip erstmals im Jahr 1760.

Wir kommen nun zu dem, was im Grundsatz das moderne Rechtssystem in der angloamerikanischen Welt ausmacht: Der Prozess vor einer Jury aus Geschworenen, die sich aus Ihren Peers zusammensetzt. Wenn wir über ein

Jahrhundert der Lynchmorde in den USA, die in den 1830er-Jahren begannen, einmal außen vor lassen, dann beschreibt der 6. Verfassungszusatz der US-Verfassung, der im Jahr 1791 endgültig ratifiziert wurde, diese Notwendigkeit, den Beschuldigten zu schützen:

> *In allen Strafverfahren hat der Angeklagte Anspruch auf einen unverzüglichen und öffentlichen Prozess vor einem unparteiischen Geschworenengericht … Er hat weiterhin Anspruch darauf, über die Art und Gründe der Anklage unterrichtet und den Belastungszeugen gegenübergestellt zu werden, sowie auf Zwangsvorladung von Entlastungszeugen und einen Rechtsbeistand zu seiner Verteidigung.*

Diese Gedanken reichen weit zurück, sogar noch vor König Johanns Magna Carta von anno 1215, in der ausgeführt ist, dass kein freier Mann bestraft werden soll ohne »das gesetzliche Urteil von Seinesgleichen«.[5] Bis heute kreist unser Justizsystem weiterhin um diese Grundprinzipien. In der Theorie sollte jedermann einen fairen Prozess bekommen, aber in der Praxis vermag ein profilierter Rechtsanwalt die Jury gefühlsmäßig auf die eine oder andere Seite zu ziehen, auf eine Ebene, die deren Interpretation der Daten beeinflusst, und somit in einem günstigen Moment Voreingenommenheit im Gerichtssaal zu säen – eine Voreingenommenheit, die zu Beginn des Prozesses vielleicht noch gar nicht existiert hatte.

Tatsächlich züchten wir geradezu zukünftige Anwälte dafür herbei, solche Macht der Überzeugung auszuüben. Zu den fruchtbaren Zubringern des juristischen Berufsstands zählen Debattierclubs in Highschools und Colleges im ganzen Land. Mich selbst hat das nie sonderlich interessiert, obwohl meine Highschool ein besonders ehrgeiziges und erfolgreiches Debattierteam ins Feld schickte. Die Vitrinen in ihren Fluren quollen über mit Trophäen und Pokalen. Der Beitrag unserer Sportteams zu dieser Sammlung hielt sich in Grenzen. Wie auch immer: Ich war schon längst erwachsen, als ich erfuhr, was sich bei diesen Wettstreiten tatsächlich abspielt. Die Disputanten bekommen Themen vorgegeben, die diskutiert werden sollen, sie erfahren allerdings erst am Tag des Wettstreits, welche Seite sie in der Diskussion vertreten sollen. Gewinner ist die Person oder das Team, das seine Sache vor den Richtern am überzeugendsten vertritt. Ziel des Ganzen ist es nicht, irgendwelche objektiven Wahrheiten herauszufinden. Das ganze System trainiert die Leute gezielt darauf, zu argumentieren – ganz gleich, auf welcher Seite man bei einem Streitthema steht. Die Regeln gehen außerdem von vornherein davon aus, dass die zu debattierenden Themen stets nur zwei Seiten haben. Nicht etwa drei. Oder fünf. Und schon gar keine Spur von einem Kontinuum. Als ich als angehender Wissenschaftler davon erfuhr, kam mir diese Brutstätte von Streithähnen vor wie der ultimative Störfaktor bei der Suche nach der Wahrheit.

Vielleicht gehe ich damit ein wenig zu weit. Ich ging auf die Bronx High School of Science in New York City, die immerhin acht Nobelpreisträger unter ihren Absolventen vorweisen kann – sieben in Physik, einer in Chemie. Die beschriebene Debattenkultur kann unserer Wissenschaftskultur so sehr dann auch wieder nicht geschadet haben. Dennoch muss man sich wundern. Unsere politischen Repräsentanten stammen seit jeher tendenziell überwiegend aus dem juristischen Berufsstand. Wir bezeichnen sie in ihrer Gesamtheit als »lawmakers« – die »Gesetzmacher«.

Sind die andauernden Pattsituationen in den Beratungen des Kongresses vielleicht der Tatsache geschuldet, dass der Kongress selbst seinen Ursprung viel eher in der Kunst des Streitens hat als in der Wissenschaft der Wahrheitsfindung?

Dennoch: Der Versuch, Schuld oder Unschuld festzustellen, hat sich über die Epochen immer weiterentwickelt. Das ist eine gute Sache, und darüber können wir uns alle einig sein. Aber geht da vielleicht noch mehr? Ist das System überhaupt zu weiteren Verbesserungen fähig? Die Antwort auf die letzte Frage scheint eher auf ein Nein hinauszulaufen.

Während meiner allerersten Berufung, meine Pflicht als Geschworener vor Gericht zu leisten, war ich zur gleichen Zeit als Dozent an der Princeton University tätig, wo ich ein Proseminar über die Frage zusammenstellte, was Wissenschaft ist und wie und warum sie funktioniert. Im Rahmen des Auswahlverfahrens führen Rechtsanwälte eine Befragung mit den Jury-Kandidaten durch – der Fachbegriff für diese Prozedur lautet »voir dire«, was nicht unbedingt zur Wahrheitsfindung beiträgt. Jedenfalls wurde ich gefragt, welche Zeitschriften ich lese, welche Sendungen ich mir im Fernsehen ansehe, woher ich meine Nachrichten beziehe. Dann fragte man mich, wie ich meinen Lebensunterhalt verdiene. »Ich bin Naturwissenschaftler.« Da sie aus dem Fragebogen bereits wussten, dass ich in Princeton unterrichte, fragten sie mich, was ich dort unterrichte. »Ich unterrichte eine Gruppe über die Evaluation von Beweisen und die relative Unzuverlässigkeit der Aussagen von Augenzeugen.« Diese Fragerunde überstand ich nicht – keine Stunde später war ich wieder auf dem Heimweg.

Wenn wir Wissenschaftler den dramatisch aufgeladenen Ruf »Ich brauche einen Zeugen!« im Gerichtssaal vernehmen, fragen wir uns sofort: »Wofür?« Psychologen haben vollstes Verständnis für diesen geringen Respekt vor den Aussagen von Augenzeugen.[6] Zwei Personen, beide im Vollbesitz ihrer geistigen Kräfte, können die exakt gleichen Geschehnisse oder Phänomene beobachten und sie dennoch völlig unterschiedlich schildern, mit der gleichen Ernsthaftigkeit und der gleichen Überzeugung von der Richtigkeit ihrer jeweiligen Darstellung. Je ungewöhnlicher oder schockierender das Ereignis – wenn man etwa Zeuge eines Verbrechens wird oder einem Außerirdischen begegnet –, desto geringer ist die Wahrscheinlichkeit einer Übereinstimmung zwischen den diversen Schilderungen des Erlebten. Deshalb wurden die Methoden und Werkzeuge der Wissenschaft ja überhaupt erst erfunden – um nämlich die Schwächen der menschlichen Wahrnehmung aus der Gewinnung von Daten herauszuhalten. Berichten von Augenzeugen mag vor Gericht ein hoher Stellenwert eingeräumt werden, vor dem Gericht der Wissenschaft haben sie nicht viel zu sagen. Wenn Sie bei einer Konferenz auftreten und als besten Beweis für Ihre Forschungsergebnisse anführen können, dass Sie mit eigenen Augen gesehen haben, wie es sich abgespielt hat, wird man Ihnen die Tür weisen.

Bei meiner zweiten Berufung als Kandidat für ein Geschworenengericht las der Richter die grundlegenden Fakten des Falls vor; der beschuldigte junge Mann befand sich im Gerichtssaal. Drogenbesitz. Kokain. Manhattan. Dem Angeklagten wurde der Besitz von 1700 Milligramm Kokain zur Last gelegt, die er einem Polizeispitzel verkauft hatte. Wir gelangten wieder zur Jurorenbefragung, und man wollte von mir wissen, ob ich irgendwelche Rechtsanwälte kannte. Zu der Zeit hatte ich keine Juristen im Freundes- und Bekanntenkreis. Als wir uns dem Ende der Fragestunde näherten, intervenierte der Richter und fragte: »Gibt es Fragen, die Sie im Zusammenhang mit diesem Prozess gerne an das Gericht stellen würden?« Ich meldete mich und sagte, »Ja, Euer Ehren. Warum sagten Sie, der Beschuldigte wäre im Besitz von 1700 Milligramm Kokain gewesen? Die Tausend und das »Milli« können wir mathematisch kürzen, dann kommen wir auf 1,7 Gramm, das ist weniger als das Gewicht einer 10-Cent-Münze«. Als ich das sagte, schauten mich alle anderen im Gerichtssaal an und nickten. Ich fuhr fort: »... es sieht so aus, als würden Sie die Menge Drogen, um die es hier geht, größer erscheinen lassen als sie tatsächlich war.«

Auch in diesem Fall war ich wenig später raus aus der Sache und wieder auf dem Heimweg.

Später fragte ich mich, ob meine Frage vielleicht die anderen angehenden Jurymitglieder im Saal beeinflusst hat. Wie auch immer: Würde irgendjemand von uns ernsthaft sagen: »Wir sehen uns in 60 Milliarden Nanosekunden?« Natürlich nicht. Wir sagen: »Wir sehen uns in einer Minute«.

Bei meiner dritten Berufung als Kandidat für ein Geschworenengericht ging es um einen Raubüberfall. Ein klassischer Fall von »es steht Aussage gegen Aussage«. Einem Mann wurde vorgeworfen, einer Frau ihre Einkaufstasche und ihren Geldbeutel gestohlen zu haben. Als die Polizei den Angreifer kurze Zeit später stellte, wurde er vom Opfer des Raubes eindeutig identifiziert, allerdings befand sich das angebliche Diebesgut nicht in seinem Besitz. Das machte die Sache natürlich erheblich komplizierter. In dieser Runde der Juryauswahl hatte ich es bis unter die letzten 15 geschafft – so nahe war ich der Berufung in eine zwölfköpfige Geschworenenjury noch nie gekommen. Dann fragte uns der Richter einen nach dem anderen, ob wir ein Problem damit hätten, auf der Grundlage der vorgelegten Beweise zu einem Urteil zu kommen. Ich antwortete: »Auf der Grundlage von allem, was ich über die fehlende Zuverlässigkeit von Augenzeugenberichten weiß: Wenn der einzige Beweis die Aussage der Augenzeugin ist, ohne dass diese Aussage durch irgendwelche handfesten materiellen Beweise gestützt wird, kann ich einer Verurteilung nicht zustimmen.« Der Richter legte meinen Einwand den übrigen Jury-Kandidaten vor und sagte: »Sieht das sonst noch jemand so wie er, dass er oder sie mehr als einen Augenzeugen braucht, um zu einem Urteil zu kommen?« Sofort erklärte einer der anderen Jury-Kandidaten, der vor mir saß: »Das ist aber NICHT das, was er gesagt hat!« In dem Moment widerstand ich mit aller Kraft (und mit Erfolg) der Versuchung, zu sagen: »Euer Ehren, Sie waren erst vor ein paar Milliarden Nanosekunden Augen- und Ohrenzeuge meiner Worte, und Sie haben sie falsch wiedergegeben.« Trotzdem war ich auch in diesem Fall nach kurzer Zeit wieder raus aus der Nummer und auf dem Heimweg.

* * *

Wenn ein Anwalt mit der Macht und Befähigung, eine Jury mit leidenschaftlich vorgetragenen Argumenten auf seine Seite zu ziehen, unabhängig von den vorliegenden Daten, exakt das Rechtssystem darstellt, das Sie sich wünschen, dann werden Sie niemals im Leben wollen, dass ich oder ein anderer Wissenschaftler oder eine Wissenschaftlerin in der Jury der Geschworenen sitzt. Sie werden niemals einen Experten auf dem Gebiet der Datenanalyse, der Statistik oder

der Wahrscheinlichkeit in dieser Funktion haben wollen. Wahrscheinlich werden Sie auch keine Techniker oder Ingenieure als Geschworene sehen wollen. Wenn das gegenwärtige Rechtssystem zufällig eben das ist, was wir haben, auf dem Weg zu einem besseren System, dann haben wir hier eindeutig Luft nach oben. Vielleicht sollten wir uns nicht zufriedengeben mit der Feststellung »Das System hat Mängel, aber es ist nun mal das beste System, das wir haben«, auch wenn das Ausschlachten dieser Mängel erstklassigen Erzählstoff für Theaterbühne, Film und Fernsehen hergibt. Im Gerichtsdrama *Die zwölf Geschworenen* von Reginald Rose aus dem Jahr 1957 schafft es ein einzelner Geschworener, der nicht zu einer raschen Schlussfolgerung aufgrund der vorgelegten Beweise kommt, allmählich und ganz rational, verschiedene Ebenen von Voreingenommenheit (Altersdiskriminierung, Behindertenfeindlichkeit und Rassismus bei jedem einzelnen seiner elf Mitgeschworenen) offenzulegen. Es geht um einen Mordprozess. Man sollte sich daher schon ein wenig mehr Zeit nehmen, um zu einem Urteil zu kommen. Am Ende der Geschichte, die ausnahmslos im Beratungsraum der Geschworenen spielt, ändert jeder der elf anderen sein Votum zu »nicht schuldig«. Wären die Juroren rational und analytisch denkende Menschen gewesen, nahezu oder gänzlich frei von Voreingenommenheit, wäre der Film nie gedreht worden – oder es wäre ein Kurzfilm von zehn Minuten geworden.

Eine weitere Folge des modernen Rechtssystems ist die bloße Existenz des »Innocence Project«, bei dem es um die Aufklärung von Justizirrtümern geht. Die Mission der Macher sagt alles, was man dazu wissen muss:[7]

Die Mission des »Innocence Project« ist es, die erschütternde Zahl unschuldiger Menschen freizubekommen, die weiter im Gefängnis sitzen, und das System zu reformieren, das für die ungerechte Einkerkerung dieser Menschen verantwortlich ist.

Seit 1973 wurden ungefähr 190 Menschen (Stand: März 2023) rehabilitiert, die zuvor in den USA zum Tode verurteilt worden waren. Diese Zahl wäre ansonsten zu den 1543 Insassen des Todestrakts dazugekommen, die in diesem Zeitraum hingerichtet wurden.[8] Und seit 1989 wurden allein auf der Grundlage von DNA-Tests 375 zu Unrecht verurteilte Gefangene in 37 Bundesstaaten rehabilitiert, die zusammengenommen 5284 Jahre hinter Gittern zubrachten.[9] Wenn wir die 10:1-Messlatte von Mr. Blackstone anlegen und auf die Zeit im Gefängnis anwenden, könnten wir uns fragen, ob die 52 840 Jahre, die schuldige Straftäter frei herumlaufen durften, die 5284 Jahre rechtfertigen, die all diese Unschuldigen einsitzen mussten.

Dank der DNA und des immer weiter aufblühenden Fachgebiets der Forensik hat man den Eindruck, die Wissenschaft sei als Retterin herbeigeeilt. Das Problem dabei: Die Vorlage von Beweisen ist nach wie vor eingebettet in ein System, das sich die Macht vorbehält, die Voreingenommenheit von Geschworenen zu manipulieren, ganz unabhängig von der Wahrheit. Dies lieferte den Auslöser für eine Studie der National Academy of Sciences über den ungezügelten Missbrauch der Wissenschaft im Gerichtssaal. In einem 348 Seiten langen Bericht aus dem Jahr 2009 (*Strengthening Forensic Science in the United States: A Path Forward*) finden wir folgenden Absatz in der Zusammenfassung:[10]

In einigen Fällen könnten entscheidende Informationen und Zeugenaussagen auf der Basis fehlerhafter forensischer Analysen zur ungerechtfertigten Verurteilung Unschuldiger beigetragen haben. Diese Tatsache zeigt die mögliche Gefahr auf, Beweise und Aussagen, die auf mangelhaften Tests und Analysen beruhen, unangemessen stark zu gewichten. Überdies haben unpräzise oder übertriebene Aussagen von Experten mitunter dazu beigetragen, dass fehlerhafte oder irreführende Beweismittel bei Gericht zugelassen wurden.

Als krönenden Abschluss verfasste die Bestsellerautorin Alice Sebold 1999 ein Memoirenbuch mit dem Titel *Lucky* (dt. *Glück gehabt*), in dem sie den Schwarzen identifizierte, der sie, wie sie ausführte, im Jahr 1981 – da war sie 18 Jahre alt – vergewaltigt hatte. Er wurde später festgenommen, verurteilt und für 16 Jahre ins Gefängnis gesteckt – bis Ende November 2021, als er nach einer erneuten Prüfung der gegen ihn vorgelegten Beweise rehabilitiert wurde. Eine Woche später wurde Sebolds Buch von ihrem Verlag, Scribner, zurückgezogen. Sie hat sich inzwischen bei ihrem Opfer für die fehlerhafte Identifizierung entschuldigt.[11]

Das Innocence Project berichtet, bei 69 Prozent der rehabilitierten Fälle ging es um falsche Identifizierung durch Zeugen, einschließlich Gegenüberstellungen, Auftritten vor Gericht, Verbrecherfotos, Phantomzeichnungen und falsch erkannten Stimmen.

Unabhängig von allen demografischen Daten, die zu Haftstrafen angeführt werden könnten, als da sind Rasse, Alter, Religion, Armut, Arbeitslosigkeit, zerrüttete Familienverhältnisse und vieles mehr, haben sage und schreibe

93 Prozent aller Gefängnisinsassen in den USA[12] und weltweit[13] eine bestimmte Eigenschaft gemeinsam. Umfassende Studien ihres genetischen Profils zeigen, dass sie Träger eines Y-Chromosoms sind.[14] Nahezu alle Menschen, die Kriege vom Zaun gebrochen haben, weisen ebenfalls dieses sozial regressive Merkmal auf. Ja, es ist ein Männerproblem. Wenn wir es irgendwie schaffen würden, die Mängel in ihrem genetischen Code zu reparieren, wäre die Welt ein viel sicherer Ort für uns alle. Wir könnten stattdessen die Schuld auf das Testosteron schieben, aber viele unserer großartigsten Sinnbilder der Gewaltlosigkeit – Jesus, Mahatma Gandhi und Martin Luther King jr. zum Beispiel – waren ebenfalls Männer. Überdies werden die meisten Männer auf der Welt in ihrem ganzen Leben niemals ein Verbrechen begehen, und damit stehen wir vor einem weiteren ungelösten Mysterium des Universums.

***

Vielleicht braucht die Erde ja ein vernünftiges, virtuelles Land – eine Lösung für das irrationale Verhalten, das gegenwärtig Verbrechen und Strafe und die Weltpolitik insgesamt antreibt. Genau das schlug die Silicon-Valley-Unternehmerin und Marketingleiterin Taylor Milsal bei einem Cocktailempfang auf dem Starmus-Wissenschaftsfestival[15] 2016 auf den Kanarischen Inseln vor. Die Idee für ein »Rationales Land«, wie sie es nannte, gewann die Aufmerksamkeit aller Anwesenden. Einige von uns bei diesem Festival, darunter die renommierten wissenschaftlichen Dozenten Brian Cox (Teilchenphysiker), Jill Tarter (SETI-Forscherin), Richard Dawkins (Evolutionsbiologe), Jim Al-Khalili (theoretischer

Physiker) und Carolyn Porco (Planetenforscherin) diskutierten potenzielle Gemeinden für das Aufstellen einer Charta, basierend auf Orten, die vielleicht gerne eine solche Gelegenheit wahrnehmen würden. Die Mitgliedsstaaten müssten sich in ihrem Verhalten und ihrer Politik dem rationalen Denken verschreiben. Naheliegende Kandidaten waren Städte wie London, Paris und New York. Als Länder kämen etwa die Schweiz und Dänemark infrage. Die US-Bundesstaaten Massachusetts, Minnesota und Kalifornien wären Kandidaten. Das Gesprächsthema erfasste rasch die ganze Cocktailparty. Jeder einzelne Gast trug das eine oder andere zu dem Konzept bei, das Taylor aufgebracht hatte.

Mir ging der Name Rational Land (»Vernunftland«) etwas schwer über die Zunge, deshalb schlug ich so etwas wie »Rationalien« vor. Ich hatte auch das Gefühl, die Aufnahme kompletter städtischer Populationen würde extrem irrationale Gruppen übersehen, die innerhalb dieser Stadtbevölkerung aktiv wären, und zugleich hochgradig rationale Gruppen außen vor lassen, die außerhalb der Stadtpopulation operierten. Nach einer eingehenden Diskussion, vor allem mit Brian und Jim, kamen wir stattdessen überein, den einzelnen Menschen die Entscheidung für eine virtuelle Staatsbürgerschaft zu überlassen, was sich zufällig als das ideale Format für die sozialen Medien herausstellt, und was auch einen einfachen Tweet nach sich zog, den ich während der Konferenz postete.

Einbürgerungstests sollte es nicht geben. Keine Regeln für die Einwanderung. Keine Treuegelöbnisse, die versprechen, gegen Feinde zu den Waffen zu greifen. Das Einzige, was zählte, wäre der Einklang des Handelns mit dieser minimalistischen Verfassung.

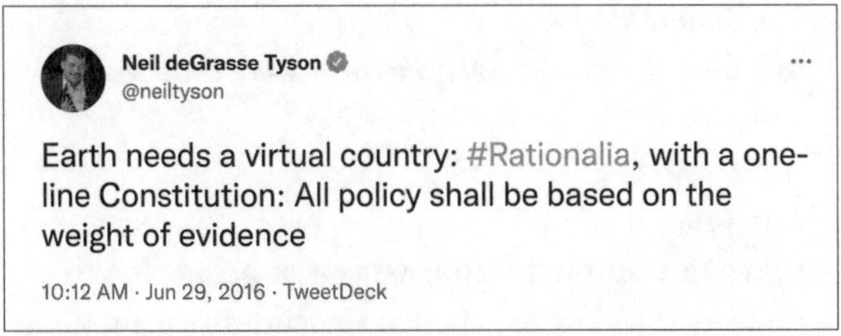
Neil deGrasse Tyson
@neiltyson

Earth needs a virtual country: #Rationalia, with a one-line Constitution: All policy shall be based on the weight of evidence

10:12 AM · Jun 29, 2016 · TweetDeck

Die Erde braucht ein virtuelles Land: #Rationalia/#Rationalien, mit einer Verfassung, die nur einen einzigen Satz enthält: Sämtliche Politik gründet ausschließlich auf der Beweiskraft von Daten

Kurz nachdem ich das Ganze an meine Follower gepostet hatte, brannten bei manchen Empfängern offenbar die Sicherungen durch. Ich konnte nicht fassen, wie viele Organisationen und Medienkanäle geradezu hasserfüllt auf die Idee reagierten, in der Gewissheit, ein Land, das auf beweiskräftigen Daten und rationalem Denken gründet, könnte nicht funktionieren. Einige Headlines:[16]

US News & World Report

EIN TRUGSCHLUSS NAMENS RATIONALIEN

New Scientist

EINE RATIONALE NATION, REGIERT VON DER WISSENSCHAFT, WÄRE EINE SCHRECKLICHE IDEE

Slate

EINE VON DER WISSENSCHAFT REGIERTE NATION IST EINE SCHRECKLICHE IDEE

The Federalist

NEIL DEGRASSE TYSONS »RATIONALIEN« WÄRE EIN SCHRECKLICHES LAND

Arts Journal

SORRY, NEIL DEGRASSE TYSON, ABER DIE REGIERUNGSFÜHRUNG EINES LANDES, DIE SICH AUSSCHLIESSLICH AUF »BEWEISKRAFT VON DATEN« GRÜNDET, KÖNNTE NIEMALS FUNKTIONIEREN

Wow. Drei von fünf der zitierten Publikationen hatten das Wort »schrecklich« in der Überschrift – offenbar wollte man von vornherein sichergehen, dass die Leser ihre Meinung bilden, bevor sie den jeweiligen Artikel überhaupt gelesen haben. Die Überschrift des *Arts Journal*, die mit dem Wort »Sorry« beginnt, nimmt den Tonfall von Erwachsenen an, wie sie mit Kindern sprechen, die gerade mit einer total verrückten Idee um die Ecke gekommen sind, aber Sie als der Erwachsene im Raum müssen den lieben Kleinen möglichst schonend beibringen, dass es so nicht geht. Bei dieser geballten Meinungsmacht, die sich nicht allein gegen mich richtete, sondern gegen das ganze Konzept, und damit natürlich auch gegen meine Wissenschaftlerkolleg*Innen und gegen Taylor Milsal, bleibt nur eine Schlussfolgerung: Wir sind allesamt komplett ahnungslos, wenn nicht gar geisteskrank.

Oder vielleicht kostet es einfach weniger Mühe, sich mit Leuten anzulegen, deren Meinung man nicht teilt, als herauszufinden, warum sie anderer Meinung sind. Keiner der erwähnten Medienkanäle hat mich vor der Veröffentlichung kontaktiert, damit ich gegebenenfalls zu den Aussagen im jeweiligen Artikel selbst hätte Stellung beziehen können. An einem Dialog waren sie nicht interessiert. Meine Anhängerschaft in den sozialen Medien ist zum Glück groß genug, sodass ich eine Antwort posten könnte, die allen diesen Bedenken Rechnung trägt und dabei ein größeres Publikum erreicht als die ganzen Zeitschriftenauflagen zusammengenommen. Nur so nebenbei.

Mich schauderte bei dem hartnäckigen Tenor, Wissenschaftler sollten sich aus der Geopolitik gefälligst heraushalten. Der heftigste Widerspruch bezog sich auf die Frage, wo ein solches Land seine moralischen Werte hernimmt und wie andere ethische Fragen konstatiert beziehungsweise gelöst werden sollten.

Als ich das letzte Mal in der Verfassung der USA nachschaute, fand ich dort auch keine Diskussion über Moral. Da steht auch nirgends »Du sollst nicht töten«. Dafür gibt es einen ganzen Verfassungszusatz – Amendment Nr. 3 –, der das Militär daran hindert, sich ohne Ihre Zustimmung in Ihrem Zuhause einzuquartieren.

Und wenn Gerichtsurteile vollständig evidenzbasiert wären, dann müssten wir, der Inspiration durch das schottische Rechtssystem folgend, den Begriff »nicht schuldig« neu definieren und ein drittes Verdikt einfügen, nämlich »unschuldig«:

Schuldig: Die Beweislage zeigt, dass Sie die Straftaten im Sinne der Anklage begangen haben.
Nicht schuldig: Wir glauben, dass Sie schuldig sind, können aber weder Ihre Schuld noch Ihre Unschuld beweisen.
Unschuldig: Die Beweislage zeigt, dass Sie die Straftaten im Sinne der Anklage nicht begangen haben.

Bedenken Sie außerdem, dass sich Moralvorstellungen über längere Zeit und über die Kultur weiterentwickeln, üblicherweise durch die rationale Analyse der Auswirkungen und Konsequenzen zuvor gültiger Moralvorstellungen, im Lichte von Wissen, Weisheit und Einsicht, die immer wieder neu dazukommen. Die Bibel wird beispielsweise oft als Quell moralischer Werte hochgehalten, aber sie ist keineswegs ergiebig, wenn man nach Kommentaren sucht, die sich gegen die Sklaverei aussprechen, und auch Diskussionen über Geschlechtergerechtigkeit werden wir dort vergeblich suchen.

Der Rationalien-Tweet verweist gezielt auf die Politik, die einen umfassenderen Rahmen für das Nachdenken über Gesetze vorgeben kann. Beispiele wären etwa die Entscheidung einer Regierung darüber, ob – und wenn ja, wie viel – in Forschung und Entwicklung investiert werden soll. Oder ob eine Regierung den Armen helfen soll, und wenn ja, in welcher Weise. Oder inwieweit eine Gemeinde für einen gleichberechtigten Zugang zu Bildung sorgen soll. Oder ob Zölle auf Waren und Dienstleistungen aus einem bestimmten Land erhoben werden sollen. Oder welcher Steuersatz gelten soll, und für welche Arten von Einkommen. Oder ob ein CO_2-Emissionshandel implementiert werden soll, um die Nutzung fossiler Brennstoffe zu regeln und dieser letztendlich entgegenzuwirken. Oft stecken diese politischen Einzelfragen im Zwist der politischen Fraktionen fest, die lautstark verkünden, die eigene Sichtweise sei die richtige und die jeweils anderen lägen falsch. Was mir die folgende, in den meisten Fällen zutreffende Weisheit in Erinnerung ruft: »Wenn ein Disput länger als fünf Minuten dauert, haben beide Seiten unrecht.«

Außerdem heißt es in der Mini-Verfassung Rationaliens

sinngemäß, für eine Idee müssten überzeugende Beweise vorliegen, bevor die Politik Entscheidungen trifft und Maßnahmen umsetzt, die auf dieser Idee beruhen. Schon ein Mangel an Daten kann eine Quelle der Voreingenommenheit sein. In einem solchen Land würden andauernd Daten gesammelt, sorgfältige Beobachtungen angestellt und Experimente durchgeführt, was Einfluss auf praktisch jeden Aspekt unseres modernen Lebens nehmen würde. Im Endeffekt würde Rationalien eine weltweit führende Stellung bei neuen Erkenntnissen und Entdeckungen erlangen, weil diese Erkenntnisse und Entdeckungen quasi in die DNA des Regierungshandelns und des Denkens der Staatsbürger integriert wären. Das Fehlen relevanter Daten wäre dort außerdem eine bestens bekannte Quelle für Voreingenommenheit.

In Rationalien würden die Wissenschaften, die sich der Erforschung des menschlichen Verhaltens widmen (Psychologie, Soziologie, Neurowissenschaften, Anthropologie, Wirtschaft usw.), massiv finanziell gefördert, da sich vieles von unserem Verständnis der Interaktion untereinander aus Forschung ableitet, die in Teilgebieten dieser Disziplinen stattfindet. Da Menschen der Gegenstand dieser Forschung sind, sind diese Fachgebiete besonders anfällig für gesellschaftliche und kulturelle Voreingenommenheit. Gerade hier käme deshalb der Nachprüfbarkeit von Beweisen höchste Bedeutung und Priorität zu.

Wenn Sie in Rationalien die Kunst in Schulen fördern wollen, geben Sie einfach einen Grund dafür an. Steigert sie die Kreativität der Bürger? Leistet die Kreativität einen Beitrag zu Kultur und Gesellschaft insgesamt? Wird Kreativität in Ihrem Leben eine Rolle spielen, ganz unabhängig von Ihrer beruflichen Ausrichtung? Das sind überprüfbare

Fragen. Für die Antworten darauf braucht es lediglich verifizierbare Forschungsergebnisse. Die Debatte ist im Lichte vorliegender Beweise schnell erledigt, und wir können uns den nächsten Fragen zuwenden.

Da in Rationalien die Beweiskraft von Daten Teil der Verfassung ist, würden alle Bürgerinnen und Bürger von Kindheit an darin geschult, wie man beweiskräftige Daten erlangt und analysiert, und wie man aus diesen Daten Schlussfolgerungen zieht.

In Rationalien hätten Sie alle Freiheiten, irrational zu sein. Nur eines könnten Sie nicht: Sie könnten keine Politik auf Ihre Ideen gründen, wenn diese nicht durch die Beweiskraft von Daten unterlegt sind. So gesehen wäre Rationalien durchaus ein Kandidat für das freieste Land der Welt.

In Rationalien hätten die Bürger für Nachrichtensprecher, die ihre eigene Meinung als Fakten präsentieren, bestenfalls Mitleid übrig. Die Fähigkeit, Bockmist zu erkennen, wann und wo auch immer er sich breit macht, wäre bei allen Menschen sehr stark ausgeprägt.

Wenn Sie in Rationalien beispielsweise die Absicht hätten, die Todesstrafe einzuführen, müssten Sie einen Grund dafür benennen. Wird die Abschreckung vor Mord als Absicht dahinter angegeben, würde alsbald eine komplette Forschungsmaschinerie den Betrieb aufnehmen (sofern sie nicht bereits vorhanden wäre), die feststellen soll, ob die Todesstrafe tatsächlich als Abschreckung für potenzielle Mörder taugt. Tut sie es nicht, scheitert die von Ihnen beabsichtigte Maßnahme, und wir würden uns den nächsten Vorschlägen zuwenden. Wenn die Todesstrafe tatsächlich als sinnvolle Abschreckung vor Mordtaten dient, muss sich die folgende Frage anschließen: Wenn der Staat die Macht erhält, seinen eigenen Bürgern das Leben zu nehmen, und wenn der Staat nicht über magische Kräfte verfügt, sie hinterher wieder zum Leben zu erwecken, was geschieht, wenn er (der Staat) später feststellt, dass die hingerichtete Person das Verbrechen gar nicht begangen hat?

In Rationalien, einem diversen und pluralistischen Land, genießen Sie die Freiheit der Religionsausübung. Sie würden es allerdings schwer haben, politische Entscheidungen auf Ihre Religion zu gründen. Politik bedeutet, so wie der Begriff in den meisten Fällen verwendet wird, Regeln, die für alle gelten (also für das Gemeinwesen), aber die meisten Religionen haben Regeln, die ausschließlich für ihre jeweiligen Anhänger gelten.

In Rationalien würde die Forschung auf den Gebieten der Psychologie und der Neurowissenschaften feststellen, welche Risiken wir alle einzugehen bereit sind, und auf wie viele Freiheiten wir verzichten müssten, im Austausch für ein bequemes Leben, Gesundheit, Wohlstand und Sicherheit.

In Rationalien könnten Sie eine Behörde für Moralität schaffen, in der Moralkodizes vorgeschlagen und debattiert werden. Welchen Moralkodizes würden sich die Bürger und Bürgerinnen Rationaliens anschließen? Das ist schon für sich ein eigenes Forschungsprojekt. Länder kriegen das nun einmal nicht immer richtig hin. Auch Rationalien nicht. Ist die Versklavung von Menschen mit dunkler Hautfarbe okay? Die amerikanische Verfassung dachte 76 Jahre lang, dass dem so wäre. Sollen Frauen das Wahlrecht bekommen? Die amerikanische Verfassung sagte 131 Jahre lang Nein.

Und wenn wir später feststellen, dass die Verfassung Rationaliens weitere Zusätze benötigt, dann können Sie sicher sein, dass Beweise vorliegen, die diese Notwendigkeit belegen. In einer solchen Welt würden die Menschen noch immer miteinander streiten, aber sie würden ziemlich sicher nicht wegen ihrer Meinungsverschiedenheiten in den Krieg ziehen. Gerichte wären dort Bastionen des rationalen Diskurses, und Gerichtsdramen wären so ziemlich das langweiligste Genre, was im Fernsehen jemals angeboten würde. Dies könnten vielleicht die Grundlagen ewiger Gerechtigkeit und ewigen Friedens sein. Oder vielleicht ist es auch nicht perfekt, aus Gründen, die erst noch erkundet werden müssen, aber es wäre das Beste, was wir bisher zustande gebracht hätten.

Letztendlich geht es darum, Gesetze zu verabschieden und einzuhalten, die wir alle respektieren. Gesetze, die objektiv verifizierbare Beweise verlangen, damit ein Täter juristisch belangt werden kann. Gesetze, die nach unser aller Überzeugung gerecht sind. Gesetze, von denen wir hoffen, dass sie die Interessen der Zivilisation voranbringen. Und Gesetze, die die Harmonie in der Bevölkerung fördern, und nicht den Zwiespalt. Und außerdem: Wenn wer auch immer ein geringfügiges Vergehen begeht, möchten wir wissen, warum, damit man sich der Ursache annehmen, sie beurteilen und korrigieren kann, um künftige Gesetzesübertretungen zu vermeiden. Das muss nicht immer und zwangsläufig mit Strafe verbunden sein. Damit solche Ziele zum Erfolg führen, braucht es ein Rechtssystem auf der Grundlage objektiver Wahrheiten, die für alle gelten, und nicht auf der Grundlage politischer oder persönlicher Wahrheiten, die nur für einige wenige gelten.

Hoffen wir für die Menschen in nicht allzu ferner Zukunft, dass das heutige Rechtssystem ihnen so vorkommt, wie uns heute ein Gottesurteil durch Ertränken.

KAPITEL ZEHN

Körper & Geist

Vielleicht wird die Physiologie des Menschen schlicht überschätzt

Einige meiner besten Freunde sind aus Chemikalien gemacht. Genau genommen bestehen alle meine Freunde aus Chemikalien. Wir alle sehnen uns danach, der menschliche Körper, und vielleicht das Leben insgesamt, möge doch mehr sein als die Summe seiner elektro-biochemischen Reaktionen. Unabhängig davon, ob Sie religiös sind oder nicht, sind Verweise auf eine menschliche »Seele« oder »spirituelle Energie« oder eine »Lebenskraft« gängige Beispiele für das, was ein solches Sehnen unterfüttert. Trotz allem ist und bleibt die chemische Abteilung in uns in vollem Gange. Das jährlich erscheinende *Physician's Desk Reference* (*PDR*)[1] ist ein riesiges Kompendium aller verschreibungspflichtigen Medikamente auf dem Markt – über Tausend an der Zahl –, samt Auflistung der Pharmahersteller, farbigen Abbildungen der Medikamente, empfohlener Dosierung, Nebenwirkungen, Kontraindikationen, chemischer Formeln und sonstiger einschlägiger Informationen für das medizinische Fachpersonal. Nehmen Sie dazu noch die scheinbar grenzenlose Fülle rezeptfreier Medikamente, Nahrungsergänzungsmittel und pflanzlicher Mittel, und Sie haben einen ganzen Sektor der Weltwirtschaft vor sich, der Chemikalien für Ihr Wohlbefinden herstellt und liefert. Auch pflanzliche Heilmittel, ob antik oder modern und unabhängig von ihrer Wirkung, stellen trotz allem nichts anderes dar als eine Zufuhr von Chemikalien für Ihren Körper, nur dass diese Chemikalien eben nicht im Labor hergestellt wurden. Wenn wir ein Leben frei von Krankheit und Beschwerden führen wollen, müssen wir der Natur gegenüber einräumen, dass wir im Grunde ein Sack voll Chemikalien sind, der mitunter (oder auch immer öfter) der Hilfe durch andere Chemikalien bedarf, um möglichst uneingeschränkt leben zu können. Wenn man bedenkt, wie oft wir im Lauf des Lebens von Kindheit an bis ins Alter krank werden, und angesichts der zahlreichen Ausfälle dieses oder jenes Körperteils, sollten wir uns vielleicht eher wundern, dass unser Körper überhaupt funktioniert.

Und wenn dem so ist, wie sehr verwundert sollten wir sein?

Mein Biologielehrer in der siebten Klasse war ein großer Fan des menschlichen Körpers. Besonders das Herz hatte es ihm angetan, das 80 Jahre und länger als Pumpe fungiert, ohne jemals den Betrieb einzustellen: »Keine Maschine, die wir jemals gebaut haben, hält ohne jede Reparatur so lange durch.« Er pries auch unsere Hände und Füße und beschrieb sie als Höhepunkte des evolutionären Designs, mit Knochen und Muskeln und Bändern und Sehnen, und alles sitzt am richtigen Platz. Der *Vitruvianische Mensch* in der berühmten Zeichnung von Leonardo da Vinci aus dem Jahr 1490 trug zur Etablierung dieses Ideals bei. Er zeigt eine menschliche

Gestalt mit ausgestreckten Armen, eingerahmt von einem perfekten Kreis, und mit perfekten geometrischen Proportionen innerhalb des Kreises. Der exakte Mittelpunkt des Kreises? Der Bauchnabel. Das alles kam mir damals ausgesprochen überzeugend vor – ich war zwölf Jahre alt –, aber ich sollte später lernen, dass die genaue Lage des Nabels sehr stark variieren kann und dass man ohne Aufnahme von Wasser innerhalb einer Woche tot ist. Multiorganversagen führt dazu, dass das Herz zu schlagen aufhört.[2] Will sagen: Das Herz bedarf sehr wohl konstanter Wartung. Wir machen uns das nur nicht bewusst.

Was das Wunder unserer beiden Füße betrifft, so enthält jeder davon 28 Knochen und dazugehörige Bänder und Sehnen.[3] Wettkampfsportler, die keine Füße haben, nutzen gekrümmte Schienen, die an Ihren Beinen befestigt sind. Sicher haben Sie das in der Berichterstattung über die Paralympics schon einmal gesehen. Sie haben nicht die geringste Ähnlichkeit mit einem menschlichen Fuß, aber sie sind besser konstruiert und sind energieeffizienter beim Gehen und beim Laufen. Aus diesen und zahllosen weiteren Gründen gibt es kaum Anreize, intelligente Roboter zu erfinden, die exakt so aussehen wie wir, angesichts der ganzen Mängel und Defizite des menschlichen Körpers.

Während Roboter auch unerwünschte Computerviren mit sich herumtragen könnten, tragen wir Mikroben mit uns herum, und die sind sogar erwünscht. Und zahlreich sind sie auch. In jedem Zentimeter unseres unteren Dickdarmabschnitts leben und arbeiten mehr Bakterien, als jemals Menschen auf der Erde gelebt haben. Für die sind wir nichts weiter als ein warmes, anaerobes Gefäß voller Fäkalien. Wer sagt hier, wo's langgeht? Wir, größtenteils jedenfalls. Es sei denn, Sie stören die Mikroben und bringen sie aus dem Gleichgewicht. Dann übernehmen sie das Kommando und sorgen dafür, dass Sie jederzeit genau wissen, wie weit es zur nächsten Toilette ist. Zählen Sie sie alle, wie sie synergetisch und symbiotisch in unseren Eingeweiden und auf unserer Haut ihr Dasein fristen, und Sie kommen auf mehr lebende Organismen, als wir Zellen im eigenen Körper haben.[4] Es könnte auf bis zu 100 000 000 000 000 (hundert Billionen) Mikroben hinauslaufen. Manche davon könnten sogar darauf Einfluss nehmen, nach welcher Art Nahrung uns der Sinn steht, etwa Schokolade, während sie größere Moleküle in kleinere aufspalten, die sich leichter in ihren Blutkreislauf einpassen lassen.[5] Sie denken wahrscheinlich, Ihr Verlangen ist Ihr ganz persönliches. Dabei sind es die auf Schokolade abfahrenden Bakterien in Ihrem Darm, die nach den Süßigkeiten rufen.

Wie steht es mit unseren Sinnen? Der menschliche Körper mit seinen ganzen komplexen biologischen und elektrochemischen Pfaden ist alles, was wir haben, um unsere Umgebung zu entschlüsseln. Die fünf klassischen Sinne – Sehen, Hören, Tasten, Schmecken, Riechen – werden zu Recht hoch geschätzt wegen ihrer Fähigkeit, äußere Reize zu erkennen. Diese Fühler in die Welt sind uns so wichtig, dass Sie als behindert gelten, wenn Ihnen einer davon fehlt.

Mit Abstand an erster Stelle steht der Sehsinn. Das am weitesten entfernte für das menschliche Auge sichtbare Objekt ist eine Zwillingsschwester unserer heimatlichen Milchstraße, die Andromeda-Galaxie. Sie ist zwei Millionen Lichtjahre entfernt, weit jenseits der Sterne des Nachthimmels. Als Nächstes kommt der Hörsinn. Ein an seinem Ausgangspunkt besonders lautes Geräusch wie den Gewitterdonner hören Sie bis zu dem Horizont, an dem Sie sich gerade befinden, in mehreren Kilometern Entfernung. Der Geruchssinn verrät uns üblicherweise, egal wo im Haus wir uns aufhalten, dass gerade das Abendessen angebrannt ist, auch wenn Rauchmelder diese Aufgabe inzwischen in bewundernswerter Weise übernommen haben. Und schließlich brauchen wir den Tastsinn und den Geschmackssinn für Dinge, die unmittelbar mit unserem Körper in Berührung kommen.

Die Wissenschaft selbst gelangte erst dann zur experimentellen Reife, als Ingenieure Werkzeuge entwickelten, die unsere fünf Sinne, ihrerseits hochgradig empfänglich für unseren entsprechenden Geistes- oder Gemütszustand, schärfen, erweitern und sogar ersetzen können. Und nicht nur das: Wir haben sogar Sinne entdeckt, die weit jenseits der menschlichen Physiologie angesiedelt sind. Tatsächlich erscheinen unsere fünf biologischen Sinne klein und unscheinbar, wenn wir sie mit den Dutzenden »Sinnen« vergleichen, mit denen unsere Wissenschaften heutzutage glänzen, und jeder davon bietet einen außergewöhnlichen Zugang zur Funktionsweise der Natur. Wir erkennen damit ansonsten unsichtbare elektromagnetische Felder, einschließlich Radiowellen, Mikrowellen, Infrarot-, Ultraviolett-, Röntgen- und Gammastrahlen. Wir messen Anomalien in der Gravitation, die Polarisierung des Lichts, die Zerlegung des Lichts in Spektralfarben, chemische Konzentrationen im Milliardstelbereich (ppb – parts per billion), barometrischen Druck und die Zusammensetzung der Atmosphäre. Im Krankenhaus haben wir MRT (Magnetresonanztomografie oder Kernspintomographie), eine brillante Anwendung eines physikalischen Phänomens, die es möglich macht, die Masse unterschiedlicher Atomkerne in einem Volumen zu identifizieren und abzubilden. Die Physiker Felix Bloch und Edward Purcell teilten sich 1952 den Nobelpreis für diese Entdeckung.[6] Purcell war übrigens einer meiner Physikprofessoren am College. Er hatte ein Faible für die Astrophysik und machte grundlegende Entdeckungen über das Verhalten von Wasserstoffatomen.[7] Damit verschaffte er den Benutzern von Radioteleskopen die Möglichkeit, riesige Gaswolken aus Wasserstoff in der Milchstraße zu finden und nachzuverfolgen.

Die Magnetresonanztomografie ist zwar eine hochgeschätzte Technologie in Krankenhäusern, hat aber keine Wurzeln in der medizinischen Branche. Allein durch finanzielle Förderung medizinischer Forscher wäre es zur Entdeckung der Grundlagen dieser Maschine wohl gar nicht gekommen. Das liegt daran, dass die Magnetresonanz- oder Kernspintomografie auf physikalischen Gesetzen beruht; entdeckt wurde sie von einem Physiker und Sternengucker, der sich herzlich wenig für Medizin interessierte. Dasselbe gilt für die gesamte radiologische Station in einem Krankenhaus (mit Röntgengeräten, CT-Scans und PET-Scans), EEGs, EKGs, Oximetern und Ultraschall – die ganze Palette. Wenn das Gerät im Krankenhaus einen Ein/Aus-Schalter hat, dann beruht seine Funktionsweise vermutlich auf einer physikalischen Grundlage. So funktioniert das. So hat es immer funktioniert. Damit es die Maschine überhaupt gibt, braucht es Medizintechniker, die den praktischen Nutzen einer solchen Entdeckung erkennen. Der Ruf nach einer prioritären Finanzierung anwendungsorientierter Forschung gegenüber der Grundlagenforschung und der andauernde Appell, Geld, das wir besser auf der Erde ausgeben könnten, doch bitte nicht in den Weltraum zu investieren, steht für ein Verlangen, das zwar nobel ist, aber schlicht auf mangelnder Information beruht. Sie wollen die Zivilisation voranbringen? Dann finanzieren Sie alles. Wir wissen nie im Voraus, welche Entdeckungen Ihr Fachgebiet revolutionieren werden, und diese Entdeckungen können aus Zweigen der Wissenschaft stammen, die mit Ihrem Berufsfeld gar nichts zu tun haben.[8]

Gerade die Ultraschalltechnologie hat ihren Beitrag zu einer ständig debattierten Thematik hinsichtlich des menschlichen Körpers geleistet. In den ersten fünf Monaten einer neun Monate dauernden Schwangerschaft könnte der menschliche Fötus außerhalb der Gebärmutter nicht überleben, auch mit intensiver medizinischer Betreuung nicht. Vielleicht werden wir eines Tages wissen, wie wir ein befruchtetes Ei in einem medizinischen »Brutkasten« zur Reife bringen können, aber vorerst scheint das noch Zukunftsmusik zu sein. In den USA tobt ein erbitterter Streit darüber, in welchem Maß wir den Gesetzgebern auf den Ebenen des Bundes und der Einzelstaaten die Kontrolle über die Uteri seiner Bürgerinnen anvertrauen sollten. In manchen Teilen der Bevölkerung herrscht das starke Gefühl, schwangere Frauen sollten nicht das Recht haben, ihre Schwangerschaft nach den ersten sechs Wochen abzubrechen. Ungefähr nach dieser Zeit lässt sich erstmals ein Herzschlag beim Fötus feststellen – per Ultraschall.[9] Diese Leute nennen das Mord.

Um es klarzustellen: Das wäre der Mord an einem nicht lebensfähigen menschlichen Embryo, der in etwa so viel wiegt wie eine Büroklammer. Wenn wir bei dieser Gemeinde hinter die Kulissen blicken, stoßen wir auf starke

Einflüsse fundamentalistischer und anderweitig konservativer christlicher Gruppen. In elf der fünfzehn am stärksten religiös geprägten Bundesstaaten[10] liegen fertige Gesetze in der Schublade, die den Schwangerschaftsabbruch rundheraus verbieten oder stark einschränken,[11] sobald das Oberste Gericht der USA das Urteil im Musterfall *Roe v. Wade* aus dem Jahr 1973 aufhebt (was inzwischen geschehen ist – Anm. d. Üb.). Damals wurde der Schwangerschaftsabbruch entkriminalisiert. Offensichtlich liefert der Glaube an einen liebenden, mitfühlenden christlichen Gott und an die Heiligkeit allen menschlichen Lebens (sei es nun lebensfähig oder nicht) eine starke Motivation für solche Ansichten. Das sind keine schlechten Staatsbürger, das sind gute Christen – wenngleich von den genannten elf Staaten nicht weniger als zehn zugleich die Todesstrafe befürworten.[12]

Insgesamt unterstützen drei von vier republikanischen Wählern[13] eine gegen die Abtreibung gerichtete »pro-life«-Haltung in dieser oder jener Form, einschließlich einer strengen Überwachung und Durchsetzung durch die Exekutive. Dabei wollen Republikaner ansonsten stets weniger Eingriffe des Staates in unser Leben und nicht etwa mehr. Medizinisch gesprochen ist ein ungeborener Mensch in den ersten acht bis neun Wochen nach der Empfängnis ein Embryo, danach bis zur Geburt ein Fötus.[14] Nach meiner Erfahrung werden diejenigen, die sich über ihre Schwangerschaft freuen, stattdessen vom »Baby« im Mutterleib sprechen. Diese simple Veränderung der Wortwahl ermutigt konservative »Lebensschützer«, die liberalen Befürworter eines Rechts auf Abtreibung karikaturenhaft als Menschen darzustellen, die gleichzeitig die »Wale retten« und »Babys abtreiben«[15] wollen.

Sehen wir uns die Abtreibungsstatistiken der jüngeren Zeit in den USA an. Von den über fünf Millionen Schwangerschaften pro Jahr in der Zeit zwischen 1990 und 2019[16] wurden knapp 13 Prozent medizinisch abgebrochen.[17] Allerdings bricht der Uterus ganz von allein und spontan sage und schreibe 15 Prozent aller bekannten Schwangerschaften während der ersten 20 Wochen ab. Zahlreiche weitere Fehlgeburten bleiben gänzlich unbemerkt, da sie im ersten Schwangerschaftsdrittel auftreten, oftmals bevor die betreffende Frau überhaupt wusste, dass sie schwanger war. Zusammengenommen könnte die Zahl der spontanen (körperlichen, nicht medizinischen) Abbrüche über 30 Prozent aller Schwangerschaften betreffen.[18] Wenn Gott hier die Finger im Spiel hat, dann bricht Gott bei mehr Föten die Entwicklung ab, als es Ärztinnen und Ärzte tun.

Das sind nur ein paar Aspekte, die wir im Blick haben sollten, wenn wir darüber diskutieren, wer die Kontrolle über unseren Körper ausübt.

* * *

Wie wichtig ist unsere Physiologie für unsere Existenz und unser Wohlbefinden? Wären Sie benachteiligt, wenn irgendein Element Ihrer Physiologie fehlerhaft funktionieren würde oder niemals funktioniert hätte? Was bedeutet es eigentlich überhaupt, beeinträchtigt oder behindert zu sein? Laut Definition bedeutet eine Behinderung »eine dauerhafte und gravierende Beeinträchtigung in der Teilhabe an der Gesellschaft, die durch die Wechselwirkung von körperlichen, seelischen, geistigen, oder Sinnesbeeinträchtigungen und ungünstigen Umweltfaktoren oder Barrieren verursacht wird«.

Vielleicht existieren ja irgendwo Musterexemplare der Gattung Mensch – so wie es Musterhäuser gibt –, und alles an diesen funktioniert absolut perfekt. Wir könnten uns in die Schlange stellen und warten, bis wir dran sind, dann vergleichen wir uns mit diesen Idealmenschen und entscheiden, ob irgendjemand von uns irgendwo ein Defizit hat. Diese beispielhaften Exemplare unserer Gattung hätten funktionsfähige Finger, Hände, Arme, Beine und Füße sowie wache und scharfe Sinne. Sie sind von durchschnittlicher Größe, und ihre Organe funktionieren so, wie es im medizinischen Lehrbuch steht. Und nichts beeinträchtigt oder vernebelt ihre geistige Leistungsfähigkeit. Diese Übung hat den Ruch des sensorischen und physiologischen Chauvinismus.[19] Wer auch immer dieser Idealmensch ist: Sie sind es nicht. Ganze Wirtschaftszweige existieren nur zu dem Zweck, Ihnen das Gefühl zu geben, irgendwie unzulänglich zu sein und Ihnen die Notwendigkeit einzureden, Unmengen an Zeit oder Geld (oder beides) zu investieren, um diesen Missstand zu beheben. Das sitzt tief. So tief, dass wir es uns überhaupt nicht mehr anders vorstellen können. Versuchen wir es trotzdem.

Die vielleicht berühmteste Komposition der gesamten klassischen Musik ist die 9. Sinfonie von Ludwig van Beethoven, die er im Jahr 1824 fertigstellte, als er bereits vollständig taub war. War Beethoven behindert? Allerdings funktionierte sein Gehör über den größten Teil seines Lebens – bis in seine Vierziger – zumindest einigermaßen, so gesehen ist das vielleicht kein gutes Beispiel.

Wie ist es mit einem Brief, geschrieben am 10. April 1930, an Captain von Beck auf der SS *President Roosevelt*. Der Kapitän hatte eine Passagierin auf der Brücke herumgeführt, welche später in sehr bewegenden Worten von dem Erlebnis berichtete:[20]

> *Erneut stand ich mit dem Kapitän auf der Brücke, er war ruhig und gelassen in Gegenwart von »einer Million Universen« – ein Mann mit der Macht eines Gottes. ... In meiner Vorstellung sah ich den Kapitän auf der Brücke stehen, wie er in das weite Himmelszelt über sich blickt und die von den Lichtpunkten der Sterne, Planetensysteme und Galaxien gesprenkelte Dunkelheit bestaunt.*

Die Passagierin war Helen Keller, eine Frau, die im Jahr 1904 ihren Abschluss am Radcliffe College machte und die seit dem Alter von 19 Monaten taub und blind war.

War Helen Keller behindert?

Matt Stutzman ist ein Meister des Bogenschießens, der in einem Wettbewerb so ziemlich jeden Menschen, der jemals Pfeil und Bogen in die Hand genommen hat, deutlich besiegen würde. Außerdem ist er großer Autofan. Ach ja, und er wurde ohne Arme geboren. Das Abschießen seiner Pfeile (und das Herumbasteln an seinen Autos) erledigt er mit seinen ungewöhnlich geschickten Beinen, Füßen und Zehen.[21]

Ist Matt Stutzman behindert?

Jahmani Swanson[22] liebt Basketball, aber er war zu klein für die NBA, wo die Spieler im Schnitt 1,98 m groß sind. Jahmani arbeitete trotzdem hart an seinem Spiel und wurde immer besser. 2017 entdeckten ihn die weltberühmten Harlem Globetrotters – und seitdem spielt er für dieses Team. Sein Spitzname dort ist »Hot Shot« Swanson. Hot Shot ist ein vollständig ausgewachsener Mann, 1,35 m groß, geboren als Kleinwüchsiger – eine genetische Krankheit, die das Wachstum der langen Knochen des Körpers hemmt. Er ist einer der Publikumslieblinge bei den Harlem Globetrotters.

Ist Hot Shot behindert?

Temple Grandin denkt anders als die meisten anderen Menschen. Genau genommen denkt sie eher so, wie die Tiere auf der Farm denken, nicht so wie die Farmer. Diese merkwürdige Tatsache mündete in ein Leben in der Tierhaltung und kulminierte in einem Doktortitel in Tierwissenschaften, vergeben von der University of Illinois. Sie ist Autorin von über 60 wissenschaftlichen Arbeiten und einem Dutzend Büchern, im Jahr 2010 war sie eine der »Time 100«, die von der Zeitschrift *Time* gekürten hundert einflussreichsten Menschen der Welt.[23] Im Alter von zwei Jahren hatte ihre verzögerte Entwicklung dazu geführt, dass bei ihr formell eine »Schädigung des Gehirns« diagnostiziert wurde. Temple Grandin ist Autistin. Autismus ist ein neurologischer Zustand, der ihr in ihrem besonderen Fall einzigartige Einblicke und Einsichten in den Verstand und das Denken von Nutztieren ermöglicht.

Ist Temple Grandin behindert?

Über den größten Teil seines beruflichen Schaffens konnte der Physiker Stephen Hawking seinen Körper kaum benutzen. Er wurde gelähmt durch eine langsame, schon in jungen Jahren aufgetretene Version der amyotrophen Lateralsklerose – besser bekannt als ALS oder auch Lou-Gehrig-Krankheit. Sein Gehirn allerdings funktionierte die ganze Zeit einwandfrei, und ihm gelangen bedeutende Entdeckungen in der Quantenphysik Schwarzer Löcher und in der Kosmologie. 1988 schrieb er *Eine kurze Geschichte der Zeit*, das meistverkaufte wissenschaftliche Sachbuch aller Zeiten. Mit der Hilfe von Maschinen, die ihn beim Lesen und Schreiben unterstützten, publizierte Hawking auch weiterhin, und legte dabei einen ausgeprägten Sinn für Humor an den Tag, der ihn sein ganzes Leben lang auszeichnete, bis zu seinem Tod im Jahr 2018.[24]

War Stephen Hawking behindert?

Oliver Sacks war ein renommierter Neurologe und leistete Pionierarbeit auf ganzen Teilgebieten seines beruflichen Fachs. Er war außerdem Bestsellerautor und beschrieb das menschliche Gehirn als das »unglaublichste Ding im ganzen Universum«. Er führte ein bemerkenswert abwechslungsreiches Leben, obwohl er an Prosopagnosie litt, einer neurologischen Erkrankung, die auch als »Gesichtsblindheit« bezeichnet wird. Diese Erkrankung trug zu seiner extremen Schüchternheit bei, da er nicht in der Lage war, Gesichter zu erkennen, obwohl er alles andere um Sie herum absolut problemlos erkannte. Bisweilen konnte er noch nicht einmal sein eigenes Gesicht im Spiegel erkennen.[25] 2012, nach einem Vortrag über Halluzination am Cooper Union College in New York City fragte ich ihn: »Wenn Sie in der Zeit rückwärts reisen könnten, würden Sie als Jugendlicher eine Wunderpille schlucken, die Sie von Ihrer neurologischen Erkrankung befreit?« Das verneinte er ohne Zögern und meinte, genau diese Störungen, die sich in seinem eigenen Gehirn abspielen, hätten sein ganzes berufliches Interesse am menschlichen Verstand überhaupt erst geweckt. Er wollte es nicht anders haben.

War Oliver Sacks behindert?

Jim Abbott hatte sein Leben lang den Wunsch, Baseball-Profi zu werden – ein Traum, den viele Jungen in Amerika träumen. Jim wollte Pitcher in der Major League werden.

Er schaffte es tatsächlich und spielte für zahlreiche Teams, mit einer gemischten Statistik, was Siege und Niederlagen angeht. Am 4. September 1993 jedoch, als er für die berühmten New York Yankees spielte, gelang ihm ein No-Hitter – ein Spiel, bei dem die Gegner über das gesamte Spiel keinen einzigen gültigen Schlag schaffen. In der Geschichte der Major League gab es in 220 000 Spielen nur ungefähr 320 No-Hitter. Aufgrund eines angeborenen Gendefekts kam Jim Abbott ohne rechte Hand zur Welt.

Ist Jim Abbott behindert?

Über Ludwig van Beethoven, Helen Keller, Temple Grandin, Stephen Hawking und Oliver Sacks existieren Dokumentationen in Spielfilmlänge mit renommierten Schauspielern, die das Leben dieser Größen beschreiben. Und bei Matt Stutzman, Hot Shot und Jim Abbott ist es nur eine Frage der Zeit, bis sie diesbezüglich nachziehen werden. Jede und jeder einzelne von ihnen ist (beziehungsweise war) in dem, was sie von Berufs wegen taten, besser als so ziemlich alle anderen Menschen auf unserem Planeten.

Vielleicht erreichten sie, was sie erreichten, ja nicht trotz, sondern gerade wegen ihrer Einschränkungen.

Dieses Konzept kennt keine Grenzen. Wenn Sie beispielsweise auf keinen abgesenkten Bordstein angewiesen sind, um von der Straße auf den Bürgersteig zu kommen, ein Mensch im Rollstuhl jedoch sehr wohl, aber der Mensch im Rollstuhl sich mit Vektorrechnung auskennt und Sie nicht, sollen wir dann Ihre mathematische Unkenntnis als Behinderung einstufen? Ist ein Schüler entwicklungsverzögert, oder ist einfach der Lehrer inkompetent?

Sind Menschen ohne künstlerische Ader behindert, weil sie nicht malen oder zeichnen können? Wenn Sie in einer

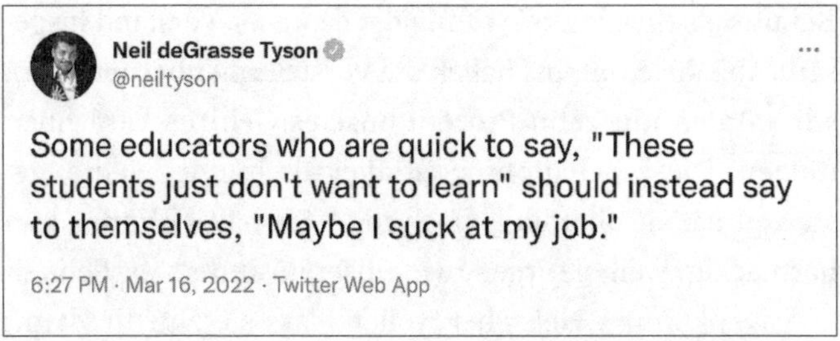

Neil deGrasse Tyson
@neiltyson

Some educators who are quick to say, "These students just don't want to learn" should instead say to themselves, "Maybe I suck at my job."

6:27 PM · Mar 16, 2022 · Twitter Web App

Manche Lehrkräfte sind schnell bei der Hand mit Sätzen wie »Diese Schüler wollen überhaupt nicht lernen«, aber vielleicht sollten sie eher sich selbst hinterfragen – »Vielleicht bringe ich es in meinem Job einfach nicht.«

Sache nicht gut sind, probieren Sie normalerweise etwas anderes. In einer freien Gesellschaft herrscht an »etwas anderem«, für das man sich entscheiden kann, mit Sicherheit kein Mangel. Oder noch besser: Tun Sie einfach das, was Sie gerne tun, ungeachtet dessen, was Ihnen Leute erzählen, die Sie davon abhalten wollen. Vielleicht werden Sie genau damit berühmt und können es den Zweiflern, die immer Normen dafür vorgeben wollen, wer Erfolg haben sollte und wer nicht, erst so richtig zeigen. Dabei kommt mir ein relativ modernes Zitat in den Sinn:

> *Die Tanzenden wurden für verrückt gehalten von denjenigen, die die Musik nicht hören konnten.*[26]

Vielleicht sind wir ja alle in der einen oder anderen Hinsicht behindert. Wenn ja, kann das nur bedeuten, dass niemand behindert ist.

* * *

Bei uns als Spezies, wie schneidet da unser Verstand insgesamt ab? Viele von uns haben die Vorstellung übernommen, wir würden nur zehn Prozent unseres Gehirns tatsächlich nutzen. Diese Behauptung ist älter als hundert Jahre, gestimmt hat sie allerdings noch nie.[27] Sie hält sich trotzdem hartnäckig, weil sie irgendwie unserem innersten Sehnen entgegenkommt. Hellseher wollen, dass sie zutrifft, damit sie auf ungenutzte Kräfte des Geistes pochen können, die nur darauf warten, von uns angezapft zu werden. Lehrer wollen, dass sie zutrifft, weil sie damit ihre schwächeren Schüler zu motivieren hoffen. Und der Rest von uns will auch, dass sie zutrifft, einfach weil uns das Hoffnung für uns selbst vermittelt. Gehirnscans zeigen, dass wir weit mehr als zehn Prozent unserer grauen Zellen nutzen, allerdings leuchtet ein bestimmter Teil unseres Gehirns dabei niemals auf, ganz gleich, wie das Gehirn stimuliert wird[28] – das neurologische Äquivalent zur Dunklen Materie im Kosmos, wenn man so will.

Der Mensch ist ohne Zweifel das intelligenteste Wesen, das auf dem irdischen Baum des Lebens jemals existiert hat. Das Gehirn verbraucht 20 Prozent der Energie unseres gesamten Körpers,[29] mithin schätzt auch unsere Physiologie den Wert dieses Organs besonders hoch ein. Bei unserer Suche nach außerirdischer Intelligenz gehen wir davon aus, dass diese Aliens mindestens so klug sind wie wir. Doch schon ein paar einfache Fakten sollten uns alle zwingen, erst einmal innezuhalten. Wer hat eigentlich die Menschen als intelligente Wesen beurteilt? Die Menschen selbst, sonst niemand. Da haben wir wieder diese Hybris – ein Ego, das sich selbst aufwertet. Fahren wir fort. Wir sind deutlich intelligenter als die zweitintelligenteste Spezies auf der Erde –

der Schimpanse. Dabei ist unsere DNA zu über 98 Prozent identisch mit der ihren. Welch einen Unterschied doch diese knapp zwei Prozent ausmachen! Wir haben die Poesie und die Philosophie, wir haben bildende Kunst und Weltraumteleskope. Der gescheiteste Schimpanse schafft es gerade einmal, Kisten aufeinanderzustapeln, um an eine hoch über ihm hängende Banane zu kommen – das schafft ein menschliches Kleinkind auch. Oder sie entscheiden sich für den richtigen Zweig als Werkzeug, um damit leckere Termiten aus einem Termitenhügel zu ziehen. Wie kann also dieser bescheidene Unterschied von zwei Prozent all das begründen, was wir als unseren gewaltigen Intelligenzvorsprung vor den Schimpansen postulieren?

Vielleicht entspricht der Unterschied in der Intelligenz beider Spezies ja durchaus den zwei Prozent Unterschied in der DNA. Auf diesen Gedanken verfällt kein Mensch, weil wir so sehr damit beschäftigt sind, unsere Sonderstellung im Tierreich zu betonen. Der Baum des Lebens ist voller Lebewesen, die alle möglichen Dinge viel besser können als wir. Anders ausgedrückt: Wenn die Olympischen Sommerspiele für alle Spezies offen wären, würden wir Menschen von den Medaillen kaum etwas sehen. Das Motto »schneller, höher, stärker« weist dem Menschen im Tierreich einen Platz unter ferner liefen zu.

In einem Punkt sind wir physisch tatsächlich besser als alle anderen Tiere. Wir können jedes Landtier bis zur Erschöpfung hetzen. Höhlenmalereien von Frühmenschen zeigen meist Jäger von Wild, Bisons und anderen großen, grasenden Säugetieren, darunter auch Mammuts. Jede dieser Spezies ist stärker als wir und kann schneller laufen als wir – aber nicht endlos. Unser größtenteils haarloser Körper erlaubt uns das effiziente Schwitzen, das uns abkühlt, während wir unserem Abendessen hinterherjagen, die felltragende Beute hingegen wird irgendwann überhitzen und zusammenbrechen. Speere helfen natürlich auch, sie kürzen die Sache ab. Diese Taktik funktioniert großartig, solange die Beutetiere Pflanzenfresser sind. Jagen wir dagegen einen Fleischfresser, könnte der sich vielleicht einfach umdrehen, schon wird der Jäger zum Gejagten und am Ende selbst aufgefressen. Sagen wir so: Höhlenbewohner, die auf Löwenfleisch standen, sind wahrscheinlich recht rasch aus dem Genpool verschwunden.

So wichtig die Funktion des Schwitzens sein mag, unser wertvollstes körperliches Gut ist das Gehirn. Ja, wir haben riesige Säugetiergehirne, aber es gibt größere. Wale, Elefanten und Delfine haben größere Gehirne als wir. Das ist natürlich schlecht für unser Ego. Aber so schnell geben wir nicht auf. Was kommt heraus, wenn wir das Gewicht des Gehirns durch das Körpergewicht teilen, also diese beiden Gewichtswerte in Beziehung zueinander setzen? Ah, prima, das sieht schon besser aus. Nach diesem Ranking aller Säugetiere steht kein anderes Wesen über uns, das gestattet uns doch immerhin das Gefühl, in irgendetwas richtig gut zu sein.

Bei dieser manipulativen Rechenakrobatik mit Gehirngewichten treten allerdings unerwünschte Anomalien zutage.[30] Beispielsweise kommen uns Mäuse beim Vergleich zwischen Gehirn- und Körpergewicht ziemlich nahe, man kann also nicht sagen, dass wir in diesem Ranking haushoch über dem Rest der Welt stehen. Wenn wir dieses Ranking nicht bloß auf Säugetiere begrenzen, sondern alle Wirbeltiere mitmischen lassen, ziehen wir gegen kleine und mittelgroße Vögel wie Papageien und Krähen sogar den Kürzeren. Es gibt ein YouTube-Video, das zeigt, wie eine Elster irgendwo in der Stadt Wasser aus einer Flasche trinkt.[31] Da sie mit dem Schnabel nicht sehr tief in die Flasche kommt, sucht und findet die Elster nach jedem Schluck einen Stein in der Nähe, der durch den Flaschenhals passt, lässt ihn in die Flasche fallen und hebt damit den Wasserstand, damit sie den nächsten Schluck nehmen kann. In dem Video wiederholt die Elster diese praktische Anwendung des archimedischen Prinzips sieben Mal. Über die Jahrhunderte und Jahrtausende haben wir, so viel ist sicher, wieder und wieder die Intelligenz unserer Brüder und Schwestern im Tierreich unterschätzt – ein weiterer Beleg für unser schwächliches Ego – und waren dann ganz fassungslos, wenn sie etwas besonders Kluges fertigbrachten.

Und wenn wir bei unserem Wettbewerb ums beste Verhältnis zwischen Gehirn- und Körpergewicht nicht nur die Wirbeltiere, sondern alle Lebewesen mitspielen lassen, sind uns die Ameisen meilenweit voraus. Beim Menschen macht das Gehirn im Durchschnitt 2,5 Prozent des Körpergewichts aus, manche Ameisenarten kommen in die Nähe von 15 Prozent. Wenn wir das bis zu Ende denken, müssen wir uns eingestehen, dass außerirdische Besucher, denen es vor allem aufs Gehirn ankommt, eher zuerst mit Ameisen, dann mit Vögeln, dann eventuell mit Walen, Elefanten und Delfinen ein Schwätzchen halten würden. Dann mit Mäusen, und danach vielleicht – aber nur vielleicht – mit uns Menschen.

Wie peinlich.

Aber wir können doch mit unserer überragenden Intelligenz Dinge verstehen, und wir können dank unseres Greifdaumens Dinge bauen. Zweifellos sind wir ganz vornedran bei diesen Kategorien, womit wir wieder beim Vergleich Mensch vs. Schimpanse wären. Stellen Sie sich außerirdisches Leben vor mit einer DNA, die sich, auf der gleichen Skala wie der, die uns vom Schimpansen unterscheidet, nur um zwei Prozent von unserer DNA unterscheidet. Wenn gemäß dieser Skala die gescheitesten Schimpansen gerade einmal etwas schaffen, das menschliche Kleinkinder können, dann wären die klügsten Menschen vielleicht so intelligent wie die Kleinkinder dieser außerirdischen Lebensform. Möglicherweise haben echte Aliens auch überhaupt keine DNA, aber das ändert nichts an unserem Gedankenexperiment. Was passiert, wenn deren Version unserer Primatenforscher nach den klügsten Menschen auf Erden Ausschau halten? Vielleicht wären sie auf Stephen Hawking gestoßen, als der noch lebte. Wenn ja, würden sie ihn in seinem Rollstuhl vor ihre Wissenschaftskonferenz schieben und erklären, der gute Professor hier könne astrophysikalische Berechnungen im Kopf erledigen, genau wie der kleine Zadok junior, der gerade aus dem Kindergarten nach Hause kommt. Zadok zeigt anschließend seinen Eltern eine Ableitung des Fundamentalsatzes der Analysis. Und sie reagieren mit einem »Ach, wie süß. Dafür gibt's ein neues Magnettäfelchen an der Kühlschranktür!«.

Schon die einfachsten Gedanken dieser erwachsenen Aliens wären weit jenseits der menschlichen Auffassungsgabe. »Treffen wir uns um 10:30 Uhr auf einen Kaffee und besprechen den Quartalsbericht, bevor wir ihn an die Presse herausgeben.« Allein dieser Satz enthält ein halbes Dutzend Begriffe und Konzepte, mit denen ein Schimpanse nicht das Geringste anfangen kann. Und bedenken Sie: Ganz gleich, wie schlecht Sie die schriftliche Division beherrschten: Sie konnten sie um Längen besser, als es ein Schimpanse jemals können wird. Angesichts dieser nüchternen Realität könnte es sein, dass unsere um zwei Prozent überlegenen Aliens uns Menschen vielleicht für alles andere als intelligent halten würden. Stellen Sie sich bloß einmal vor, zu welchen Gedanken und Entdeckungen sie in der Lage wären! Eben: Das können wir uns gar nicht vorstellen. Es geht einfach nicht. Für sie besteht bestenfalls ein marginaler Unterschied zwischen dem Aufeinanderstapeln von Kisten, um an eine Banane zu kommen, und darin, Weltraumteleskope zu bauen und ins All zu befördern. Und wenn wir von Lebensformen reden, die fünf oder zehn Prozent mehr Verstand besitzen als wir: Je größer dieser Prozentsatz wird, desto mehr werden wir ihnen bestenfalls wie kleine Würmchen vorkommen.

Und es wird noch schlimmer.

Abgesehen von einfachen Handzeichen wissen wir nicht, wie wir mit Schimpansen sinnvoll kommunizieren könnten. Wir können ihnen nicht sagen: »Komm morgen Nachmittag wieder, dann trifft eine neue Lieferung Bananen für dich ein.« Angesichts der Mühe, die wir aufwenden, damit Säugetiere mit relativ großen Gehirnen tun, was wir ihnen sagen, neigen wir dazu, deren Intelligenz daran zu messen, wie gut sie in der Lage sind, uns zu verstehen – wir messen nicht etwa unsere eigene Intelligenz daran, wie gut *wir* fähig sind, *sie* zu verstehen. Da wir also mit keiner anderen Spezies auf der Erde nennenswert kommunizieren können – nicht einmal mit denen, die uns genetisch am nächsten stehen –, ist es doch sehr gewagt, wenn wir glauben, wir könnten überhaupt mit einer intelligenten außerirdischen

Lebensform kommunizieren, wenn wir ihr das erste Mal begegneten.

Kosmische Perspektiven haben die Kraft, unserer menschlichen Hybris einen Dämpfer zu verpassen, und das ist nur zu berechtigt. Es bleibt allerdings die Frage: Haben wir einen Platz am Tisch der intelligenten Lebensformen im Universum? Haben wir überhaupt genug Grips, um Antworten auf die kosmischen Fragen zu finden, die wir selbst gestellt haben? Besitzen wir genug Intelligenz, um überhaupt zu wissen, welche Fragen wir stellen sollten?

* * *

Wo stehen wir nun? Kann unser Verstand überhaupt jemals erfassen, wie das Gehirn funktioniert? Kann das Universum, wenn wir in ähnlichen Dimensionen denken, etwas Komplexeres, Fähigeres und wie auch immer noch besseres »Besseres« schaffen als das Universum selbst? Solche Fragen rauben mir den Schlaf, und das nicht wegen der gewagten Grammatik. Vielleicht ja, und zwar wegen des folgenden Beispiels. Oft bewundern wir die Komplexität unseres menschlichen Gehirns: dass die Anzahl der darin enthaltenen Neuronen im Bereich der Anzahl Sterne in der Galaxie unserer Milchstraße liegt;[32] dass wir über faszinierende Fähigkeiten des Verstandes und des rationalen Denkens verfügen; dass unser Frontallappen uns zu abstraktem Denken auf hohem Niveau befähigt. Und doch haben wir Computer gebaut, die uns bei praktisch jedem Intelligenztest, den wir für uns selbst entwickelt haben, weit in den Schatten stellen. Sie kennen die Liste. Sie ist lang, und sie zeigt uns ein ums andere Mal die Grenzen auf. Nehmen wir dazu noch einen mechanischen Computer, der den berühmten Rubik-Zauberwürfel in 0,25 Sekunden löst.[33] Ich bin gewiss kein Maßstab, was das angeht, aber ich habe es, ohne jemals eine schriftliche Lösung gesehen zu haben, vor langer Zeit auf eine persönliche Bestleistung von 76 Sekunden gebracht. Ich bin also 300 Mal langsamer als die Maschine. Bald werden Computer unsere sämtlichen Autos lenken – schneller, effizienter und mit immer weniger Unfällen und Verkehrstoten, gegenüber den 36 000 Toten, die wir jetzt noch Jahr für Jahr in den USA beklagen, und gegenüber den 1,3 Millionen weltweit.[34] Also: Ganz gleich, ob das Universum etwas Komplexeres schaffen kann als sich selbst, wir haben es immerhin geschafft, etwas Leistungsfähigeres als uns selbst zu bauen, und wir stehen damit erst am Anfang.

Wenn eine Siliziumscheibe, durch die elektrischer Strom fließt, in der Lage ist, in vielfältiger Weise unser Gehirn an Leistung zu übertreffen, dann haben wir vielleicht unsere eigene Denkfähigkeit überbewertet. Und das ist auch kein Wunder. Wir halten gerne sehr viel von uns selbst. Bedenken Sie, dass es gebildete, erwachsene Leute unter uns gibt, die Angst vor der Zahl 13 haben, die sicher sind, die Erde wäre eine Scheibe, und die negative Ereignisse in ihrem Leben darauf zurückführen, dass der Planet Merkur rückläufig ist. Und nicht nur das: Simple Chemikalien, die unserem Gehirn zugeführt (oder daraus abgeführt) werden, stören massiv unsere Wahrnehmung der objektiven Realität. Wir werden, wenn nicht jetzt, dann schon sehr bald, nämlich wenn die Rechenleistung weiter wächst wie bisher, mit Sicherheit eine deutlich rationalere Version unserer selbst in einem Video-Universum simulieren können, an die wir selbst niemals heranreichen würden – mit allen guten und keiner der schlechten Eigenschaften, die das Menschsein ausmachen.

Man könnte sich sogar fragen, ob wir vielleicht schon jetzt in einer solchen Simulation leben. Dahinter steht folgende Überlegung: Intelligentes Leben in dem einen realen Universum entwickelt sich weiter und erfindet leistungsstarke Computer für die Programmierung intelligenten Lebens, das so real ist, dass diese Lebensformen selbst ein Gefühl des freien Willens verspüren und überhaupt keine Ahnung haben, dass sie simuliert sind. Sie entwickeln sich so weit, dass sie eigene leistungsfähige Computer erfinden und Leben programmieren, das so real ist, dass auch diese programmierten Lebewesen keine Ahnung haben, dass sie selbst wiederum nur Simulationen sind. Treiben Sie dieses Spielchen so lange weiter, wie Sie möchten. Wenn Sie mit geschlossenen Augen einen Pfeil werfen, ist die Wahrscheinlichkeit, dass Sie ein simuliertes Universum treffen, weit höher als die Wahrscheinlichkeit, das Original zu treffen, von dem das alles einmal ausging. Mithin leben wir also wahrscheinlich in einer Simulation. Ja, genau so funktioniert dieser Gedanke. Wenn wir es uns jedoch recht überlegen, wäre ein zweckgerichtet entwickelter Computer vielleicht doch nicht in der Lage zu all dem dümmlichen und irrationalen Verhalten, das wir in der Geschichte unserer Spezies bisher an den Tag gelegt haben. Computer sind da einfach besser. Dies könnte dann also das beste Indiz dafür sein, dass wir eben doch nicht in einer Simulation leben. Schachspieler würden es vielleicht die Dummkopf-Verteidigung nennen.

CODA

Leben & Tod

Wenn wir ganz unvoreingenommen beobachten, wie ein Fötus im Mutterleib heranwächst und dann aus dem Körper eines Menschen herauskommt, ist dies so wundersam, dass man es glatt für ein außerirdisches Geschehen halten könnte – wie auch immer wir uns die Physiologie von Aliens vorstellen. Sofern Sie nicht gerade von Beruf Hebamme sind oder auf der Gynäkologie-Station im Krankenhaus arbeiten, ist die Geburt eines Menschen eines der seltensten Ereignisse, dessen Sie Zeuge werden können – dabei werden weltweit im Durchschnitt jede Sekunde vier Babys geboren.[1] Mit jeder Geburt tritt ein neues Bewusstsein ins Leben, macht sich auf in eine Welt, in der die Lebenserwartung dank der Fortschritte der modernen Medizin immer weiter zunimmt. Noch so ein ebenso selten zu beobachtendes wie gängiges Ereignis ist der Tod. Sofern Sie nicht gerade von Beruf Pflegekraft in der Notaufnahme oder Gerichtsmediziner sind, oder ein Soldat, der in einem bewaffneten Konflikt Dienst tut, werden Sie in Ihrem gesamten Leben Zeuge des Todes von vielleicht drei oder vier Menschen werden. Weltweit aber sterben jedes Jahr 60 Millionen Menschen – im Schnitt etwa zwei pro Sekunde.[2]

Unsere heutige Lebenserwartung ist in etwa doppelt so hoch wie die der Menschen im Jahr 1900.[3] Gehen Sie einfach einmal durch die Reihen auf einem alten Friedhof und rechnen Sie nach. Die eingemeißelten Geburts- und Sterbedaten auf jedem Grabstein sind stumme Zeugen der viel kürzeren Lebenserwartung vergangener Zeiten. Sie werden heilfroh sein, in der Gegenwart zu leben und nicht irgendwann früher. Aber werden in ein- oder zweihundert Jahren diejenigen, die einen Spaziergang über den Friedhof machen, auf dem unsere sterblichen Überreste liegen, genau dasselbe über uns denken, mit unserer Lebenserwartung von armseligen 80 Jahren? Werden sie diejenigen sein, die lange genug leben, um zu fernen Planeten, ja sogar zu anderen Sternen zu reisen?

Angenommen, wir könnten ewig leben.

Zu leben ist besser, als tot zu sein. Allerdings betrachten wir es nur zu oft als bare Selbstverständlichkeit, am Leben zu sein. Aber die Frage bleibt: Wenn Sie ewig leben könnten, würden Sie es wollen? Ewig zu leben würde heißen, Sie hätten alle Zeit der Welt, um zu tun, was Sie schon immer tun wollten. Sie könnten sogar auf einem Generationen-Raumschiff eine Meuterei anzetteln und einfach zur Erde zurückkehren, wenn Ihnen der Sinn danach steht. Klingt ganz verlockend, aber vielleicht erzeugt das Wissen um den Tod erst den Fokus, den wir auf die Tatsache legen, dass wir leben. Wenn Sie ewig leben, wozu dann die Eile? Warum heute tun, was man getrost auch morgen erledigen kann? Vielleicht wäre das Wissen, dass man ewig lebt, der Motivationskiller schlechthin. Wenn das stimmt, dann ist das Wissen um die eigene Sterblichkeit vielleicht sogar für sich genommen eine treibende Kraft des Lebens – der Drang, etwas zu erreichen, und das Bedürfnis, Liebe und Zuneigung jetzt auszudrücken und nicht irgendwann später. Mathematisch betrachtet kann man sagen: Wenn der Tod dem Leben erst Bedeutung verleiht, dann ist ein ewiges Leben ohne jede Bedeutung.

Aus diesen Gründen ist der Tod vielleicht wichtiger für unsere Geistesverfassung, als wir zuzugeben bereit sind. Wenn Sie einem Menschen, der Ihnen nahesteht, einen bunten Blumenstrauß schenken, und die Blumen sind aus Kunststoff oder sogar aus Seide, wird der oder die Beschenkte diesen Strauß nicht so sehr schätzen wie einen echten Blumenstrauß. Blumen, die niemals verblühen können, verfehlen ihren Sinn. Wir suchen nach der aufblühenden Schönheit in jeder einzelnen Blume des Straußes, wie sie sich eine nach der anderen im Sonnenlicht entfaltet. Ihr unwiderstehliches Aroma betört uns. Wir haben überhaupt kein Problem damit, dass sie Nahrung und Pflege brauchen. Wir akzeptieren ihr Verblühen und Altern, wenn der Stängel schwächer wird und das Gewicht der erloschenen Blüten nicht mehr tragen kann. Floristen geht die Arbeit niemals aus, weil der Tod von Blumen – in der Regel innerhalb einer Woche, nachdem Sie sie geschenkt bekommen haben – genau das ist, was diesen Blumen für den geliebten Menschen Bedeutung verleiht. Vergleichen Sie das einmal mit »ewigen« Blumen, die keinerlei Pflege brauchen, die niemals verblühen, die keinen Duft ausströmen und die einfach auch in einer Woche, in einem Monat, in einem Jahr noch so schön sind wie eh und je. Sogar Staub setzen sie an.

Hunde sind mit Blumen nicht zu vergleichen, und doch erzählen sie uns eine ganz ähnliche Geschichte. Haben Sie je bemerkt, welche Begeisterung sie an den Tag legen können? Wenn Sie sie gewähren lassen, werden sie ständig an Ihnen hochspringen und Ihnen das Gesicht abschlecken. Sie jagen Dingen hinterher, die Sie geworfen haben, und bringen sie zurück. Sie sind ganz aus dem Häuschen, wenn Sie zurückkommen, selbst wenn Sie bloß draußen am Briefkasten und kaum eine Minute weg waren. Sie lieben jede Minute, die sie zusammen mit Ihnen verbringen. Für die meisten Hunde zählt jeder Tag. Menschen leben ungefähr sieben Mal länger als Hunde.[4] Darauf geht die berühmte Rechnung mit den »Hundejahren« zurück. Multiplizieren Sie das Alter Ihres Hundes mit sieben, und Sie kommen auf ein vergleichbares Menschenalter. Wenn wir bei diesem Verhältnis von 7:1 bleiben, ist ein Tag für einen Hund quasi eine Woche für einen Menschen. Vielleicht zählt ja deshalb jeder einzelne Tag für die Hunde so viel mehr. Wie bei den Blumen auf dem Kaminsims vergeht kein Tag, an dem sie nicht deine Aufmerksamkeit fordern – und dein Lächeln. Wenn du als Kind einen Welpen geschenkt bekommen hast, hast du miterlebt, wie er aufwuchs, älter wurde und irgendwann starb, als du vielleicht im Gymnasium warst oder schon studiert hast. Mit Sicherheit erinnerst du dich an diese Jahre.

* * *

Nicht alles stirbt, weil es einfach alt geworden ist. Entgegen der verbreiteten Illusion, Mutter Natur wäre ein fürsorgliches, mitfühlendes Wesen, das über alle Formen des Lebens wacht und sie beschützt, ist die Erde in Wirklichkeit eine gigantische Killermaschine. Einmal ganz abgesehen von den klimatischen und geologischen Kräften, die uns jederzeit umbringen könnten – Dürren, Überschwemmungen, Hurrikane, Tornados, Erdbeben, Tsunamis oder Vulkane –, gibt es ohne Ende Kreaturen, die uns das Blut aussaugen wollen, oder ein Gift in unseren Körper jagen, unsere Physiologie infizieren oder uns schlicht und einfach auffressen wollen.

Auch das Universum will uns ans Leben.

Mindestens eine der sechs Perioden des Massenaussterbens im Verlauf der Existenz unserer Erde – das Kreidezeit-Tertiär-Ereignis oder K-T-Ereignis[5] vor 66 Millionen Jahren – wurde teilweise oder vollständig ausgelöst durch den Einschlag eines Monsterasteroiden von der Größe des Mount Everest.[6] Da es damals noch kein Raumfahrtprogramm gab, das den Brocken hätte ablenken oder entschärfen können, war das ein schlechter Tag für die Dinosaurier. Und auch für 70 Prozent aller Spezies an Land und in den Ozeanen war es kein guter Tag. Auch sie sind ausgestorben. Und wenn Sie glauben, das war echt übel: Während des sogenannten Perm-Trias-Massenaussterbens vor 250 Millionen Jahren war es mit dem Leben auf der Erde beinahe vollständig aus und vorbei.[7]

Der moderne Mensch ist Komplize im Zorn von Mutter Natur. Unsere Eingriffe in unberührte Ökosysteme lässt Spezies in einem Ausmaß aussterben, das bis um das Tausendfache über das Maß hinausgeht, in dem sich Artensterben auf natürliche Weise vollzieht.[8] Geologen haben einen Namen für eine Zeitspanne gefunden, mit der sie unsere Umwälzung der irdischen Biosphäre beschreiben: Sie nennen die Zeit vom Beginn der Landwirtschaft vor 11700 Jahren bis heute das Zeitalter des Holozän.

Von allen Spezies, die jemals auf Erden kreuchten und fleuchten, sind 99,9 Prozent ausgestorben.[9] Wer weiß, welche Wunder der Biodiversität sich aus dieser Welt für immer verabschiedet haben, einfach weil ihnen das Glück, die Kraft oder der Wille zum Überleben fehlte?

* * *

Angenommen, wir würden ewig leben. Da gibt es schon mal ein praktisches Problem: Wenn jeder geborene Mensch niemals stirbt, und wenn die Menschen weiter Kinder in die Welt setzen, dann wird die Erdbevölkerung sehr rasch über den Vorrat an Ressourcen hinauswachsen, den es braucht, um das Leben zu erhalten. Der Tag, an dem wir aufhören zu sterben, muss damit auch der Tag sein, an dem wir einen anderen Himmelskörper finden, der unsere Überproduktion atmender menschlicher Wesen beherbergen kann. Dieser Bedarf an zusätzlichen Planeten wird niemals aufhören. Aber das Universum ist riesig, und allein in unserem kleinen Abschnitt der Galaxie stehen wir inzwischen bei über 5000 bekannten Exoplaneten. Wir müssen nur noch die notwendigen Terraforming-Technologien erfinden, und entweder den Warp-Antrieb oder Wurmloch-Transportsysteme, und alles wird gut.

Wir wollen ewig leben, weil wir den Tod fürchten. Wir fürchten den Tod, weil wir, nachdem wir geboren sind, außer dem Leben nichts kennen. Was wir dagegen nicht fürchten, ist, gar nicht erst geboren worden zu sein. Gewiss ist es besser, am Leben zu sein als tot, aber noch viel besser ist es, überhaupt zu leben, als niemals zu existieren. Die Religion liefert uns im Lauf der Geschichte detaillierte Beschreibungen dessen, was uns nach dem Tod erwartet. Für manche zählt dazu auch, was geschah, bevor wir geboren wurden – das Grundprinzip der Reinkarnation. Die Wissenschaft kann über Walhalla oder Elysium oder Hades oder Himmel und Hölle oder die Geister unserer Ahnen nicht sehr viel sagen. Die Methoden und Werkzeuge der Wissenschaft liefern allerdings sehr wohl nüchterne, konkrete Aussagen darüber, was geschieht, wenn wir sterben. Wir verbringen das ganze Leben damit, Nahrung aufzunehmen, was – unter anderem – den Körper mit Kalorien versorgt. Eine Kalorie ist einfach eine Einheit für Energie. Der Körper produziert Wärme aus diesen Kalorien, hält damit die Körpertemperatur auf ca. 37 Grad Celsius, obwohl nichts um uns herum derart heiß wird. Biologisch gesehen braucht der Mensch diese Betriebstemperatur, um funktionieren zu können. Wir brauchen auch Energie zum Gehen und Sprechen und für alle möglichen Dinge, die wir im Wachzustand eben tun. Aber wir brauchen auch Energie, wenn wir gar nichts tun. Das sind die wesentlichen Gründe, warum wir überhaupt essen.

Im Augenblick des Todes endet diese Umwandlung von Kalorien, und der Körper kühlt sich langsam auf Raumtemperatur ab. Wenn wir bei einem Begräbnis den Menschen im Sarg berühren – normalerweise die gefalteten Hände – merken wir sofort, dass der Körper kalt ist. Sogar bei Raumtemperatur fühlt sich der Körper kalt an, verglichen mit der Hand eines lebenden Menschen, der nach wie vor Energie verbrennt.

Die meisten biologischen Moleküle enthalten gespeicherte Energie. Wenn ein Mensch eingeäschert wird – wenn seine Moleküle verbrennen –, entweicht diese Energie in Form von Wärme, sie erwärmt die Luft im Kamin des Krematoriums, welche anschließend in Form von Infrarotphotonen in die Erdatmosphäre und schließlich in den Weltraum abstrahlt, wobei sie mit Lichtgeschwindigkeit unterwegs ist. Es mag auf morbide Weise romantisch klingen, aber wenn ich sterbe, möchte ich lieber begraben werden. Meine Infrarotenergie ist, während sie so durchs Vakuum des Weltraums rauscht, für nichts und niemanden zu irgendetwas nütze. Legt mich in die Erde, in eine zwei Meter tiefe Grube, und lasst die Würmer und Mikroben an und in meinem Kadaver ihren üblichen Geschäften nachgehen und meine fleischliche Substanz aufzehren. Lasst die Wurzeln aus dem Reich der Pflanzen und Pilze Nährstoffe aus meinem Körper beziehen. Der Energiegehalt meiner Moleküle, die ich im Lauf meines Lebens angesammelt hatte, indem ich Teile der Flora und Fauna unseres Planeten in mich aufnahm, wird zu ihnen zurückkehren und den Lebenszyklus der Biosphäre fortsetzen.

Es gibt nichts, was belegen würde, dass wir nach dem Tod das Bewusstsein erleben werden, an dem wir uns als lebende Menschen erfreuen durften. Die elektrochemische Quelle aller unserer Gedanken, Gefühle und sensorischen Wahrnehmung des Universums – das Gehirn, das normalerweise im Kernspintomographen aufleuchtet –, verliert ihre Sauerstoffzufuhr. Wir wissen, dass wir es sind, die da verschwinden, weil Menschen, die eine Serie letztendlich tödlicher Schlaganfälle erleiden mussten, auf ebenso tragische wie systematische Weise ihre geistigen und körperlichen Funktionen verlieren, während sie in einen Zustand der Nichtexistenz hinübergleiten. Das ist nicht so merkwürdig, wie es sich anhört. Hatten Sie etwa ein Bewusstsein, bevor Sie gezeugt wurden? Haben Sie geklagt: »Wo bin ich? Wie kann es sein, dass ich nicht auf der Erde bin?« Nein, es gab Sie schlicht und einfach nicht, und wenn Sie das Glück haben, geboren zu werden, ist ihre Nichtexistenz vor dem Leben einfach nur das passende Gegenstück zu Ihrer Nichtexistenz nach dem Tod.

* * *

Abgesehen davon, welch unschätzbaren Wert die Religionen dem Leben beimessen, haben Ökonomen keine Skrupel, Ihren Wert als Toter zu berechnen. In Schadenersatzfällen tun dies Gerichte seit vielen Jahren, und sie arbeiten mit verschiedenen Ansätzen.[10] Die simpelste Kalkulation schätzt Ihren potenziellen künftigen Verdienst, wenn Sie aufgrund der Fahrlässigkeit anderer Ihr Leben verloren haben oder dauerhaft behindert sind und nicht mehr für den eigenen Lebensunterhalt sorgen können.

Eine andere Musterkalkulation[11] ergibt sich aus dem Anreiz für Menschen, in einem gefährlichen Beruf zu arbeiten. Dieser Anreiz entsteht dadurch, dass man diesen Menschen mehr bezahlt als für einen gleichwertigen Job, der jedoch nicht mit Lebensgefahr verbunden ist. Wenn Sie zusätzliche 400 Dollar pro Jahr haben wollen, damit sie einen Job annehmen, in dem eine Chance von 1:25 000 besteht, innerhalb dieses einen Jahres zu Tode zu kommen, dann haben Sie, ob Sie es nun wissen oder nicht, für Ihr eigenes Leben einen Wert von 400 Dollar × 25 000 = 10 Millionen Dollar veranschlagt.

Bei einem anderen Ansatz der Kalkulation können wir stattdessen Ihre Bringschuld gegenüber der Zivilisation bewerten. Von der Geburt bis zu Ihrem ersten Vollzeitjob, nach der Schule oder nach dem Studium, haben Ihre Familie, Ihre Stadt, Ihr Bundesland und Ihr Land in Sie investiert. Jedes

Kind braucht Nahrung und Windeln und ein Dach über dem Kopf. Je nachdem, wie privilegiert Sie sind – wenn Sie teure Tagesbetreuung oder ein Kindermädchen hatten, einen Privatlehrer hatten oder private Schulen besucht haben –, kann sich dies pro Kind auf über eine Million Dollar belaufen. Sehen wir uns einfach eine Schätzung für eine Familie mit zwei Kindern und einem mittleren Einkommen an. Damit kommen wir auf 233 000 Dollar[12] für das Großziehen eines Kindes von der Geburt bis zum 18. Lebensjahr. Besucht das Kind vier Jahre lang ein staatliches College, kommen noch einmal 100 000 Dollar dazu, bei einer privaten Hochschule das Doppelte. Wenn Sie in dem Moment sterben, löst sich ein hoher sechsstelliger Geldbetrag, den andere in Sie und Ihre Zukunft investiert haben, auf einen Schlag in Wohlgefallen auf. Alle Chancen auf eine Kapitalrendite aus dieser Investition sind dahin. Doch genau in diesem Alter werden Sie zum Militär einberufen. Von den 58 000 Amerikanern, die im Vietnamkrieg starben – der letzte Krieg, zu dem Soldaten eingezogen wurden –, waren 61 Prozent 21 Jahre alt oder jünger.[13] Das sind 35 000 Menschen, die genau in dem Moment ums Leben kamen, an dem ansonsten ihre ökonomische Gegenleistung an die Wirtschaft des Landes eingesetzt hätte. Die Falken des Militärs sagen dann, ihr Leben, das sie im Kampf gegeben haben, wäre die ultimative Gegenleistung für das Land. Wenn es besser ist, am Leben zu sein als tot, dann bestünde die ultimative Gegenleistung doch vielmehr darin, alles Menschenmögliche zu unternehmen, damit wir uns nicht gegenseitig umbringen, weil wir unterschiedliche Ansichten über die Welt hegen, und stattdessen für ein langes und gesundes Leben für alle Menschen Sorge zu tragen.

Berücksichtigen Sie, dass Menschen üblicherweise im denkbar intimsten Akt menschlicher Zuneigung gezeugt werden. Danach verbleiben wir neun Monate lang in der Gebärmutter, werden weitere zwölf Monate gestillt und bedürfen ständiger Pflege in den Jahren als Kleinkind. Anschließend besuchen wir die Grundschule, lernen Lesen, Schreiben und Rechnen. In den weiterführenden Schulen kommen weitere Fächer dazu, Biologie, Chemie, vielleicht auch Physik. Wir lesen literarische Werke. Wir lernen Geschichte und Kunst, vielleicht treiben wir auch aktiv Sport. Aus diesen Aktivitäten gehen lebenslange Freundschaften hervor. Vielleicht erlernen wir auch Fremdsprachen, die andere Menschen irgendwo auf der Welt sprechen. Wir nehmen teil an all den saisonalen Ritualen, die wir in unserer modernen Gesellschaft bewahren, als einende Kraft, die uns enger miteinander verbindet. Wir werden erwachsen. 21 Jahre ziehen dahin. Mit einer Geschwindigkeit von 30 Kilometern pro Sekunde hat die Erde derweil 21 Runden um die Sonne gedreht – eine 20 Milliarden Kilometer lange Reise durchs Weltall.

Während dieser ganzen Zeit erfinden, verfeinern und perfektionieren Menschen Antipersonen-Waffen wie Landminen, Sturmgewehre, Bomben und Raketen, und jede davon kann ein Leben im Nu beenden. Wie lange ist ein »Nu«? Eine Kugel aus einer Waffe mit hoher Mündungsgeschwindigkeit fliegt mit dreifacher Schallgeschwindigkeit und kann die Brust eines Menschen durchschlagen, ein Loch ins Herz reißen und am Rücken wieder austreten, das Ganze dauert weniger als vier Tausendstelsekunden – bevor der Mensch das Geräusch des Schusses überhaupt gehört hat. Bei Bomben jeder Dimension ist die Schockwelle der Teil, der den größten Schaden anrichtet. Die Kraft der sich rasch ausdehnenden Luft kann, sobald sie auf einen menschlichen Körper trifft, diesen Körper in einer Tausendstelsekunde zerfetzen. Natürlich kann man auch vorzeitig durch einen Unfall oder an einer Krankheit sterben, aber diese Waffen haben wir zu dem einzigen Zweck entwickelt, andere Menschen – unsere eigene Art – in Sekundenschnelle umzubringen. Kriege haben seit den Anfängen der Zivilisation einen entsetzlichen und tragischen Blutzoll gefordert. Doch selbst wenn wir organisierte bewaffnete Konflikte außen vor lassen, finden die Menschen Gründe, andere Menschen zu ermorden, und wir reden von mehr als 400 000 Todesopfern im Jahr – ja, in der Tat, weltweit begehen die Menschen mehr als 1000 Morde täglich.

Trotz all dieses Gemetzels ist der Mensch nicht das für den Menschen tödlichste Lebewesen. Diese zweifelhafte Ehre gebührt auch nicht den Löwen oder Tigern oder Bären. Auch nicht den Schlangen oder Haien. Sie gebührt den Mücken, Überträger von Virusinfektionen wie Zika und Dengue, und vor allem der parasitischen Malaria, die allein jedes Jahr mehr als eine halbe Million Menschen das Leben kostet,[14] der größte Teil davon sind kleine Kinder. Da ist wieder einmal die tödliche Mutter Natur am Werk.

* * *

Wissen Sie – wissen Sie *wirklich* – wie kostbar das Leben ist? Die Gesamtzahl aller Menschen, die jemals geboren wurden, beläuft sich auf ungefähr 100 Milliarden. Doch der genetische Code, der lebensfähige Versionen von uns generiert, ist zu mindestens 10^{30} Variationen in der Lage.[15] Diese astronomisch hohe Zahl ist eine Eins mit 30 Nullen – so kommen wir auf eine Million Billionen Billionen möglicher Menschenseelen. Wenn wir die alle durchgespielt haben, landen wir wieder bei Ihnen – oder zumindest bei Ihrem Zwilling. Dazu wird es allerdings in absehbarer Zeit nicht kommen. Bisher hat unser Zweig auf dem Baum des Lebens gerade einmal 0,00000000000000001 Prozent aller theoretisch möglichen menschlichen Lebewesen hervorgebracht. Das bringt uns zwangsläufig zu der Schlussfolgerung, dass die meisten Menschen, die jemals existieren *könnten*, niemals überhaupt gezeugt werden.[16] Unter allen praktischen Gesichtspunkten ist jede und jeder Einzelne von uns einmalig im Universum – jetzt und in alle Ewigkeit.

Überhaupt zu leben ist der richtige Zeitpunkt, die Tatsache zu feiern, dass man lebt – jeden bewussten Moment. Und wenn wir schon einmal hier sind, warum nicht danach streben, die Welt heute zu einem besseren Ort zu machen, als sie es gestern war, einfach aus dem Privileg heraus, in dieser Welt gelebt zu haben. Auf dem Sterbebett würde ich bedauern, die klugen Erfindungen und Entdeckungen zu verpassen, die unser kollektiver menschlicher Einfallsreichtum hervorbringt, immer in der Annahme, dass die Systeme, die derlei Fortschritte voranbringen und fördern, intakt bleiben. Das sind die Systeme, die das exponentielle Wachstum von Wissenschaft und Technologie zu meinen Lebzeiten vorangetrieben haben. Ich würde mich außerdem fragen, ob sich der zivilisatorische Bogen des sozialen Fortschritts fortsetzen wird – auch wenn dieser Fortschrittsmotor mitunter stottert und wieder neu anspringt – und damit jeden Zeitreisenden aus dem unterdrückten Spektrum der Menschheit belohnen würde, der sich entscheidet, lieber der Zukunft einen Besuch abzustatten als der Vergangenheit.

Nach meinem Tod werde ich das Erwachsenenleben meiner Kinder nicht mehr mitbekommen. Aber das ist nicht weiter tragisch, sondern allenfalls ein selbstsüchtiges Sehnen, das sich gegen etwas völlig Natürliches und Normales stemmt. Das Leben ist so eingerichtet, dass ich vor ihnen sterbe. Die wahren Tragödien tragen sich zu, wenn Kinder vor ihren Eltern sterben. Gold-Star-Familien, die ihre Söhne und Töchter und Brüder und Schwestern in Kriegen verloren haben, wissen das nur zu gut.

* * *

Alles in allem habe ich keine Angst vor dem Tod. Ich habe eher Angst vor einem Leben, in dem ich mehr hätte erreichen können. Ein Epitaph, der jedem Grabstein zur Zierde gereichen würde, stammt von Horace Mann,[17] einem Pädagogen und Bildungsreformer des 19. Jahrhunderts:

Ich beschwöre euch, in euren Herzen diese
meine Abschiedsworte zu bewahren.
Schämt euch, zu sterben, bevor ihr irgendeine Art von Sieg
für die Menschheit errungen habt.

Unser Urtrieb, immer nach oben zu schauen, ist doch gewiss stärker als unser Urtrieb, einander umzubringen. Wenn dem so ist, dann werden die menschliche Neugier und das menschliche Staunen, die beiden Zugpferde kosmischer Entdeckungen, dafür sorgen, dass weiterhin Botschaften von den Sternen zu uns gelangen. Diese Einsichten zwingen uns angesichts der Kürze unseres irdischen Daseins, zu besseren Hütern unserer eigenen Zivilisation zu werden. Ja, Leben ist besser als Tod. Leben ist auch besser, als nie geboren worden zu sein. Aber jede und jeder Einzelne von uns lebt wider alle Wahrscheinlichkeit. Wir haben das große Los gezogen – das gibt es nur ein einziges Mal. Indem wir unsere verstandesmäßigen Fähigkeiten einbringen, dürfen wir herausfinden, wie die Welt funktioniert. Aber wir dürfen auch den Duft der Blumen riechen. Wir dürfen uns an göttlichen Sonnenuntergängen und Sonnenaufgängen ergötzen, und wir dürfen tief in den Nachthimmel blicken, den wir genauso diesem Wechsel zwischen Sonnenaufgängen und Sonnenuntergängen verdanken. Wir dürfen leben und letztendlich sterben, in diesem zauberhaften Universum.

Dank

Bei einem Buch, das so viele Themen und Fragen abdeckt, bin ich vielen Leuten dankbar, die frühe (und späte) Entwürfe gelesen und Kommentare beigesteuert haben, die sich ihren Leidenschaften, ihren Interessen und ihrer Fachkenntnis verdanken: Meine Kollegen am AMNH-Museum, Ian Tattersall (Paläoanthropologe) und Steven Soter (Astrophysiker) verhalfen mir zu wertvollen Einsichten, die meinem Umgang mit mehreren Themen mehr Tiefe verliehen. Gregg Borri (Anwalt und Militärhistoriker), Jeff Kovach (Investor), Paul Gamble (ehemaliger leitender Jurist der Navy und Richter), Ed Conrad (konservativer Wirtschaftswissenschaftler), Erin Isikoff (Autorin historischer/mittelalterlicher Romane), Heather Berlin (Neurowissenschaftlerin), und Irwin Redlener (Arzt und Aktivist für das öffentliche Gesundheitswesen) lieferten mit ihrem Fachwissen wichtige Beiträge zu den jeweiligen Themen im Buch. Ich fühle mich geehrt, eine solche Garde professioneller Experten stets in Reichweite zu haben. Magatte Wade (Kulturunternehmerin) und Nicholas Christakis (Soziologe), beide neu in meinem Bekanntenkreis, verschafften mir ebenfalls Einsichten, die in zahlreiche der hier präsentierten Fragen und Argumente einflossen. Mein Bruder Stephen Tyson senior (Künstler und Philosoph) äußerte sich zu Wahrheit und Schönheit, wie man es von jedem guten Künstler erwarten darf. Meine Tochter Miranda Tyson (Sozialpädagogin) und mein Sohn Travis Tyson (im vierten College-Jahr) stellten klar, ich würde wohl nie »woke« genug für ihre Sicht auf die Welt sein, was dazu beitrug, viele Passagen dieses Buchs reif für die dritte Dekade des 21. Jahrhunderts zu machen, wo sie ja auch hingehören. Meine Schwägerin Gretchel Hathaway (Expertin für Diversität, Chancengleichheit und Inklusion) steuerte einige eigene »woke« Kommentare bei. Mein Cousin Greg Springer (Rancher im Süden von Texas und Libertarian) half dabei, Standpunkte zu straffen bei denen mir nicht klar war, dass sie einer Straffung bedurften. Meine Nichte Lauryn Vosburgh (Wellness-Beraterin) ist eine New-Age-Rationalistin und mein Draht in diese Denkwelt. Tamsen Maloy (einstige Mormonin und lebenslange Vegetarierin) half mir, diverse Themen intensiver auszuarbeiten, die in meinem Text andernfalls zu kurz gekommen wären. Der Comedian Chuck Nice gab gute Ratschläge zu dieser oder jener Formulierung, was die Chancen erhöhen dürfte, dem Leser hier und da ein Lächeln abzuringen. Und meine Frau Alice Young (mathematische Physikerin) ist auf allen Feldern weise und versorgte mich mit hilfreichen und aufschlussreichen Kommentaren, wo ich sie am dringendsten brauchte und am wenigsten erwartete.

Dankbar bin ich auch Jan Willem Nienhuys, meinem Niederländisch-Übersetzer von *Starry Messenger*, der meine Arbeit bereits aus früheren Büchern kennt. Er besitzt weitreichende Kenntnisse in Mathematik, Physik und Astronomie und schaffte es auch, Auslassungen und Nachlässigkeiten zu finden, die mir und einem Dutzend anderen Experten entgangen waren.

Nicht alle Analysen werden von Internet-Suchmaschinen bereitgestellt. Manche scheinbar ganz simple Mengen- und Größenangaben in diesem Buch stammen aus umfassenden Datensammlungen. Dafür schulde ich der Rechercheurin Leslie Mullen mit ihrer Fähigkeit, aus leblosen Daten lebendiges Wissen herauszudestillieren, großen Dank.

Dankbar bin ich auch meinem Freund Rick Armstrong, weil er für mich den Kontakt zu Kimberly Mitchell hergestellt hat, der Tochter von Edgar Mitchell (*Apollo 14*). Ich schätze mich glücklich, sie heute als Freundin betrachten zu dürfen, die mit dem gleichen Engagement wie ihr Vater bestrebt ist, das Richtige für die Welt zu tun. Edgar Mitchells Eingangszitat dieses Buchs öffnet die Pforte, durch die das ganze Buch gewissermaßen schreitet.

Ich bin immer wieder begeistert über den Enthusiasmus, den der Verlag Henry Holt & Company für dieses Projekt an den Tag legt, vor allem über Tim Duggan (Chefredakteur), Sarah Crichton (stellvertretende Chefredakteurin) und Amy Einhorn (Verlegerin). Was ich für dieses Buch im Auge hatte und was sie sich darunter vorstellten, lag einfach auf der gleichen Wellenlänge.

Last, but not least danke ich Betsy Lerner (Dichterin und Literaturagentin), die meine schriftstellerische Tätigkeit seit 30 Jahren unterstützt. Sie half mir, dem Inhalt aller Kapitel den letzten Schliff zu verpassen, beriet mich zu Tonfall und Sprachfluss und brachte dabei über die ganze Zeit ihr beeindruckendes literarisches Sprachgefühl ein.

Quellen und Bildnachweise

Zitat von Edgar Mitchell: verwendet mit Genehmigung durch Kimberly Mitchell.

Theodore Roosevelt Equestrian Statue am American Museum of Natural History: ©AMNH/Denis Finnin.

Hand Gottes: ©NASA Orbiting Nuclear Spectroscopic Telescope Array (NuSTAR).

Physicists in Town: Vom Autor aufgenommenes Foto der Headline von APS News, https://www.aps.org/publications/apsnews/199908/knowledge.cfm.

Tweets: Original-Tweets ©Neil deGrasse Tyson, via Twitter.com.

Anmerkungen

Widmung

1 Joseph P. Fried, »Cyril D. Tyson Dies at 89: Fought Poverty in a Turbulent Era«, *New York Times*, 30. Dezember 2016, aufgerufen am 19. Januar, 2022 (nytimes.com).

OUVERTÜRE Wissenschaft & Gesellschaft

1 Michael Shermer, *The Believing Brain* (New York: Times Books, 2011).

2 A. I. Sabra (Hg.), *The Optics of Ibn al-Haytham, Books I–III: On Direct Vision*, Arabischer Text, bearbeitet und mit einer Einführung, Arabisch-Lateinischen Glossaren und Konkordanztabellen (Kuwait: National Council for Culture, Arts and Letters, 1983).

3 *The Notebooks of Leonardo da Vinci*, Bd. 2, ins Englische übersetzt von John Paul Richter, Kapitel XIX: Philosophical Maxims. Morals. Polemics and Speculations. II. Morals; On Foolishness and Ignorance. Maxim no. 1180 (New York: Dover, 1970), S. 283–311, aufgerufen am 19. März 2022, https://en.wikisource.org/wiki/The_Notebooks_of_Leonardo_Da_Vinci/XIX.

KAPITEL EINS Wahrheit & Schönheit

1 John Keats, »Ode on a Grecian Urn«, aufgerufen am 1. März 2022, https://www.poetryfoundation.org/poems/44477/ode-on-a-grecian-urn.

2 Evangelium nach Johannes 14:6.

3 Datum und Uhrzeit ermittelte der Autor auf der Basis der Mondphase

sowie der Ausrichtung und der Höhe des Mondes am Nachthimmel bezogen auf die Position der Venus.

4 Clifford M. Yeary, »God Speaks to Us on Tops of Mountains«, katholische Diözese Little Rock (Website), 26. April 2014, aufgerufen am 30. Oktober 2021, https://www.dolr.org/article/god-speaks-us-tops-mountains.

5 Dave Roos, »Human Sacrifice: Why the Aztecs Practiced This Gory Ritual«, History, 11. Oktober 2018, aufgerufen am 30. Oktober 2021, https://www.history.com/news/aztec-human-sacrifice-religion.

6 Paul Simons, »The Origin of Cloud 9«, *The Times* (London), 6. September 2016, aufgerufen am 30. Oktober 2021, https://www.thetimes.co.uk/article/weather-eye-7ftq5tvd2.

7 Das Gebiet der Astrophysik umfasst zahlreiche Kataloge der verschiedensten Dinge. Hier beziehen wir uns auf: PSR: Pulsating Source of Radio (Pulsare); NGC: New General Catalogue of Nebulae and Clusters of Stars; IC: Index Catalogue of Nebulae and Clusters of Stars – eine Erweiterung des NGC.

8 *StarTalk Radio*, »Decoding Science and Politics with Bill Clinton«, 6. November 2015, aufgerufen am 30. Oktober 2021, https://www.startalkradio.net/show/decoding-science-and-politics-with-bill-clinton/.

9 National Geographic Society Resource Library, »Biodiversity«, aufgerufen am 30. Oktober 2021, https://www.nationalgeographic.org/encyclopedia/biodiversity/.

10 Hannah Ritchie und Max Roser, »Extinctions«, *Our World in Data*, aufgerufen am 30. Oktober 2021, https://ourworldindata.org/extinctions.

11 Kein Versehen. Es ist nur wenig bekannt, dass der sichtbare Teil eines Blitzschlags nicht von der Wolke zur Erde verläuft, sondern umgekehrt.

12 Joyce Kilmer, »Trees«, Oatridge, aufgerufen am 2. November 2021, https://www.oatridge.co.uk/poems/j/joyce-kilmer-trees.php.

KAPITEL ZWEI Erforschung & Entdeckung

1 Simon Mundy, »India Critics Push Back Against Modi's Space Programme Plans«, *Financial Times*, 27. August 2018, aufgerufen am 11. Juli 2021, https://www.ft.com/content/edeb1846-a691-11e8-8ecf-a7ae1beff35b.

2 »Poverty in India: Facts and Figures on the Daily Struggle for Survival«, SOS Children's Villages, aufgerufen am 11. Juli 2021, https://www.soschildrensvillages.ca/news/poverty-in-india-602.

3 T.S. Eliot, »Little Gidding«, *Vier Quartette*, Deutsche Nachdichtung von Nora Wydenbruck (Wien: Amandus-Verlag, 1948).

4 »Columbus Reports on His First Voyage, 1493«, Gilder Lehrman Institute of American History, aufgerufen am 9. Juli 2021, https://www.gilderlehrman.org/history-resources/spotlight-primary-source/columbus-reports-his-first-voyage-1493.

5 Neil deGrasse Tyson, »Paths to Discovery«, in *The Columbia History of the 20th Century*, herausgegeben von Richard Bulliet (New York: Columbia University Press, 2000), S. 461.

6 Daniele Fanelli und Vincent Larivière, »Researchers' Individual Publication Rate Has Not Increased in a Century«, *PLOS ONE* 11, Nr. 3 (9. März 2016), aufgerufen am 10. Juli 2021, https://journals.plos.org/plosone/article?id=10.1371/journal.pone.0149504.

7 »US Patent Statistics Chart Calendar Years 1963–2020«, US Patent and Trademark Office, aufgerufen am 19. Juli 2021, https://www.uspto.gov/web/offices/ac/ido/oeip/taf/usstat.htm.

8 »History of the Bicycle: A Timeline«, Joukowsky Institute for Archaeology and the Ancient World, Brown University, aufgerufen am 8. Juli 2021, https://www.brown.edu/Departments/JoukowskyInstitute/courses/13things/7083.html.

9 »Italians Establish Two Flight Marks«, *New York Times*, 3. Juni 1930.

10 Originalbrief der Bibliothek an den Autor.

11 Hans M. Kristensen und Matt Korda, »Status of World Nuclear Forces«, Federation of American Scientists, aufgerufen am 9. Juli 2021, https://fas.org/issues/nuclear-weapons/status-world-nuclear-forces/.

12 Neel Burton, »When Homosexuality Stopped Being a Mental Disorder«, *Psychology Today*, 18. September 2015, aufgerufen am 8. September 2021, https://www.psychologytoday.com/us/blog/hide-and-seek/201509/when-homosexuality-stopped-being-mental-disorder.

13 Wiedergabe aus der Erinnerung an ein persönliches Gespräch bei der Gala zum 25-jährigen Jahrestag der Planetary Society, Los Angeles, 2005.

14 Der Prediger Salomo 1:9.

KAPITEL DREI Erde & Mond

1 Mike Massimino, Spaceman: *An Astronaut's Unlikely Journey to Unlock the Secrets of the Universe* (New York: Crown/Archetype, 2016).

2 Worldometer, »GDP per Capita«, aufgerufen am 8. Juli 2021, https://www.worldometers.info/gdp/gdp-per-capita/.

3 Alice George, »How Apollo 8 ›Saved 1968‹«, *Smithsonian*, 11. Dezember 2018, aufgerufen am 6. Juli 2021, https://www.smithsonianmag.com/smithsonian-institution/how-apollo-8-saved-1968–180970991/; Kelli Mars (Hg.), »Dec. 27, 1968: Apollo 8 Returns from the Moon«, NASA, zuletzt aktualisiert am 27. Dezember 2019, aufgerufen am 6. Juli 2021, https://www.nasa.gov/feature/50-years-ago-apollo-8-returns-from-the-moon.

4 Christine Mai-Duc, »The 1969 Santa Barbara Oil Spill That Changed Oil and Gas Exploration Forever«, *Los Angeles Times*, 20. Mai 2015, aufgerufen am 28. März 2022, https://www.latimes.com/local/lanow/la-me-ln-santa-barbara-oil-spill-1969–20150520-htmlstory.html.

5 Jerry M. Lewis und Thomas R. Hensley, »The May 4 Shootings at Kent State University: The Search for Historical Accuracy«, Kent State University, aufgerufen am 6. Juli 2021, https://www.kent.edu/may-4-historical-accuracy.

6 »About Us: The History of Earth Day«, Earth Day (Website), aufgerufen am 6. Juli 2021, https://www.earthday.org/history/.

7 »Earth Day«, Wikipedia, aufgerufen am 6. Juli 2021, https://en.wikipedia.org/wiki/EarthDay.

8 Water and Power Associates, »Smog in Early Los Angeles«, aufgerufen am 6. Juli 2021, https://waterandpower.org/museum/SmoginEarly LosAngeles.html.

9 (1) *Use of Pesticides: A Report of the President's Science Advisory Committee*, President's Science Advisory Committee, Mai 1963.
(2) *Restoring the Quality of Our Environment: A Report of the Environmental Pollution Panel President's Science Advirsory Committee*, President's Science Advisory Committee, November 1965.
(3) *Report of the Committee on Persistent Pesticides: Division of Biology and Agriculture, National research Council to the Agriculture Department*, National Research Council, Mai 1969.
(4) *Report of the Secretary's Commission on Pesticides and Their Relationship to Environmental Health*, US Department of Health, Education, and Welfare, Dezember 1969.

10 »Mississippi River Oil Spill (1962–63)«, Wikipedia, aufgerufen am 16. September 2021, https://en.wikipedia.org/wiki/MississippiRiveroil spill(1962–63).

11 Die Offenbarung des Johannes 6:12.

12 Die Offenbarung des Johannes 6:13.

13 Die Geschichte nach der Erzählung von Lincolns Freund Walt Whitman, diskutiert von Donald W. Olson und Laurie E. Jasinski, »Abe Lincoln and the Leonids«, *Sky & Telescope* (November 1999), S. 34 f.

14 Carl Sagan, *Pale Blue Dot: A Vision of the Human Future in Space* (New York: Random House, 1994).

KAPITEL VIER Konflikt & Lösung

1 Eine wissenschaftliche Analyse finden Sie hier: Eli J. Finkel et al., »Political Sectarianism in America«, *Science* 370, Nr. 6516 (30. Oktober 2020), S. 533, aufgerufen am 19. Dezember 2021, https://pcl.sites.stanford.edu/sites/g/files/sbiybj22066/files/media/file/finkel-science-political.pdf.

2 Siehe z. B. Neil deGrasse Tyson und Avis Lang, *Accessory to War: The Unspoken Alliance Between Astrophysics and the Military* (New York: W. W. Norton, 2018).

3 Siehe »Did We Hit the Wrong Planet?«, *JF Ptak Science Books* (Blog), aufgerufen am 2. Juli 2021, https://longstreet.typepad.com/thescience bookstore/2013/08/did-we-hit-the-wrong-planet-w-von-braun-1956.html.

4 »V-2 Rocket«, Wikipedia, aufgerufen am 2. Juli 2021, https://en.wikipedia.org/wiki/V-2rocket#Targets.

5 Siehe z. B. K. Jun Tong und William von Hippel, »Sexual Selection, History, and the Evolution of Tribalism«, *Psychological Inquiry* 31, Nr. 1 (2020), S. 23 ff.

6 *Final Report of the Commission on the Future of the United States Aerospace Industry*, Commission on the Future of the United States, aufgerufen am 16. September 2021, https://www.haydenplanetarium.org/tyson/media/pdf/AeroCommissionFinalReport.pdf.

7 »The Flight of Apollo-Soyuz«, NASA, aufgerufen am 20. Juli 2021, https://history.nasa.gov/apollo/apsoyhist.html.

8 National Center for Health Statistics, »Percent of Babies Born to Unmarried Mothers by State«, Centers for Disease Control and Prevention, aufgerufen am 30. Juni 2021, https://www.cdc.gov/nchs/pressroom/sosmap/unmarried/unmarried.htm.

9 »2000 Presidential Election, 270 to Win«, aufgerufen am 30. Juni 2021, https://www.270towin.com/2000_Election/.

10 Nathan McAlone, »A Chart Made from the Leaked Ashley Madison Data Reveals Which States in the US Like to Cheat the Most«, *Insider*, 20. Au-

gust 2015, aufgerufen am 30. Juni 2021, https://www.businessinsider.com/ashley-madison-leak-reveals-which-states-like-to-cheat-the-most-2015-8.

11 *Report of 2018 Permanent Platform & Resolutions Committee*, Republican Party of Texas, aufgerufen am 18. Dezember 2021, https://www.texasgop.org/wp-content/uploads/2018/06/PLATFORM-for-voting.pdf.

12 Mehr als ein Drittel der texanischen Wirtschaft leitet sich aus Öleinnahmen ab; siehe Brandon Mulder, »Fact-Check: Is the Texas Oil and Gas Industry 35% of the State Economy?«, *Austin American-Statesman*, aufgerufen am 18. Dezember 2021, https://www.statesman.com/story/news/politics/politifact/2020/12/22/fact-check-texas-oil-and-gas-industry-35-state-economy/4009134001/.

13 *Report of 2020 Platform & Resolutions Committee*, Republican Party of Texas, aufgerufen am 18. Dezember 2021, https://drive.google.com/file/d/1HFTbz1vb6KSqwu9Rjv4zxc-85q14XzhZ/view.

14 Zur Information: Dieser Wert ist auf 100 Prozent der seit 2019 veröffentlichten Forschungsarbeiten im Bereich Klimawandel gestiegen; siehe James Powell, »Scientists Reach 100% Consensus on Anthropogenic Global Warming«, *Bulletin of Science, Technology & Society* 37, Nr. 4 (20. November 2019), aufgerufen am 16. Juli 2021, https://journals.sagepub.com/doi/10.1177/0270467619886266.

15 Green Party, »Green New Deal«, aufgerufen am 1. Januar 2022, https://www.gp.org/greennewdeal.

16 Cary Funk, Greg Smith und David Masci, »How Many Creationists Are There in America?«, *Observations* (*Scientific American* Blog), 12. Februar 2019, aufgerufen am 29. Juni 2021, https://blogs.scientificamerican.com/observations/how-many-creationists-are-there-in-america/.

17 Pan American Health Organization, »Measles Elimination in the Americas«, aufgerufen am 30. Juni 2021, https://www3.paho.org/hq/index.php?option=com_content&view=article&id=12526:measles-elimination-in-the-americas.

18 »Measles Resurgence in the United States«, Wikipedia, aufgerufen am 30. Juni 2021, https://en.wikipedia.org/wiki/Measlesresurgenceinthe UnitedStates#Local outbreaks.

19 Jan Hoffman, »Faith, Freedom, Fear: Rural America's Covid Vaccine Skeptics«, *New York Times*, 30. April 2021, aufgerufen am 30. Juni 2021, https://www.nytimes.com/2021/04/30/health/covid-vaccine-hesitancy-white-republican.html.

20 Monmouth University Polling Institute, »Public Satisfied with Vaccine

Rollout, but 1 in 4 Still Unwilling to Get It«, 8. März 2021, aufgerufen am 30. Juni 2021, https://www.monmouth.edu/polling-institute/reports/monmouthpollUS_030821/.

21 *StarTalk Radio*, »Vaccine Science«, aufgerufen am 8. September 2021, https://www.youtube.com/watch?v=fOOBUixiiac.

22 Seth Brown, »Alex Jones's Media Empire Is a Machine Built to Sell Snake-Oil Diet Supplements«, *Intelligencer*, 4. Mai 2017, aufgerufen am 16. September 2021, https://nymag.com/intelligencer/2017/05/how-does-alex-jones-make-money.html.

23 Historical Tables, Budget of the United States Government, Fiscal Year 2022, Table 9.8, »Composition of Outlays for the Conduct of Research and Development: 1949–2022«, aufgerufen am 2. Januar 2022, https://www.whitehouse.gov/wp-content/uploads/2021/05/hist09z8fy22.xlsx.

24 National Museum of African American History and Culture, »5 Things to Know: HBCU Edition«, 1. Oktober 2019, aufgerufen am 2. Juni 2022, https://nmaahc.si.edu/explore/stories/5-things-know-hbcu-edition.

25 Charles Seguin und David Rigby, »National Crimes: A New National Data Set of Lynchings in the United States, 1883 to 1941«, *Socius: Sociological Research for a Dynamic World* 5 (1. Januar 2019), aufgerufen am 16. September 2021, https://journals.sagepub.com/doi/full/10.1177/2378023119841780.

26 United States Senate, »Supreme Court Nominations (1789–Present)«, United States Senate, aufgerufen am 3. April 2022, https://www.senate.gov/legislative/nominations/SupremeCourtNominations1789present.htm.

27 100 Prozent der Bezirke in Massachusetts stimmten bei der Wahl 2020 für die Demokraten. Politico, »Massachusetts Presidential Results«, aufgerufen am 11. April, https://www.politico.com/2020-election/results/massachusetts/.

28 »Federal Spending by State 2022«, World Population Review, aufgerufen am 3. Januar 2022, https://worldpopulationreview.com/state-rankings/federal-spending-by-state.

29 Bei der Wahl im Jahr 2020.

30 Rob Salkowitz, »Fans Turn Up for New York Comic Con Even if Big Names Don't«, *Forbes*, 9. Oktober 2021, aufgerufen am 17. Dezember 2021, https://www.forbes.com/sites/robsalkowitz/2021/10/09/fans-turn-up-for-new-york-comic-con-even-if-big-names-dont.

31 »Convention Schedule«, FanCons, aufgerufen am 17. Dezember 2021, https://fancons.com/events/schedule.php?type=all&year=2022&loc=eu.

1 Thomas Simpson, »A Letter [...] on the Advantage of Taking the Mean of a Number of Observations, in Practical Astronomy«, *Philosophical Transactions (1683–1775)* 49 (1755–1756), S. 82–93.

2 Michael Shermer, *Conspiracy: Why the Rational Believe the Irrational* (Baltimore: Johns Hopkins University Press, 2022).

3 Stephen Skolnick, »How 4,000 Physicists Gave a Vegas Casino Its Worst Week Ever«, *Physics Buzz* (Blog), 10. September 2015, aufgerufen am 5. Juni 2022, http://physicsbuzz.physicscentral.com/2015/09/one-winning-move.html.

4 Steve Beauregard, »Biggest Casino in Las Vegas & List of the Top 20 Largest Casinos in Sin City«, Gamboool, aufgerufen am 15. Juli 2021, https://gamboool.com/biggest-casinos-in-las-vegas-list-of-the-top-20-largest-casinos-in-sin-city.

5 Will Yakowicz, »U. S. Gambling Revenue to Break $44 Billion Record in 2021«, *Forbes*, 10. August 2021, aufgerufen am 1. Januar 2022, https://www.forbes.com/sites/willyakowicz/2021/08/10/us-gambling-revenue-to--break-44-billion-record-in-2021/?sh=1eebca8c677b.

6 »Lotteries in the United States«, Wikipedia, aufgerufen am 15. Juli 2021, https://en.wikipedia.org/wiki/Lotteriesinthe_UnitedStates#Stateswith nolotteries.

7 Investopedia, »The Lottery: Is It Ever Worth Playing?«, aufgerufen am 15. Juli 2021, https://www.investopedia.com/managing-wealth/worth-playing-lottery/.

8 Erin Richards, »Math Scores Stink in America. Other Countries Teach It Differently – and See Higher Achievement«, *USA Today*, 28. Februar 2020, aufgerufen am 5. Januar 2022, https://www.usatoday.com/story/news/education/2020/02/28/math-scores-high-school-lessons-freakonomics-pisa-algebra-geometry/4835742002/.

9 Neil deGrasse Tyson (@neiltyson), Twitter, 9. Februar 2010, 3:46 p.m., aufgerufen am 15. Juli 2021, https://twitter.com/neiltyson/status/8870114781.

10 CNBC (@CNBC), Twitter, 10. Dezember 2021, 4:03 p.m., aufgerufen am 17. Mai 2022, https://twitter.com/CNBC/status/1469412512357568521.

11 TipRanks, »2 ›Strong Buy‹ Stocks from a Top Wall Street Analyst«, 13. Juli 2021, aufgerufen am 15. Juli 2021, https://www.yahoo.com/now/2-strong-buy-stocks-top-091615572.html.

12 TipRanks, »Top Wall Street Analysts«, aufgerufen am 23. Juli 2021, https://www.tipranks.com/analysts/top.
13 Sam Ro, »The Truth About Warren Buffett's Investment Track Record«, Yahoo! Finance, 1. März 2021, aufgerufen am 21. Dezember 2021, https://www.yahoo.com/now/the-truth-about-warren-buffetts-investment-track-record-morning-brief-113829049.html.
14 National Academies of Sciences, Engineering, and Medicine, *Genetically Engineered Crops: Experiences and Prospects* (Washington, DC: National Academies Press, 2016), aufgerufen am 15. Juli 2021, https://www.nationalacademies.org/our-work/genetically-engineered-crops-past-experience-and-future-prospects.
15 *Food Evolution*, Regie: Scott Hamilton Kennedy, Erzähler: Neil deGrasse Tyson (Black Valley Films, 2016).
16 »Ben & Jerry's Statement on Glyphosate«, Ben & Jerry's (Website), aufgerufen am 15. Juli 2021, https://www.benjerry.com/about-us/media-center/glyphosate-statement.
17 Samuel Taylor Coleridge, *Rime of the Ancient Mariner*, Teil 2, Vers 9 (1817) (vgl. Wasser, Wasser, überall? | NZZ), https://www.nzz.ch/wasser_wasser_ueberall-ld.459203.
18 Walter Bagehot, *Physics and Politics*, No. V: »The Age of Discussion« (Westport, CT: Greenwood Press, 1872).
19 American Cancer Society, »Colorectal Cancer Risk Factors«, aufgerufen am 16. Juli 2021, https://www.cancer.org/cancer/colon-rectal-cancer/causes-risks-prevention/risk-factors.html.
20 American Cancer Society, »Key Statistics for Colorectal Cancer«, aufgerufen am 16. Juli 2021, https://www.cancer.org/cancer/colon-rectal-cancer/about/key-statistics.html.
21 Manuela Chiavarini et al., »Dietary Intake of Meat Cooking-Related Mutagens (HCAs) and Risk of Colorectal Adenoma and Cancer: A Systematic Review and Meta-Analysis«, *Nutrients* 9, no. 5 (18. Mai 2017), S. 515, aufgerufen am 7. Juni 2022, https://www.ncbi.nlm.nih.gov/pmc/articles/PMC5452244/.
22 Hannah Ritchie und Max Roser, »Smoking«, *Our World in Data*, Mai 2013, überarbeitet im November 2019, aufgerufen am 30. Juni 2021, https://ourworldindata.org/smoking; see also Lynne Eldridge, »What Percentage of Smokers Get Lung Cancer?«, Verywell Health, aufgerufen am 28. Juni 2021, https://www.verywellhealth.com/what-percentage-of-smokers-get-lung-cancer-2248868.

23 John Woodrow Cox und Steven Rich, »Scarred by School Shootings«, *Washington Post*, aktualisiert am 25. März 2018, aufgerufen am 15. Juli 2021, https://www.washingtonpost.com/graphics/2018/local/us-school-shootings-history/.

24 William H. Lucy, »Mortality Risk Associated with Leaving Home: Recognizing the Relevance of the Built Environment«, *American Journal of Public Health* 93, no. 9 (September 2003), S. 1564–69, aufgerufen am 16. Juli 2021, https://www.ncbi.nlm.nih.gov/pmc/articles/PMC1448011/; Bryan Walsh, »In Town vs. Country, It Turns Out That Cities Are the Safest Places to Live«, *Time*, 23. Juli 2013, aufgerufen am 16. Juli 2021, https://science.time.com/2013/07/23/in-town-versus-country-it-turns-out-that-cities-are-the-safest-places-to-live/.

25 Sage R. Meyers et al., »Safety in Numbers: Are Major Cities the Safest Places in the United States?«, *Injury Prevention* 62, no. 4 (1. Oktober 2013), S. 408–18.E3, aufgerufen am 8. Juni 2021, https://www.ncbi.nlm.nih.gov/pmc/articles/PMC3993997/.

26 »2019 El Paso Shooting«, Wikipedia, aufgerufen am 16. Juli 2021, https://en.wikipedia.org/wiki/2019El_Pasoshooting.

27 Paulina Cachero, »US Taxpayers Have Reportedly Paid an Average of $8,000 Each and over $2 Trillion Total for the Iraq War Alone«, *Insider*, 6. Februar 2020, aufgerufen am 16. Juli 2021, https://www.businessinsider.com/us-taxpayers-spent-8000-each-2-trillion-iraq-war-study-2020-2.

28 Sophie L. Gilbert et al., »Socioeconomic Benefits of Large Carnivore Recolonization Through Reduced Wildlife-Vehicle Collisions«, *Conservation Letters* 10, no. 4 (Juli/August 2017), S. 431–39, aufgerufen am 1. August 2021, https://conbio.onlinelibrary.wiley.com/doi/epdf/10.1111/conl.12280.

29 Murat Karacasu und Arzu Er, »An Analysis on Distribution of Traffic Faults in Accidents, Based on Driver's Age and Gender: Eskisehir Case«, *Procedia–Social and Behavioral Sciences 20* (2011), S. 776–785, aufgerufen am 8. Juni 2022, https://www.sciencedirect.com/science/article/pii/S1877042811014662.

30 Neal E. Boudette, »Tesla Says Autopilot Makes Its Cars Safer; Crash Victims Say It Kills«, *New York Times*, 5. Juli 2021, aufgerufen am 27. Juli 2021, https://www.nytimes.com/2021/07/05/business/tesla-autopilot-lawsuits-safety.html.

31 »List of Fatal Accidents and Incidents Involving Commercial Aircraft

in the United States«, Wikipedia, aufgerufen am 27. Juli 2021, https://en.wikipedia.org/wiki/List_offatalaccidentsandincidentsinvolving commercial_aircraftintheUnitedStates.

32 Die mit einem starken Medienecho verbundenen Abstürze von Maschinen des Typs Boeing 737 MAX in den Jahren 2018 und 2019 betrafen Fluggesellschaften, die ihren Sitz nicht in den USA haben, und fließen deshalb nicht in diese Statistik ein.

33 Leslie Josephs, »The Last Fatal US Airline Crash Was a Decade Ago; Here's Why Our Skies Are Safer«, CNBC, 13. Februar 2019, aktualisiert am 8. März 2019, aufgerufen am 27. Juli 2021, https://www.cnbc.com/2019/02/13/colgan-air-crash-10-years-ago-reshaped-us-aviation-safety.html.

34 Bureau of Transportation Statistics, United States Department of Transportation, »U. S. Air Carrier Traffic Statistics Through November 2021«, aufgerufen am 1. August 2021, https://www.transtats.bts.gov/TRAFFIC/.

35 Joni Mitchell, Strophe aus dem Song »Both Sides Now« (Detroit: Gandalf Publishing, 1967).

KAPITEL SECHS Fleischesser & Vegetarier

1 Paul Copan, Wes Jamison und Walter Kaiser, *What Would Jesus Really Eat: The Biblical Case for Eating Meat* (Burlington, ON: Castle Quay Books, 2019); siehe auch Amanda Radke, »Yes, Jesus Would Eat Meat & You Can, Too«, *Beef* Magazin, 19. Juli 2019, aufgerufen am 14. April 2022, https://www.beefmagazine.com/market-news/yes-jesus-would-eat-meat-you-can-too.

2 »Vegetarianism by Country«, Wikipedia, aufgerufen am 7. August 2021, https://en.wikipedia.org/wiki/Vegetarianismbycountry.

3 RJ Reinhart, »Snapshot: Few Americans Vegetarian or Vegan«, Gallup, 1. August 2018, aufgerufen am 7. August 2021, https://news.gallup.com/poll/238328/snapshot-few-americans-vegetarian-vegan.aspx.

4 Hannah Ritchie und Max Roser, »Meat and Dairy Production«, *Our World in Data*, August 2017, überarbeitet im November 2019, aufgerufen am 11. August 2021, https://ourworldindata.org/meat-production.

5 »What Is the Age Range for Butchering Steers? I Am Trying for Prime«, Beef Cattle, 3. September 2019, aufgerufen am 7. August 2021, https://beef-cattle.extension.org/what-is-the-age-range-for-butchering-steers-i-am-trying-for-prime.

6 University of California Cooperative Extension, »Sample Costs for a

Cow-Calf/Grass-Fed Beef Operation«, 2004, aufgerufen am 25. Februar 2022, https://coststudyfiles.ucdavis.edu/uploads/cspublic/83/84/838417e7-bdad-40e6-bcaa-c3d80ccdcd71/beefgfnc2004.pdf.

7 »The Biggest CAFO in the United State«, Wickersham's Conscience, 20. März 2020, aufgerufen am 14. April 2022, https://wickershamsconscience.wordpress.com/2020/03/20/the-biggest-cafo-in-the-united-states/.

8 South Dakota State University Extension, »How Much Meat Can You Expect from a Fed Steer?«, aktualisiert am 6. August 2020, aufgerufen am 9. Juni 2022, https://extension.sdstate.edu/how-much-meat-can-you-expect-fed-steer.

9 Neil deGrasse Tyson, *Letters from an Astrophysicist* (New York: W. W. Norton, 2019).

10 Erstes Buch Mose 1:26.

11 Siehe z. B. Ryan Patrick McLaughlin, »A Meatless Dominion: Genesis 1 and the Ideal of Vegetarianism«, *Biblical Theology Bulletin* 47, no. 3 (2. August 2017), S. 144–154, aufgerufen am 7. August 2021, https://journals.sagepub.com/doi/10.1177/0146107917715587.

12 Vgl. Eric O'Grey, »Vegan Theology for Christians«, PETA Prime, 3. Januar 2018, aufgerufen am 7. August 2021, https://prime.peta.org/2018/01/vegan-theology-christians/.

13 Peter Singer, *Animal Liberation* (New York: Harper Collins, 1975).

14 PETA (Website), aufgerufen am 7. August 2021, https://www.peta.org.

15 Die Geschichte wurde live wiedergegeben in *StarTalk*, 22. August 2011, https://www.startalkradio.net/show/making-the-fur-fly/.

16 »Do Snails Have Eyes?«, Facts About Snails, aufgerufen am 9. August 2021, https://factsaboutsnails.com/snail-facts/do-snails-have-eyes/.

17 Rene Ebersole, »How ›Dolphin Safe‹ Is Canned Tuna, Really?«, *National Geographic*, 10. März 2021, aufgerufen am 8. August 2021, https://www.nationalgeographic.com/animals/article/how-dolphin-safe-is-canned-tuna.

18 Animal Diversity Web, University of Michigan, Museum of Zoology, »*Mus musculus* house mouse«, aufgerufen am 24. April 2022, https://animaldiversity.org/accounts/Mus_musculus/.

19 »Learn How Many Trees It Takes to Build a House?«, Home Preservation Manual, aufgerufen am 9. August 2021, https://www.homepreservationmanual.com/how-many-trees-to-build-a-house/.

20 Michael H. Ramage et al., »The Wood from the Trees: The Use of

Timber in Construction«, *Renewable and Sustainable Energy Reviews* 68 (Februar 2017), S. 333, aufgerufen am 20. Januar 2022, https://www.sciencedirect.com/science/article/pii/S1364032116306050.

21 Kyle Cunningham, »Landowner's Guide to Determining Weight of Standing Hardwood Trees«, University of Arkansas Division of Agriculture, Cooperative Extension Service, aufgerufen am 9. August 2021, https://www.uaex.uada.edu/publications/pdf/FSA-5021.pdf.

22 »Maple Syrup Concentration«, Synder Filtration, aufgerufen am 30. Januar 2021, https://synderfiltration.com/2014/wp-content/uploads/2014/07/Maple-Syrup-Concentration-Case-Study.pdf.

23 Britt Holewinski, »Underground Networking: The Amazing Connections Beneath Your Feet«, National Forest Foundation, aufgerufen am 30. Januar 2022, https://www.nationalforests.org/blog/underground-mycorrhizal-network.

24 Steven Spielberg in einem privaten Gespräch, April 2004, Hayden Planetarium, New York City.

25 Associated Press, »Lewis Throws Voice to Push for Quality TV«, *Deseret News*, 11. März 1993, aufgerufen am 8. September 2021, https://www.deseret.com/1993/3/11/19036574/lewis-throws-voice-to-push-for-quality-tv.

26 Mitch Zinck, »Top 10 Stocks to Invest in Lab-Grown Meat«, Lab Grown Meat, 29. Juni 2021, aufgerufen am 11. August 2021, https://labgrownmeat.com/top-10-stocks/.

27 Chuck Lorre, »Card #536«, Chuck Lorre Productions, Official Vanity Card Archives, 26. September 2016, aufgerufen am 16. September 2021, http://chucklorre.com/?e=980.

28 Christiaan Huygens, *The Celestial Worlds Discover'd: or, Conjectures Concerning the Inhabitants, Plants and Productions of the Worlds in the Planets* (London: Timothy Childe, 1698), aufgerufen am 10. Juni 2022, https://galileo.ou.edu/exhibits/celestial-worlds-discoverd-or-conjectures-concerning-inhabitants-plants-and-productions.
Dt. *Cosmotheoros Oder Welt betrachtende Muthmassungen von denen himmlischen Erd Kugeln und deren Schmuck* (Leipzig, 1743), S. 15.

29 Terry Bisson, *They're Made out of Meat, and 5 Other All Talk Tales* (Amazon.com, Kindle edition, 2019).

1 »Schrödinger's Cat«, Wikipedia, aufgerufen am 16. August 2021, https://en.wikipedia.org/wiki/Schrödinger%27s_cat.

2 »What Does LGBTQ + Mean?«, OK2BME, aufgerufen am 22. August 2021, https://ok2bme.ca/resources/kids-teens/what-does-lgbtq-mean/.

3 Erste Produktion für den Broadway im Jahr 1957.

4 Fünftes Buch Mose 22:5.

5 »Trial of Joan of Arc«, Wikipedia, aufgerufen am 24. April 2022, https://en.wikipedia.org/wiki/Trial_of_Joan_of_Arc.

6 Joan Roughgarden, *Evolution's Rainbow: Diversity, Gender, and Sexuality in Nature and People* (Berkeley: University of California Press, 2013).

7 Anthony C. Little, Benedict C. Jones und Lisa M. DeBruine, »Facial Attractiveness: Evolutionary Based Research«, *Philosophical Transactions of the Royal Society B: Biological Sciences* 366, no. 1571 (12. Juni 2011), S. 1638–1659, aufgerufen am 18. März 2022, https://www.ncbi.nlm.nih.gov/pmc/articles/PMC3130383/.

8 American Society of Plastic Surgeons, *Plastic Surgery Statistics Report,* 2020, aufgerufen am 28. November 2021, https://www.plasticsurgery.org/documents/News/Statistics/2020/plastic-surgery-statistics-full-report-2020.pdf.

9 US Food and Drug Administration, »Fun Facts About Reindeer and Caribou«, Inhalt mit Stand vom 13. Februar 2020, aufgerufen am 21. Dezember 2021, https://www.fda.gov/animal-veterinary/animal-health-literacy/fun-facts-about-reindeer-and-caribou.

10 »What Are the Names of Santa's Reindeer?«, Iglu Ski, aufgerufen am 21. Dezember 2021, https://www.igluski.com/lapland-holidays/what-are-the-names-of-santas-reindeer.

11 Saffir-Simpson Hurricane Wind Scale, National Hurricane Center and Central Pacific Hurricane Center, aufgerufen am 5. Januar 2022, https://www.nhc.noaa.gov/aboutsshws.php.

12 Ariane Resnick, »What Do the Colors of the New Pride Flag Mean?«, Verywell Mind, aktualisiert am 21. Juni 2021, aufgerufen am 22. August 2021, https://www.verywellmind.com/what-the-colors-of-the-new-pride-flag-mean-5189173.

13 Tom Dart, »Texas Clings to Unconstitutional Homophobic Laws – and It's Not Alone«, *Guardian*, 1. Juni 2019, aufgerufen am 17. Septem-

ber 2021, https://www.theguardian.com/world/2019/jun/01/texas-homophobic-laws-lgbt-unconstitutional.

KAPITEL ACHT Hautfarbe & Rasse

1 Eine umfassende Geschichte dieser Epoche finden Sie in Dava Sobel, *The Glass Universe: How the Ladies of the Harvard Observatory Took the Measure of the Stars* (New York: Viking, 2016).

2 Jennifer Chu, »Study: Reflecting Sunlight to Cool the Planet Will Cause Other Global Changes«, *MIT News*, 2. Juni 2020, aufgerufen am 20. August 2021, https://news.mit.edu/2020/reflecting-sunlight-cool-planet-storm-0602.

3 Nina Jablonski und George Chaplin, »The Colours of Humanity: The Evolution of Pigmentation in the Human Lineage«, *Philosophical Transactions of the Royal Society B* 372 (22. Mai 2017), aufgerufen am 22. August 2021, https://royalsocietypublishing.org/doi/pdf/10.1098/rstb.2016.0349.

4 Nina Jablonski und George Chaplin, »Human Skin Pigmentation as an Adaptation to UV Radiation«, *Proceedings of the National Academy of Sciences* 107, Suppl. 2 (5. Mai 2010), aufgerufen am 22. August 2021, https://doi.org/10.1073/pnas.0914628107.

5 Nicholas G. Crawford et al., »Loci Associated with Skin Pigmentation Identified in African Populations«, *Science* 358, no. 6365 (12. Oktober 2017), aufgerufen am 31. Januar 2022, https://www.science.org/doi/10.1126/science.aan8433.

6 Wella, EOS, Hair Color auf Pflanzenbasis.

7 Benjamin Moore (Website), aufgerufen am 2. Januar 2022, https://www.benjaminmoore.com/en-us/color-overview/find-your-color/color-families.

8 »1860 United States Census«, Wikipedia, aufgerufen am 24. September 2021, https://en.wikipedia.org/wiki/1860UnitedStatescensus.

9 James Henry Hammond, »On the Question of Receiving Petitions on the Abolition of Slavery in the District of Columbia«, Address to Congress, 1. Februar 1836, aufgerufen am 19. März 2022, https://babel.hathitrust.org/cgi/pt?id=hvd.hx4q2m.

10 Dort bin ich seit 1996 als Frederick P. Rose Director of the Hayden Planetarium tätig.

11 Theodore Roosevelt, »Lincoln and the Race Problem«, Rede vor dem

New York Republican Club, 13. Februar 1905, aufgerufen am 8. September 2021, https://www.blackpast.org/african-american-history/1905-theodore-roosevelt-lincoln-and-race-problem-3/.

12 American Museum of Natural History, »Museum Statement on Eugenics«, September 2021, aufgerufen am 24. September 2021, https://www.amnh.org/about/timeline-history/eugenics-statement.

13 »Allies Sculpture«, Atlas Obscura, aufgerufen am 8. September 2021, https://www.atlasobscura.com/places/allies.

14 2020 wurde nach Protesten eine Replika von *Emancipation* vom Park Square in Boston, Massachusetts, wo sie lange gestanden hatte, entfernt und in die Heimatstadt des Bildhauers gebracht.

15 American Museum of Natural History, »What Did the Artists and Planners Intend?«, aufgerufen am 8. September 2021, https://www.amnh.org/exhibitions/addressing-the-theodore-roosevelt-statue/making-the-statue.

16 Internes Memo an das Personal des Museums, 19. November 2021.

17 Meilan Solly, »DNA Pioneer James Watson Loses Honorary Titles over Racist Comments«, *Smithsonian*, 15. Januar 2019, aufgerufen am 19. September 2021, https://www.smithsonianmag.com/smart-news/dna-pioneer-james-watson-loses-honorary-titles-over-racist-comments-180971266/.

18 »Hairy Ball Theorem«, Wikipedia, aufgerufen am 8. September 2021, https://en.wikipedia.org/wiki/Hairyballtheorem.

19 »List of Electronic Color Code Mnemonics«, Wikipedia, aufgerufen am 5. Januar 2022, https://en.wikipedia.org/wiki/Listofelectroniccolorcode_mnemonics.

20 Francis Galton, *Hereditary Genius: An Inquiry into Its Laws and Consequences* (New York: D. Appleton, 1870), S. 339. Dt. *Genie und Vererbung* (Leipzig, 1910), S. 362.

21 Aaron O'Neill, »Black and Slave Population of the United States from 1790 to 1880«, Statista, 19. März 2021, aufgerufen am 12. September 2021, https://www.statista.com/statistics/1010169/black-and-slave-population-us-1790–1880/.

22 Thomas Jefferson, *Notes on the State of Virginia* (Baltimor: W. Pechin, 1800), S. 151.
Dt. *Betrachtungen über den Staat Virginia* (Zürich: Manesse-Verlag, 1989), S. 294.

23 Monticello, »The Life of Sally Hemings«, aufgerufen am 12. September 2021, https://www.monticello.org/sallyhemings/.

24 Carleton S. Coon, *The Origin of Races* (New York: Alfred A. Knopf, 1962), S. 656.

25 »Men with Hairy Chest«, DC Urban Moms and Dads, 23. Dezember 2014, aufgerufen am 12. September 2021, https://www.dcurbanmom.com/jforum/posts/list/435718.page.

26 Toshisada Nishida, »Chimpanzee«, *Encyclopedia Britannica*, aufgerufen am 12. September 2021, https://www.britannica.com/animal/chimpanzee.

27 Medline Plus, »What Does It Mean to Have Neanderthal or Denisovan DNA?«, aufgerufen am 12. September 2021, https://medlineplus.gov/genetics/understanding/dtcgenetictesting/neanderthaldna/.

28 Angela Saini, *Superior: The Return of Race Science* (Boston: Beacon Press, 2019), S. 18 ff.

29 »Can African Americans Get Head Lice?«, Lice Aunties, 14. April 2021, aufgerufen am 12. September 2021, https://liceaunties.com/can-african-americans-get-head-lice/; siehe auch W. Wayne Price und Amparo Benitez, »Infestation and Epidemiology of Head Lice in Elementary Schools in Hillsborough Country, Florida«, *Florida Scientist* 52, no. 4 (1989), S. 278–288.

30 Robin A. Weiss, »Apes, Lice and Prehistory«, *Journal of Biology* 8, no. 20 (2009), aufgerufen am 21. September 2021, https://www.ncbi.nlm.nih.gov/pmc/articles/PMC2687769/.

31 United States Cancer Statistics, »Cancer Statistics at a Glance«, Centers for Disease Control and Prevention, Juni 2021, https://gis.cdc.gov/Cancer/USCS/#/AtAGlance/; siehe auch: Healthline, »Yes, Black People Can Get Skin Cancer. Here's What to Look For«, aufgerufen am 11. April 2022, https://www.healthline.com/health/skin-cancer/can-black-people-get-skin-cancer.

32 Joel M. Gelfand et al., »The Prevalence of Psoriasis in African Americans: Results from a Population-Based Study«, *Journal of the American Academy of Dermatology* 52, no. 1 (2005), S. 23, aufgerufen am 18. September 2021, https://pubmed.ncbi.nlm.nih.gov/15627076/.

33 Bone Health and Osteoporosis Foundation, »What Is Osteoporosis and What Causes It?«, aufgerufen am 12. September 2021, https://www.nof.org/patients/what-is-osteoporosis/.

34 J. F. Aloia et al., »Risk for Osteoporosis in Black Women«, *Calcified Tissue International* 59 (1996), S. 415–423, aufgerufen am 18. September 2021, https://link.springer.com/article/10.1007%2FBF00369203.

35 Sabrina Tavernise, »Rise in Suicide by Black Children Surprises Resear-

chers«, *New York Times*, 18. Mai 2015, aufgerufen am 12. Dezember 2021, https://www.nytimes.com/2015/05/19/health/suicide-rate-for-black-children-surged-in-2-decades-study-says.html.

36 Suicide Prevention Resource Center, »Racial and Ethnic Disparities«, aufgerufen am 18. September 2021, https://sprc.org/scope/racial-ethnic-disparities.

37 Mehrere Studien, z. B.: Jacquelyn Y. Taylor et al., »Prevalence of Eating Disorders Among Blacks in the National Survey of American Life«, *International Journal of Eating Disorders* 40 (2007 Suppl.), S. 10–14, aufgerufen am 7. Januar 2022, https://www.ncbi.nlm.nih.gov/pmc/articles/PMC2882704/#R2; siehe auch Ruth H. Striegel-Moore et al., »Eating Disorders in White and Black Women«, *American Journal of Psychiatry* 160 (2003), S. 1326–1331, aufgerufen am 7. Januar 2022, https://pubmed.ncbi.nlm.nih.gov/12832249/.

38 Keb Meh, »Mythologies of Skin Color and Race in Ethiopia«, *Japan Sociology*, 2. Dezember 2014, aufgerufen am 12. September 2021, https://japansociology.com/2014/12/02/mythologies-of-skin-color-and-race-in-ethiopia/.

39 Guinness World Records, »Shortest Tribe«, aufgerufen am 12. September 2021, https://www.guinnessworldrecords.com/world-records/shortest-tribe.

40 Guinness World Records, »Tallest Tribe«, aufgerufen am 12. September 2021, https://www.guinnessworldrecords.com/world-records/67503-tallest-tribe.

41 World Population Review, »Average Height by Country«, aufgerufen am 21. September 2021, https://worldpopulationreview.com/country-rankings/average-height-by-country.

42 Ben McGrath, »Did Spacemen, or People with Ramps, Build the Pyramids?«, *New Yorker*, 23. August 2021, aufgerufen am 26. Februar 2022, https://www.newyorker.com/magazine/2021/08/30/did-spacemen-or-people-with-ramps-build-the-pyramids.

43 Elon Musk stammt aus Südafrika, ein Land, in dem sich die dort geborenen Weißen kaum jemals als Afrikaner bezeichnen würden, dabei sind sie selbstverständlich genau das. Elon Musk (@elonmusk), Twitter, 31. Juni 2021, 12:14 a.m., aufgerufen am 11. April 2022, https://twitter.com/elonmusk/status/1289051795763769345?lang=en.

44 https://nexteinstein.org; siehe auch »Neil Turok Bets the Next Einstein Will Be from Africa«, TED Prize-Winning Wishes, 2008, aufgerufen am

12. September 2021, https://www.ted.com/participate/ted-prize/prize-winning-wishes/aims-next-einstein-initiative.

45 Neil Turok, »Africa AIMS High«, *Nature* 474 (2011), S. 567, aufgerufen am 12. September 2021, https://www.nature.com/articles/474567a.

46 International Chess Federation, »Top Chess Federations«, aufgerufen am 28. Dezember 2021, https://ratings.fide.com/top_federations.phtml

47 World Bank, »GDP per Capita«, aufgerufen am 28. Dezember 2021, https://data.worldbank.org/indicator/NY.GDP.PCAP.CD.

48 International Chess Federation, »Rating Analytics: The Number of Rated Chess Players Goes Up«, aufgerufen am 28. Dezember 2021, https://www.fide.com/news/288; siehe auch »FIDE Titles«, Wikipedia, aufgerufen am 28. Dezember 2021, https://en.wikipedia.org/wiki/FIDE_titles.

49 Molly Fosco, »The Most Successful Ethnic Group in the U. S. May Surprise You«, IMDiversity, 7. Juni 2018, aufgerufen am 7. April 2022, https://imdiversity.com/diversity-news/the-most-successful-ethnic-group-in-the-u-s-may-surprise-you/.

50 Jill Rutter, »Back to Basics: Towards a Successful and Cost-Effective Integration Policy«, Report: Institute for Public Policy Research, UK, März 2013; siehe auch »GCSE English and Math's Results March 2022«, Department of Education, UK, aufgerufen am 7. April 2022, https://www.ethnicity-facts-figures.service.gov.uk/education-skills-and-training/11-to-16-years-old/a-to-c-in-english-and-maths-gcse-attainment-for-children-aged-14-to-16-key-stage-4/latest.

51 Statista, »Estimated Global Population from 10,000 BCE to 2100«, aufgerufen am 12. September 2021, https://www.statista.com/statistics/1006502/global-population-ten-thousand-bc-to-2050/.

52 Statista, »Population of the New York-Newark-Jersey City Metro Area in the United States from 2010 to 2020«, aufgerufen am 4. Januar 2022, https://www.statista.com/statistics/815095/new-york-metro-area-population/.

53 Dr. Yan Wong, »Family Trees: Tracing the World's Ancestor«, BBC, 22. August 2012, aufgerufen am 12. September 2021, https://www.bbc.com/news/magazine-19331938.

54 »Read Martin Luther King Jr.'s ›I Have a Dream‹ Speech in Its Entirety«, NPR, aufgerufen am 4. Januar 2022, https://www.npr.org/2010/01/18/122701268/i-have-a-dream-speech-in-its-entirety.

55 Reverend Theodore Parker, »Of Justice and the Conscience«, in *Ten Sermons of Religion* (Boston: Crosby, Nichols, 1853), S. 85; siehe auch *All*

Things Considered, »Theodore Parker and the Moral Universe«, NPR, 2. September 2010, aufgerufen am 8. September 2021, https://www.npr.org/templates/story/story.php?storyId=129609461.

KAPITEL NEUN Gesetz & Ordnung

1 »The Code of Hammurabi«, übersetzt von L.W. King, Avalon Project, Yale Law School, aufgerufen am 20. Dezember 2021, https://avalon.law.yale.edu/ancient/hamframe.asp.
Verwendete deutsche Quelle: Hugo Winckler, »Die Gesetze Hammurabis«, S.10, in: *Der alte Orient – Gemeinverständliche Darstellungen*. Herausgegeben von der Vorderasiatischen Gesellschaft. 4. Jahrgang (Leipzig, 1904).

2 Antonio Pigafetta, »Navigation«, in *Magellan's Voyage: A Narrative Account of the First Circumnavigation*, übersetzt und herausgegeben von R.A. Skelton (1519; New York: Dover, 1969), S.147.
Verwendete deutsche Quelle: *Anton Pigafetta's Beschreibung der von Magellan unternommenen ersten Reise um die Welt* (Gotha, 1801), S.234.

3 »Address to the British Association for the Advancement of Science«, Rede gehalten vom Präsidenten der Vereinigung, Thomas H. Huxley (Liverpool, 15. September 1870), aufgerufen am 21. Dezember 2021, http://aleph0.clarku.edu/huxley/CE8/B-Ab.html.

4 William Blackstone, *Commentaries on the Laws of England* (Oxford: Clarendon Press, 1765).

5 »Magna Carta: Muse and Mentor (Trial by Jury)«, Ausstellung der Library of Congress, 2014/15, aufgerufen am 20. Dezember 2021, https://www.loc.gov/exhibits/magna-carta-muse-and-mentor/trial-by-jury.html.

6 Beispiel: Matthew J. Sharps, »Eyewitness Testimony, Eyewitness Mistakes: What We Get Wrong«, *Psychology Today*, 21. August 2020, aufgerufen am 14. Dezember 2021, https://www.psychologytoday.com/us/blog/the-forensic-view/202008/eyewitness-testimony-eyewitness-mistakes-what-we-get-wrong.

7 Innocence Project (Website), aufgerufen am 20. Dezember 2021, https://innocenceproject.org/about/.

8 Equal Justice Initiative, »Death Penalty«, aufgerufen am 2. Januar 2022, https://eji.org/issues/death-penalty/.

9 Innocence Project, »DNA Exonerations in the United States«, auf-

gerufen am 20. Dezember 2021, https://innocenceproject.org/dna-exonerations-in-the-united-states/.

10 National Research Council, *Strengthening Forensic Science in the United States: A Path Forward* (Washington, DC: National Academies Press, 2009), aufgerufen am 20. Dezember 2021, https://doi.org/10.17226/12589.

11 Alison Flood, »Alice Sebold Publisher Pulls Memoir After Overturned Rape Conviction«, *Guardian*, 1. Dezember 2021, aufgerufen am 20. Dezember 2021, https://www.theguardian.com/books/2021/dec/01/alice-sebold-publisher-pulls-memoir-overturned-conviction-lucky-anthony-broadwater.

12 Ann E. Carson, »Prisoners in 2020«, US Department of Justice, Bureau of Justice Statistics, Dezember 2021, aufgerufen am 6. März 2022, https://bjs.ojp.gov/content/pub/pdf/p20st.pdf.

13 Roy Walmsley und Helen Fair, »World Prison Population List«, 13th Edition, Dezember 2021, aufgerufen am 6. März 2022, https://www.prisonstudies.org/sites/default/files/resources/downloads/worldprisonpopulationlist13thedition.pdf;
Roy Walmsley, »World Female Imprisonment List«, 4th Edition, November 2017, Institute for Criminal Policy Research, UK, aufgerufen am 6. März 2022, https://www.prisonstudies.org/sites/default/files/resources/downloads/worldfemalerison4th_ednv4web.pdf.

14 Medline Plus, »Y Chromosome«, aufgerufen am 6. März 2022, https://medlineplus.gov/genetics/chromosome/y.

15 Starmus (Website), aufgerufen am 2. Juli 2021, https://www.starmus.com.

16 Robert F. Graboyes, »The Rationalia Fallacy«, *U. S. News & World Report*, 18. Juli 2016, aufgerufen am 30. Juni 2021, https://www.usnews.com/opinion/articles/2016–07–18/neil-degrasse-tyson-may-dream-of-a-rationalia-society-but-its-a-fallacy; Jeffrey Guhin, »A Rational Nation Ruled by Science Would Be a Terrible Idea«, *New Scientist*, 6. Juli 2016 (Erstveröffentlichung in *Slate*), aufgerufen am 30. Juni 2021, https://www.newscientist.com/article/2096315-a-rational-nation-ruled-by-science-would-be-a-terrible-idea/; Jeffrey Guhin, »A Nation Ruled by Science Is a Terrible Idea«, *Slate*, 5. Juli 2016, aufgerufen am 30. Juni 2021, https://slate.com/technology/2016/07/neil-degrasse-tyson-wants-a-nation-ruled-by-evidence-but-evidence-explains-why-thats-a-terrible-idea.html; G. Shane Morris, »Neil DeGrasse Tyson's ›Rationalia‹ Would Be a Terri-

ble Country«, *Federalist*, 1. Juli 2016, aufgerufen am 30. Juni 2021, https://thefederalist.com/2016/07/01/neil-degrasse-tysons-rationalia-would-be-a-terrible-country/; »Sorry, Neil deGrasse Tyson, Basing a Country's Governance Solely on ›The Weight of Evidence‹ Could Not Work«, ArtsJournal, 30. Juni 2016, aufgerufen am 30. Juni 2021, https://www.artsjournal.com/2016/07/sorry-neil-degrasse-tyson-basing-a-countrys-governance-solely-on-the-weight-of-evidence-could-not-work.html.

KAPITEL ZEHN Körper & Geist

1 Inzwischen digital verfügbar: https://www.pdr.net.
2 Medical News Today, »How Long You Can Live Without Water«, aufgerufen am 29. November 2021, https://www.medicalnewstoday.com/articles/325174.
3 UpToDate, »Bones of the Foot«, aufgerufen am 12. Dezember 2021, https://www.uptodate.com/contents/image?imageKey=SM%2F52540&topicKey=SM%2F17003.
4 Zhi Y. Kho und Sunil K. Lal, »The Human Gut Microbiome – A Potential Controller of Wellness and Disease«, *Frontiers of Microbiology* 9 (2018), aufgerufen am 28. November 2021, https://doi.org/10.3389/fmicb.2018.01835.
5 Associated Press, »Chocolate Cravings May Be a Real Gut Feeling«, NBC News, 12. Oktober 2007, aufgerufen am 28. November 2021, https://www.nbcnews.com/health/health-news/chocolate-cravings-may-be-real-gut-feeling-flna1c9456552.
6 »The Nobel Prize for Physics 1952«, the Nobel Prize (Website), aufgerufen am 29. November 2021, https://www.nobelprize.org/prizes/physics/1952/summary/.
7 K. D. Stephan, »How Ewen and Purcell Discovered the 21-cm Interstellar Hydrogen Line«, *IEEE Antennas and Propagation Magazine* 41, no. 1 (Februar 1999), aufgerufen am 29. November 2021, https://ieeexplore.ieee.org/document/755020.
8 Martin Harwit, *Cosmic Doscovery: The Search, Scope, and Heritage of Astronomy* (New York: Cambridge University Press, 2019).
9 Healthline, »How Early Can You Hear Baby's Heartbeat on Ultrasound and by Ear?«, aufgerufen am 5. April 2022, https://www.healthline.com/health/pregnancy/when-can-you-hear-babys-heartbeat.
10 Michael Lipka und Benjamin Wormald, »How Religious Is Your State?«,

Pew Research Center, 29. Februar 2016, aufgerufen am 12. Dezember 2021, https://www.pewresearch.org/fact-tank/2016/02/29/how-religious-is-your-state/?state=alabama.

11 Guttmacher Institute, »Abortion Policy in the Absence of Roe«, aufgerufen am 12. Dezember 2021, https://www.guttmacher.org/state-policy/explore/abortion-policy-absence-roe.

12 Death Penalty Information Center, »State by State«, aufgerufen am 12. Dezember 2021, https://deathpenaltyinfo.org/state-and-federal-info/state-by-state.

13 Gallup, »Abortion Trends by Party Identification 1995–2001«, aufgerufen am 8. April 2022, https://news.gallup.com/poll/246278/abortion-trends-party.aspx.

14 Healthline, »Embryo vs Fetus: Fetal Development Week by Week«, Healthline, aufgerufen am 8. April 2022, https://www.healthline.com/health/pregnancy/embryo-fetus-development.

15 Siehe z. B. Laura Ingraham (@IngrahamAngle), Twitter, 27. Dezember 2012, 9:47 a.m., aufgerufen am 9. April 2022, https://twitter.com/ingrahamangle/status/284309497294512128.

16 Statista, »Number of Births in the United States from 1990 to 2019«, aufgerufen am 12. Dezember 2021, https://www.statista.com/statistics/195908/number-of-births-in-the-united-states-since-1990/.
Man beachte außerdem: Gemeldete Geburten in den USA im Jahr 2019 = 3,75 Millionen. Nehmen Sie dazu 630 000 medizinische Schwangerschaftsabbrüche und mindestens 750 000 bekannte spontane Abbrüche, und wir kommen auf 5,1 Millionen Schwangerschaften im genannten Jahr.

17 Katherine Kortsmit et al., »Abortion Surveillance – United States, 2019«, *Morbidity and Mortality Weekly Report* (*MMWR*) 70, no. 9 (26. November 2021): S. 1–29, aufgerufen am 12. Dezember 2021, https://www.cdc.gov/mmwr/volumes/70/ss/ss7009a1.htm.

18 John P. Curtis, »What Are Abortion and Miscarriage?«, eMedicine Health, aufgerufen am 11. April 2022, https://www.emedicinehealth.com/what_are_abortionand_miscarriage/article_em.htm.

19 Rosemarie Garland Thomson, *Extraordinary Bodies: Figuring Physical Disability in American Culture and Literature* (New York: Columbia University Press, 1997).

20 Unveröffentlichter Brief von Helen Keller an Captain von Beck – Privatsammlung des Autors.

21 Matt Stutzman im Interview für *StarTalk Sports Edition*, August 2021, aufgerufen am 24. November 2021, https://www.youtube.com/watch?v=7NipfdwGTUs.

22 Jahmani Swanson im Interview für *StarTalk Sports Edition*, Dezember 2021, aufgerufen am 5. Januar 2022, https://www.startalkradio.net/show/globetrotters-guide-to-the-galaxy/.

23 »The 2010 Time 100«, *Time*, 2010, http://content.time.com/time/specials/packages/completelist/0,29569,1984685,00.

24 Stephen Hawking im Interview für *StarTalk*, 14. März 2018, aufgerufen am 24. November 2021, https://www.youtube.com/watch?v=TwaIQy0VQso.

25 Oliver Sacks im Interview für *StarTalk*, »Are You Out of Your Mind?«, aufgerufen am 24. November 2021, https://www.startalkradio.net/show/extended-classic-are-you-out-of-your-mind-with-oliver-sacks/.

26 Das Zitat wird oft (aber vermutlich zu Unrecht) Friedrich Nietzsche zugeschrieben.

27 Christian Jarrett, *Great Myths of the Brain* (Hoboken, NJ: Wiley-Blackwell, 2014).

28 Daniel Graham, »You Can't Use 100% of Your Brain – and That's a Good Thing«, *Psychology Today*, 19. Februar 2021, aufgerufen am 21. November 2021, https://www.psychologytoday.com/us/blog/your-internet-brain/202102/you-cant-use-100-your-brain-and-s-good-thing.

29 Nikhil Swaminathan, »Why Does the Brain Need So Much Power?«, *Scientific American*, 29. April 2008, aufgerufen am 29. November 2021, https://www.scientificamerican.com/article/why-does-the-brain-need-s/.

30 American Museum of Natural History, »Brains«, aufgerufen am 27. November 2021, https://www.amnh.org/exhibitions/extreme-mammals/extreme-bodies/brains; siehe auch »Brain-to-Body Mass Ratio«, Wikipedia, aufgerufen am 27. November 2021, https://en.wikipedia.org/wiki/Brain-to-bodymassratio.

31 »Genius Magpie«, YouTube, aufgerufen am 27. November 2021, https://www.youtube.com/watch?v=xVSr22kqSOs.

32 Bradley Voytek, »Are There Really as Many Neurons in the Human Brain as Stars in the Milky Way?«, *Brain Metrics* (Blog), 20. Mai 2013, aufgerufen am 29. November 2021, https://www.nature.com/scitable/blog/brain-metrics/arethererereallyasmany/.

33 »Why It's Almost Impossible to Solve a Rubik's Cube in Under 3 Se-

conds«, *Wired*, aufgerufen am 28. November 2021, https://www.youtube.com/watch?v=SUopbexPk3A.

34 Centers for Disease Control and Prevention, »Road Traffic Injuries and Deaths – a Global Problem«, aufgerufen am 3. März 2022, https://www.cdc.gov/injury/features/global-road-safety/index.html.

CODA Leben & Tod

1 »Number of Births«, The World Counts, aufgerufen am 19. Dezember 2021, https://www.theworldcounts.com/populations/world/births.

2 Worldometer, »World Population«, aufgerufen am 19. Dezember 2021, https://www.worldometers.info.

3 Max Roser, Esteban Ortiz-Ospina und Hannah Ritchie, »Life Expectancy«, *Our World in Data*, 2013, zuletzt überarbeitet im Oktober 2019, aufgerufen am 19. Dezember 2021, https://ourworldindata.org/life-expectancy.

4 Lebenserwartung von Hunden: 11–13 Jahre. Lebenserwartung von Menschen: 75–90 Jahre.

5 Wird seit neuerer Zeit von Paläontologen auch als Kreidezeit-Paläogen-Ereignis (K-Pg-Ereignis) bezeichnet.

6 »Why Did the Dinosaurs Die Out?«, History, 24. März 2010, aktualisiert am 7. Juni 2019, aufgerufen am 21. Dezember 2021, https://www.history.com/topics/pre-history/why-did-the-dinosaurs-die-out-1.

7 Hannah Hickey, »What Caused Earth's Biggest Mass Extinction?«, *Stanford Earth Matters*, 6. Dezember 2018, aufgerufen am 19. Dezember 2021, https://earth.stanford.edu/news/what-caused-earths-biggest-mass-extinction#gs.ju3zsy.

8 »The Holocene Epoch«, UC Museum of Paleontology, Berkeley, aufgerufen am 17. Dezember 2021, https://ucmp.berkeley.edu/quaternary/holocene.php; siehe auch Gerardo Ceballos, Paul R. Ehrlich und Peter H. Raven, »Vertebrates on the Brink as Indicators of Biological Annihilation and the Sixth Mass Extinction«, *Proceedings of the National Academy of Sciences* 117, no. 24 (1. Juni 2020), S. 13596, https://www.pnas.org/content/117/24/13596; Daisy Hernandez, »The Earth's Sixth Mass Extinction Is Accelerating«, *Popular Mechanics*, 3. Juni 2020, aufgerufen am 19. Dezember 2021, https://www.popularmechanics.com/science/animals/a32743456/rapid-mass-extinction/.

9 »Roundtable: A Modern Mass Extinction?«, *Evolution*, aufgerufen am

17. Dezember 2021, https://www.pbs.org/wgbh/evolution/extinction/massext/statement03.html.

10 W. Kip Viscusi, »The Value of Life in Legal Contexts: Survey and Critique« (ursprünglich veröffentlicht in *American Law and Economics Review* 2, no. 1 [Frühjahr 2000], S. 195–222), aufgerufen am 18. Dezember 2021, https://law.vanderbilt.edu/files/archive/215ValueofLifeLegalContexts.pdf.

11 Sarah Gonzalez, »How Government Agencies Determine the Dollar Value of Human Life«, NPR, 23. April 2020, aufgerufen am 18. Dezember 2021, https://www.npr.org/2020/04/23/843310123/how-government-agencies-determine-the-dollar-value-of-human-life.

12 Elyssa Kirkham, »A Breakdown of the Cost of Raising a Child«, Plutus Foundation, 2. Februar 2021, aufgerufen am 18. Dezember 2021, https://plutusfoundation.org/2021/a-breakdown-of-the-cost-of-raising-a-child/.

13 US Wings, »Vietnam War Facts, Stats and Myths«, aufgerufen am 2. Juni 2022, https://www.uswings.com/about-us-wings/vietnam-war-facts/; siehe auch National Archives, »Vietnam War U. S. Military Fatal Casualty Statistics«, aufgerufen am 2. Juni 2022, https://www.archives.gov/research/military/vietnam-war/casualty-statistics.

14 World Health Organization, »Malaria«, 6. Dezember 2021, aufgerufen am 2. Januar 2022, https://www.who.int/news-room/fact-sheets/detail/malaria.

15 Siehe die Antwort von Andrew Roberts unter: https://www.quora.com/What-is-the-maximum-number-of-genetically-unique-individuals-that-human-genome-allows, aufgerufen am 19. Dezember 2021.

16 Ausführlich dargestellt wird dieses Konzept in Richard Dawkins, *Unweaving the Rainbow: Science, Delusion and the Appetite for Wonder* (New York: Houghton Mifflin, 1998).

17 Horace Mann, Antrittsrede am Antioch College, Yellow Springs, Ohio, 1859.